北京理工大学出版社
BEIJING INSTITUTE OF TECHNOLOGY PRESS

北京昆虫学会　中国昆虫学专家　审订

（排名不分先后）

彩万志教授　　张志勇教授

李姝博士　　徐庆宣博士

# 序

提起法国昆虫学家法布尔，几乎人人都知道他的昆虫学著作《昆虫记》。该作品从问世到现在已被翻译成五十多种语言，在全世界广泛流传。我国也曾多次翻译并出版法布尔的这一经典作品。

随着科学的发展、现代昆虫学研究的知识更新，较早翻译出版的《昆虫记》中，有些昆虫名称和一些常识性的知识需要加以更正。

2021 年，北京昆虫学会接到编辑部邀请——他们想要为孩子们做一套具有故事性、科普性、趣味性的《昆虫记》，并展示了这套书的策划方案。这套书涵盖了原著中 250 多种昆虫，并用浅显易懂的语言为 89 种主要昆虫编写了小故事、创作了童谣，且节选了《昆虫记》原文中的金句，丰富了作品的文学性。不仅如此，这套作品中还额外增加了 172 种不常见的有趣昆虫，随书附赠 2.3 米长的昆虫写实墙书和 1.4 米长的荒石园墙书。

根据孩子的特性，为孩子编写一套适合他们看的昆虫科普书，让孩子们尽早爱上自然、爱上科学是我们大家的期望，因此，我们很高兴地接受了本套书的审订邀请。

我们北京昆虫学会的几位昆虫学专家结合现代昆虫学研究进展，对本套书中的昆虫名称、知识进行了专业审订。由于法布尔《昆虫记》中记载的昆虫多属于国外种类，所以在审订该类昆虫时，我们翻阅了大量资料，认真求证核定，对以前因翻译造成的不准确的昆虫名称、因科学发展而老旧的概念与知识进行了初步纠正，并对文中出现的部分专业词汇进行了说明。比如：法布尔《昆虫记》的许多中文译本里所提到的“绿蝈蝈”其实与我国的“蝈蝈”不是同一个种，我国的“蝈蝈”指的是优雅蝈螽 *Gampsocleis gratiosa* Brunner von Wattenwyl，一些语文教材和科普读物中却把优雅蝈螽的图片作为前者的配图；而前者所说的“绿蝈蝈”实际上是绿丛螽斯 *Tettigonia viridissima* (Linnaeus)，有些出版物或网络上曾将它的中文名称译为绿灌木螽、大绿蚱蜢、极绿螽斯、褐背绿螽斯、大绿色布什蟋蟀、大绿灌木蟋蟀等，甚至还有人把其英文俗名“great green bush cricket”译成“蚱蜢，伟大的绿色”，其实这些都是不标准的。再如：有些中文译本里将蜂类昆虫的“上颚”翻译成“大颚”是不严谨的，因为蜂类昆虫口器中的颚通常是按照上颚、下颚来区分，而不是按照大小区分，因此在本书中，我们针对此类问题做了更正。

我们希望能为孩子们带去准确、严谨的昆虫知识，也期待本套书的出版能为法布尔《昆虫记》的传播做出积极的贡献。

昆虫早在四亿年前就在地球定居，而如今它们依然存活于地球。昆虫是大自然中不可缺少的一部分，它们或有益于人类，或有害于人类，在大自然中，它们的存在是理所当然的。它们虽然渺小，但生命力顽强。昆虫是属于地球的，它们同我们人类一样是广袤世界中的重要组成部分。我们希望当孩子们拿到本套书的时候，收获的不仅是知识，还有对生命和自然的一份敬意与热爱。

普通不等于无足轻重，再微小的生命也有资格闪光。愿本套书中的小小昆虫能够点燃小朋友们心中热爱自然、观察自然、改造自然的火花。

北京昆虫学会

2022. 10. 10

# 目录

contents

# 爱做粪球糕点的圣蜣螂 鞘翅目

一个春日的清晨，圣蜣螂爸爸开心地来到了高原集市。这里的风景真美，马群在欢快地奔跑，绵羊群在悠闲地吃草，草地上散落着许多动物的粪便，这些粪便就是圣蜣螂爸爸的食材。浓烈的气味吸引了方圆一公里内的食粪虫。它们不怕路程艰辛，或飞或跑，争先恐后地来到这里。顿时，高原集市热闹了起来。

圣蜣螂爸爸可不像它们那样不顾形象地扑向食物，已经是父亲的它要注意自己的形象。它迈着碎步不紧不慢地走着，完全一副“全场我最帅”的神情。

蜣螂是自然界的清道夫。

鞘翅
雄性镰粪蜣螂
毒蝇鹅膏菌
我们圣蜣螂喜爱温暖的太阳！
蜥蜴
大蚊
就算去集市也要注意自己的形象！
圣蜣螂
锹甲老师的童谣广播站
圆圆小虫油亮亮，黑色甲壳闪光芒。
后足推着粪球走，勤为宝宝存食粮。
自然界中清道夫，繁殖能力旺旺旺！
遇到困难不气馁，毕生所愿储满仓。
蹬蹬足，扇扇翅，清洁地球我最忙！
黑粪金龟甲
我们拥有超高的制作粪球的技艺！
雌性镰粪蜣螂
山羊粪便
圣蜣螂

# 粪球糕点师

圣蜣螂爸爸可是一位技艺精湛的粪球糕点师，它会选择最好的食材来做粪球糕点。它用自己钉耙形状的额突和长有锯齿的前足，把耙来的食材筛选好，然后再用足清理出一个半圆形的操作台，接下来就开始大显身手了！只见它用前足和中足不断地拍打按压食材，做出了粪球糕点的坯子。但它觉得还不够完美，于是又一层层地往坯子上添加粪便，直到自己满意为止。一块完美的粪球糕点就这样诞生了！

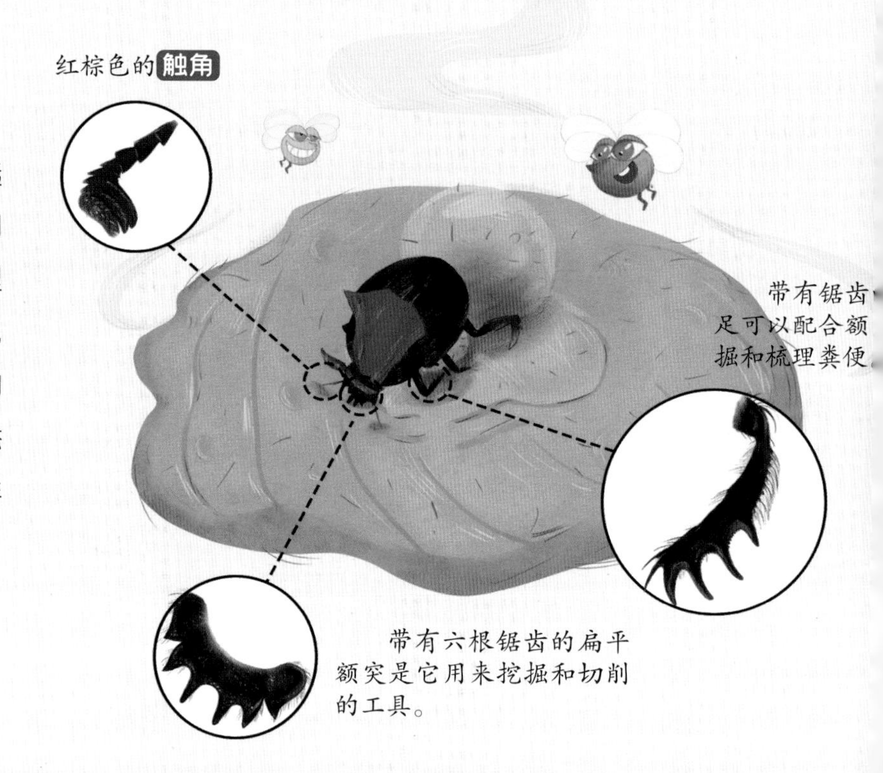


# 乐观的小勇士

圣蜣螂爸爸对自己的作品满意极了，它只想快点儿把它运回家给圣蜣螂妈妈，于是倒推着粪球往家走。这时，不知从哪里又跑来一只圣蜣螂，帮它一起推粪球。圣蜣螂爸爸被它的好意打动了，它们一起将粪球推到了圣蜣螂爸爸家门口。谁知，就在圣蜣螂爸爸打开家门的一瞬间，那家伙竟偷偷推着粪球跑了！圣蜣螂爸爸很生气，知道自己又上当了！很多蜣螂都喜欢打着“乐于助人”的旗号，借机偷走别人的劳动成果，简直坏透了！

现在，圣蜣螂爸爸没了粪球，只能再回到高原集市，重新做个粪球糕点运回家。

# 育儿高手

而这边的地下城堡里，圣蜣螂妈妈正用之前运回来的绵羊粪便为宝宝做粪梨——一间像鸭梨一样的育婴房。经过妈妈的一番努力，育婴房终于做好了！圣蜣螂妈妈做的育婴房和爸爸做的粪球糕点长得差不多，不过比爸爸做的多了一个梨颈。开心的圣蜣螂妈妈温柔地把自己的卵宝宝放在了梨颈中央的孵化室里，接下来，它只需要耐心地等待卵宝宝成长为胖嘟嘟的幼虫宝贝就可以啦！

# 卵宝宝的孵化摇篮——梨颈

卵宝宝躺在孵化室里睡得可真香啊！看，它的头部粘在梨颈顶部的墙壁上，其他部位全都不可思议地悬空着。此刻，它正一边享受着土层和阳光带来的温暖，一边呼吸着通过梨颈的薄壁到达孵化室的空气，做着香甜的美梦。

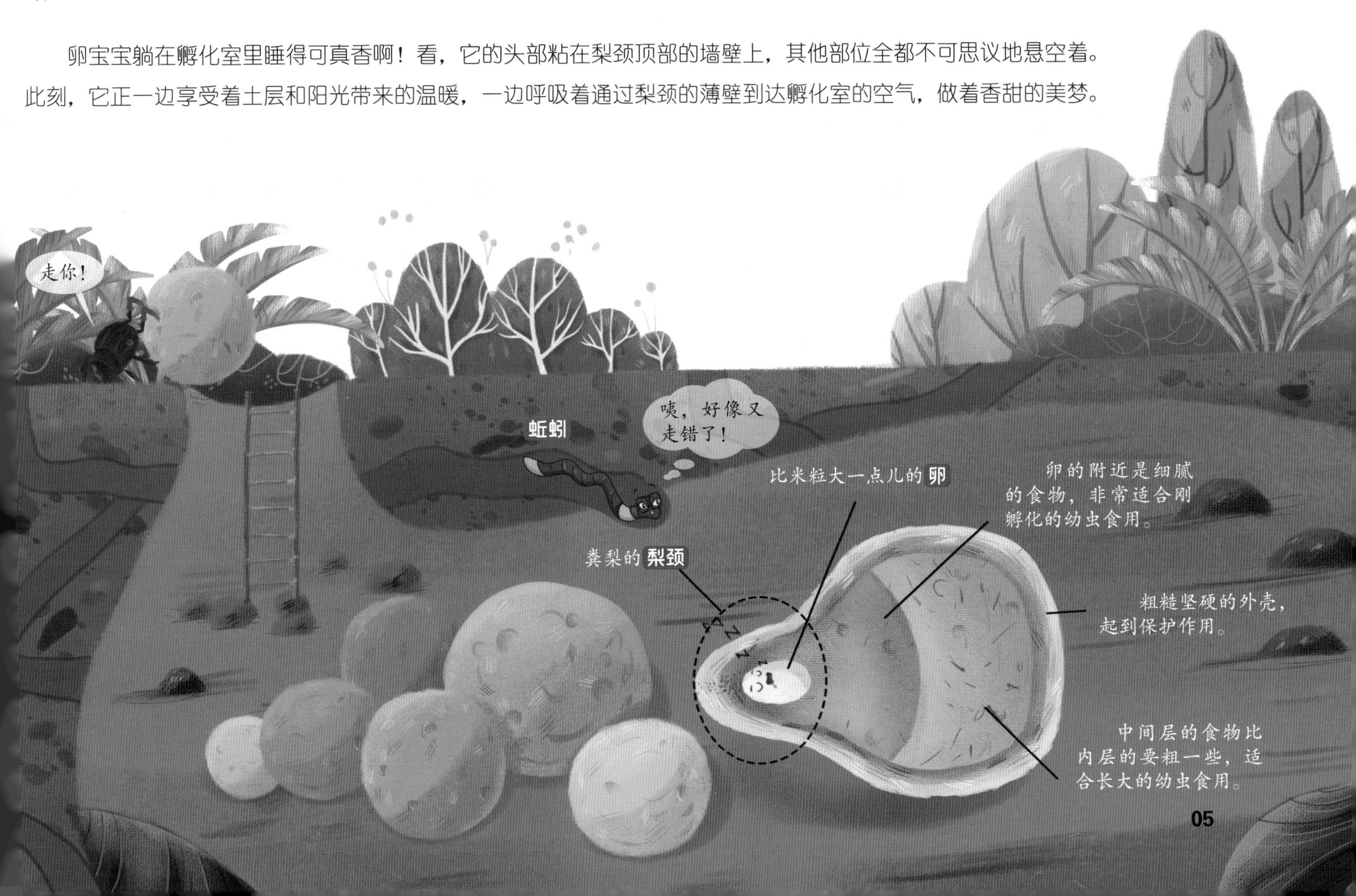

## 小小泥瓦匠

一个星期后，卵宝宝孵化了，变成一只有些驼背的幼虫宝宝。它这里看看，那里瞅瞅，在孵化室里到处转悠着找吃的，生怕找错地方吃坏了孵化室。

突然！正在专心吃饭的幼虫宝宝看到育婴房的墙面因为干燥裂开了一条小缝。这可不行！要是育婴房完全裂开，自己暴露在空气中，那可就危险了！想到这里，幼虫宝宝瞬间变身成泥瓦匠，只见它转动身体，将尾部对准裂缝，用自己的排泄物糊住了那里，再用像瓦刀一样的尾端抹平。

看见裂缝被修补好了，幼虫宝宝这才安心地吃起饭来。

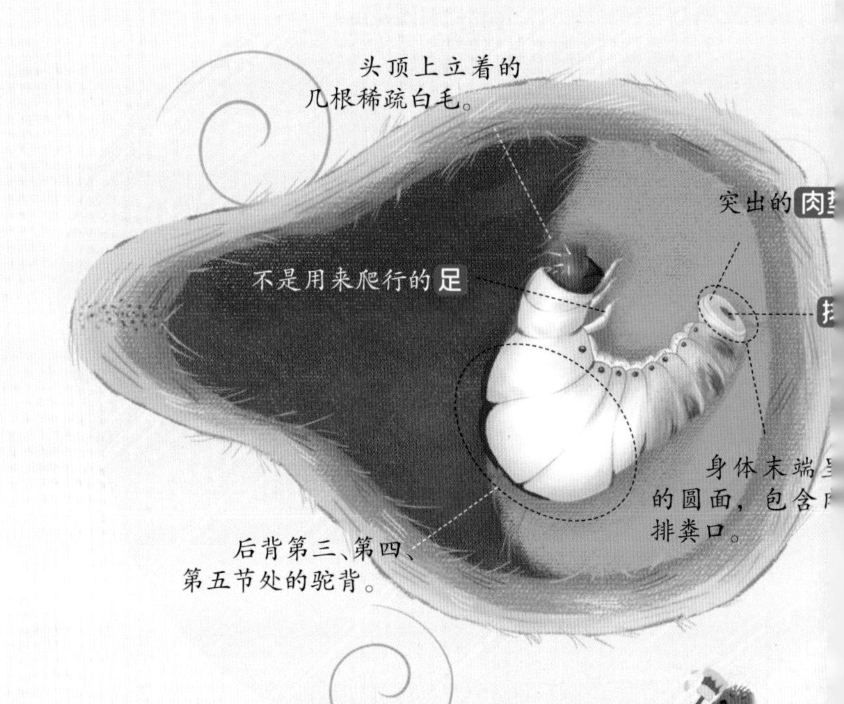


## 泥瓦匠的驼背之谜

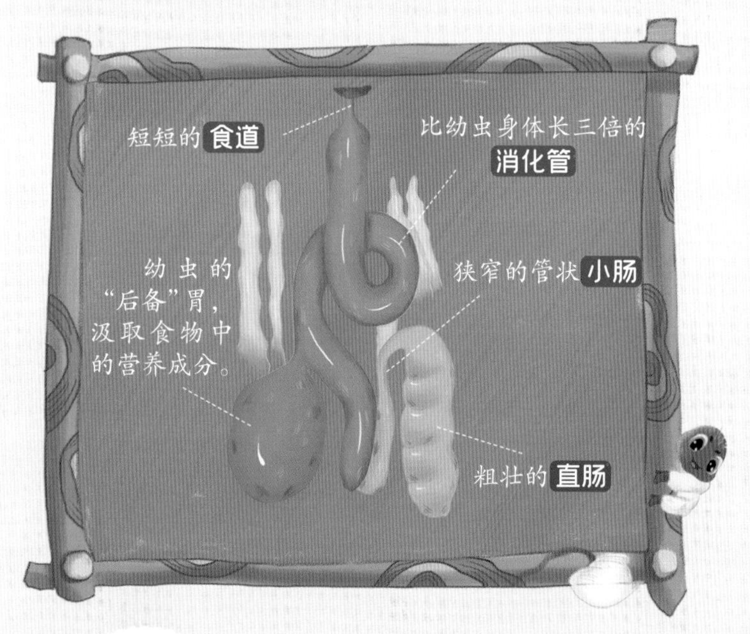


这个小小的泥瓦匠既能干又能吃，简直是个大胃王！这是因为它长了一个比自己身体还长的消化管！这么长的消化管挤在背部，难怪它看上去像个驼背的小人儿。

这不，幼虫宝宝又饿了！吃进肚子里的食物通过它短短的食道进入长得离谱的消化管，再进入它的胃，接着是小肠和直肠。千万不要小看了这鼓鼓囊囊的直肠，这可是它用来糊墙的“水泥”发射基地，里面存放着消化过的“水泥”原料哦！

**法布尔爷爷的文学小天地**

第一次沐浴在灿烂的阳光里，食粪虫迟钝的脑袋在想些什么呢？也许什么都没想，它只是无意识地享受着像花朵在阳光下绽放般的快乐。

## 虫宝化蛹

幼虫宝宝吃饱了，又要化身泥瓦匠开始忙碌了，它用尾巴喷射出“水泥”，把墙壁糊了好几层。经过它的翻新，小窝比之前光滑坚固多了。

装修完毕后，肥嘟嘟的幼虫宝宝累得睡着了。它做了个美梦，梦见自己成了像爸爸妈妈一样的“糕点大师”。梦醒后，它发现自己动不了了！不要紧张，原来它变成了蛹。现在的它有着蜂蜜似的乳黄色的半透明身体。它的前足弯曲在头部下面，鞘翅折在身前，像条皱皱的长围巾。呀，过不了多久，它的美梦就能成真啦！

梨颈处的墙壁很厚，梨腹处的墙壁很薄，是幼虫吃前补后的进食方法形成的结果。

前足屈在头下躺在蛹里，就像装死的成虫。

折在身前的**鞘翅**

乳黄色的半透明**身体**

锹甲老师的冷知识补给站

**亚克提恩大兜虫**

地表最强“蝙蝠侠”！一身黑甲、两个胸角，酷似炫酷的蝙蝠侠。体型大的亚克提恩大兜虫幼虫比一般的手机还要重！

**铁锭甲虫**

这可是一只穿着“钢铁盔甲”的甲虫哟！它就像坦克一样坚不可摧，即便被汽车碾轧也完好无损，坚硬的外骨骼可以承受比自己重 3.9 万倍的重量！

## 迎接新世界

二十多天过去了，小圣蜣螂迟迟没有从粪梨中出来。这时，天空下起了雨，雨水渗透到圣蜣螂的地下城堡，坚硬的粪梨外壳经过雨水的浸润后变得松软，小圣蜣螂这才挣脱了粪梨爬了出来。它终于自由了！

它开心地离开洞穴，活跃在草坪上，等待它的，将是新的美好生活！

锹甲老师的知识小问答

小朋友们，你们知道圣蜣螂最喜爱吃的食物是什么吗？

# 偷藏在粮仓下的西班牙粪蜣螂

鞘翅目

夏季的傍晚，夕阳染红了半边天，在外玩了一天的小动物们各自回家了。不过，它们一点儿困意也没有，于是闲聊了起来。

一只绵羊疑神疑鬼地说：“大家最近有没有看到过一些奇怪的东西从眼前闪过？不知道是不是我眼花了，最近经常看到地上有小黑影在移动，当我再定睛看时，就没有了。”

就在绵羊疑惑不解时，有个黑色的小不点儿偷偷地溜进了一旁的羊圈里，一眨眼的工夫就不见了。咦，它难道就是那个小黑影？

锹甲老师的童谣广播站
外形俊朗似将军，爱躲洞里享清静。
成家立业变化大，变成优秀好爸妈。
爸爸妈妈齐努力，把爱藏在洞穴里。
为了子女拼全力，一心一意守护它。
看不到我，看不到我。
那坨粪便好大呀！
正在拼命向绵羊粪里钻的西班牙粪蜣螂。
软绵绵的绵羊粪便
好香啊！要赶紧到粪堆下面挖个洞。

## 胆小的西班牙粪蜣螂

原来，那个小黑影是一只害羞胆小的西班牙粪蜣螂，它目前还是个单身汉呢。看着不远处新鲜的绵羊粪便，西班牙粪蜣螂口水直流，只想赶紧钻进去。它才不愿意像圣蜣螂一样推着粪球满世界跑，在食物下面挖个地洞，安静地享用美食何乐而不为呢？

只见它小心翼翼地来到一堆绵羊粪便前，正打算钻进去时，突然传来了那只绵羊的叫声：“啊，我好像又看到有小黑影在移动了！”

羊群立刻骚动起来。

“哪有什么小黑影，你是不是睡眠不足眼花了？我们还是不要闲聊了，快休息吧！”一只领头的绵羊像是在发号施令，羊群顿时安静了下来。

胆小的西班牙粪蜣螂被骚动吓得缩成一团，丝毫不敢动。等了好一会儿，感觉周围没有了危险，它才左看看，右看看，钻进了绵羊粪便里。

西班牙粪蜣螂的身体较为圆润。

**法布尔爷爷的文学小天地**

当我们还是孩子的时候，如果没有母亲的保护，大大小小的伤害就会降临。

# 为爱性情大转变

过了一段坐吃山空、居无定所的日子后，西班牙粪蜣螂突然觉得这样的生活毫无意义，于是它决定组建家庭。

有了家庭后的它一改常态，变得十分勤劳。它和配偶开始新建居所——一个更大的地洞，并为即将到来的孩子准备绵羊粪便。经过几天的工作，一座被食物几乎填满的地下豪华宫殿完成了。

完成工作的雄性西班牙粪蜣螂返回到地面，回忆着自己的一生，幸福地闭上了眼睛。虽然它没有机会做一个好爸爸，但它一定是一个好丈夫。雌性西班牙粪蜣螂只能独自完成育儿的职责：制作粪梨和照顾孩子。

在孩子们成长的四个月里，雌性西班牙粪蜣螂放弃了所有的娱乐机会，寸步不离地照看着装有孩子的粪梨，直到秋季来临孩子们羽化。

锹甲老师的冷知识补给站

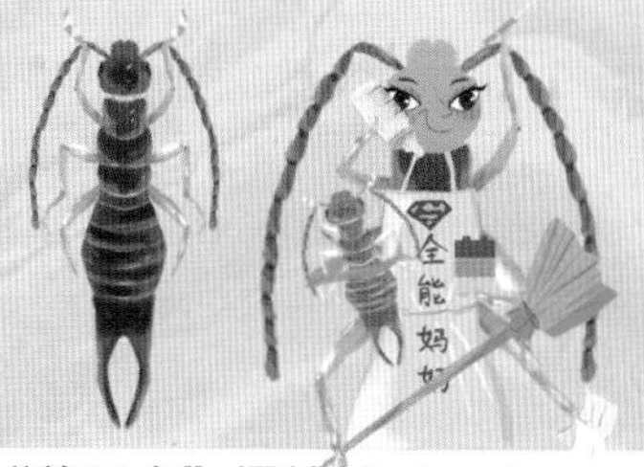


**“剪刀虫”蠼螋**（qúsōu）

蠼螋身后有把“大剪刀”，看上去很可怕。不仅如此，它还被误解为“吃脑子的虫”。其实，它可是昆虫界的宠娃狂魔！雌性蠼螋产卵后会变身为无敌宝妈，这样的妈妈谁不爱呢？

**爱裹被子的被管虫**

被管虫宝宝一出生就会收获一条蛾子妈妈精心编织的丝质小被子，长大后的被管虫还会用草木加固被子。有了被子，胆小的被管虫就可以在害怕时把头缩进被子里啦！

锹甲老师的知识小问答

小朋友们，你们知道西班牙粪蜣螂的生活习性在什么时候会发生大转变吗？

# 神秘的环境维护者黑粪金龟甲 鞘翅目

傍晚，一群藏在洞穴里的环境维护者——黑粪金龟甲，穿着一身黑衣，打着铜黄色的丝绒领结，庄严且安静地等待着。它们知道，再过一小会儿，就会有从城里拉货回来的骡子经过这里，留下一堆粪便。它们需要在天明之前把粪便处理干净，这便是它们神圣的工作。它们不怕环境肮脏，永远热情高涨，它们是自然界的清洁大师。

咦，前两天我建的粮仓在哪儿呢？
锹甲老师的童谣广播站
黑粪金龟甲神秘，夜夜出来做环卫。
不怕脏来不怕累，就怕天气不如意。
夫妻协作齐努力，打造宝贝小天地。
冬去春来万物苏，清洁大军添新力。
我们黑粪金龟甲十分勤劳，也是自然界的清洁大师。
我们不怕脏，不怕累，对环保事业永远充满热情！
蚂蚁

# 清洁大师黑粪金龟甲

果然，夜幕降临后，一辆拉满货物的骡车缓缓驶过，骡子不慌不忙地在地面留下一大堆粪便。

“是时候大干一场了！”骡车还没走远，这群黑粪金龟甲就迅速集结到骡粪前。月光下，它们有的挖粮仓，有的运货物，一夜的工夫，就把一堆骡粪消灭得干干净净。

虽然每只黑粪金龟甲都有许多粮仓，但它们都不愿闲着，总会在傍晚或者晚上离开洞穴，不辞辛苦地净化环境，除非第二天天气不好。它们只要预感到第二天天气恶劣，便会窝在家里不再出门，悠闲地享受着难得的假日时光。它们预测天气通常是很准的。



头、足并用挖掘粪便。

## 公益事业好处多

“咦，我前几日挖建的粮仓在哪呢？我好像忘记位置了。”这天，一只外出清洁的黑粪金龟甲找不到自己的粮仓了，它努力地回想着，却怎么也想不起来。这也难怪，它们的地下粮仓实在太多了，会忘记是常有的事，这却方便了长在粮仓上方的禾本植物。

禾本植物的根系吸收着粪便发酵后的营养物质，神气地伸展着茎叶。由此经过的食草动物看到茂密的植物，当然要尝上几口，而吃饱后的食草动物又会拉出黑粪金龟甲需要的粪便，接着，黑粪金龟甲再次登场。

黑粪金龟甲就这样日落而作、日出而息，默默地为大自然做清洁工作。

动物粪便中含有大量植物生长必需的营养元素，如氮、磷、钾、钙、镁、硫，这些元素可以使植物茁壮生长。

## 粪堆下面的小家

时间来到了九月，一只黑粪金龟甲妈妈看到一片掉落的秋叶后，神色慌张地朝着黑粪金龟甲爸爸走去：“亲爱的，天气转凉了，我们必须在寒冬到来之前，为自己和即将出生的孩子准备食物及抵御严寒的地洞。”

“时间有限，咱们要赶紧选一个体积较大的骡粪或马粪，在粪便底下直接开工，这样既解决了食物问题，又拥有了天然的屋顶，一举两得。”黑粪金龟甲爸爸的提议得到了妈妈的认同。夫妻俩相互配合，干劲十足，一个个竖井似的洞穴很快就建好了。

之后，细心的妈妈开始筛选洞穴顶上的粪便，并将筛选好的粪便拖到洞底为即将到来的卵宝宝做育婴房。做好育婴房，妈妈把卵产在了里面，爸爸则一直在旁边守护着。

## 幼虫的食物粪香肠

生产后的妈妈顾不上休息，继续为孩子准备越冬的食物。只见它不断将洞顶的粪便运送给洞里的爸爸，爸爸将粪便一层一层地叠放在一起并用力地踩压，直到变成一根顶部凹陷的粪香肠。把所有孩子的小家和食物都安顿好后，夫妻俩才去挖掘避寒之地，准备相拥过冬。

**法布尔爷爷的文学小天地**

食粪虫的世界是个小世界，也是个不能忽视的世界。

# 清洁大师的诞生

冰雪覆盖了土地，即使是深藏洞穴里的幼虫也被冻得如石头一般。但是，它们并没有死去，只是暂时中断了生命力。

冬天已经来临，春天就不远了。春日的暖阳融化了冰雪，幼虫慢慢复苏。醒来后的幼虫第一件事就是吃饭："我要把粪香肠吃出一个逃生通道，这样我就能钻出去看看外面的世界啦！"

时间一天天流逝，幼虫吃出的通道越来越接近洞口。待到化蛹的时间，它就躲进用排泄物铺成的被窝里开始沉睡，等待成蛹。

鸟语花香的五月来了。黄昏，羽化成虫的小黑粪金龟甲争先恐后地来到地面，加入清洁大军，现在的它们也成了维护环境的清洁大师啦！它们将为这个世界的整洁贡献自己的一份力量！

锹甲老师的知识小问答

小朋友，你知道黑粪金龟甲为宝宝们准备的食物形状像什么吗？

锹甲老师的冷知识补给站

长得像蜘蛛的蛛泰草螟（míng）

远看似蜘蛛，近看似飞蛾，它就是蛛泰草螟。为了恐吓敌人，毫无攻击技能的蛛泰草螟把翅上的斑纹生长成蜘蛛的模样，其实它们是手无寸铁的和平者！

像蚂蚁的亚洲蚂蚁螳螂若虫

螳螂虽然是食肉性昆虫，但是它们在若虫阶段也会被其他动物捕食。因此亚洲蚂蚁螳螂若虫会拟态成蚂蚁，这样既可以欺骗敌人还可以蒙蔽猎物，真是一举两得！

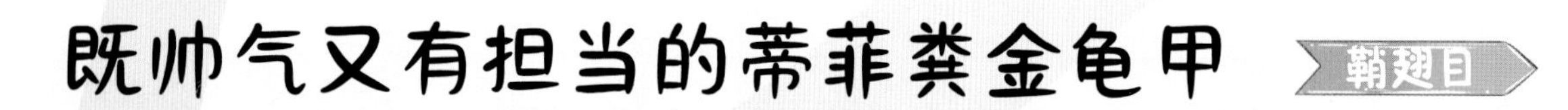

# 既帅气又有担当的蒂菲粪金龟甲 鞘翅目

伴随着几声巨响，蚂蚁的洞穴一阵地动山摇，蚂蚁家族的侦察兵赶忙来到地面一探究竟。哦，原来是一只蒂菲粪金龟甲正在用它的肩膀撞击着土层。侦察兵看到样子凶猛的大块头蒂菲粪金龟甲，不敢轻举妄动，于是去请示蚁后。

蚁后不紧不慢地说：“不用担心，蒂菲粪金龟甲不会伤害我们的，它只是在挖土建造自己的洞穴，我们只要保护好蚁卵的安全就可以了。”蚁后让工蚁安排好蚁卵，之后，便开始和它们说起了关于蒂菲粪金龟甲的轶事。

锹甲老师的童谣广播站

蒂菲粪金龟甲，身体大而黑，
三个尖尖角，样子很俊美。
默默无闻有担当，照顾妻儿它最棒！

雄性蒂菲粪金龟甲的角是争夺交配权的武器，必要时也用来攻击敌人。

雄性蒂菲粪金龟甲的前胸部有三个平行的角，而雌性没有。

孩子爸，请把我挖出来的土都运出去。

雌性蒂菲粪金龟甲

蒂菲粪金龟甲婚配后会雌雄协作，构建产卵洞穴。

多收集点儿山羊粪便放在家里。

蒂菲粪金龟甲主要以山羊粪便为食。

## 山羊粪便的忠实粉丝

“听说很久以前，有个想要登天的巨人，名叫蒂菲，它是大地之子。在我们昆虫世界里，有人用它的名字命名了一种体型较大的黑色鞘翅目昆虫。它虽然不能像神话里的蒂菲那样登天，但是入地的本事很厉害，它能钻进很深的泥土中，而且它的前胸背板上长着三个让人望而生畏的‘犄角’，它就是蒂菲粪金龟甲。蒂菲粪金龟甲最爱吃山羊粪便，但没有山羊粪便时它们也会吃兔子的粪便，不过它们一般不会用这种缺乏营养的食物喂养自己的后代。我们的蚁穴周围应该是有山羊的粪便，所以蒂菲粪金龟甲才会来到这里挖地洞。”

听蚁后说完，蚂蚁侦察兵小心翼翼来到地面巡视，果然发现蚁穴的不远处有一堆山羊粪便。

相比细小的兔子粪便，我还是更喜欢山羊粪便。

雄性蒂菲粪金龟甲

# 建造单身公寓

地面上，蒂菲粪金龟甲正忙着挖地洞，哪里有心思考虑地下的蚁穴！它把挖出来的沙土都堆在地洞口，形成一个土丘。它像一个挖井工人，直直地向下挖掘，挖着挖着，突然挖不动了，原来前方是块大石头，蒂菲粪金龟甲使出全身力气也无法撬动这块大石头。没有办法，它只好绕开石头，继续往下挖，直到深度让自己满意为止。

房子建造完成，接下来就是准备食物啦！它把一颗颗山羊粪便滚到洞穴里，在洞穴底部铺上一层厚厚的山羊粪便地毯，又将通道用山羊粪便填满。它想，等到冬天，躺在温暖的地洞里享用美食，那感觉一定美极了！

# 好爸爸好妈妈

冬去春来，单身的蒂菲粪金龟甲先生趁着暮色踏上了寻爱之旅。它来到蒂菲粪金龟甲姑娘的洞穴里试探。正在扩建住所的姑娘见到访客后，有些诧异，但还是友好地和它相处。不久，它们便钟情于彼此。就这样，一个幸福的小家庭组成了。成家之后的蒂菲粪金龟甲有着明确的家务分工，妻子挖洞，丈夫负责运输挖洞产生的土。

晚上，蒂菲粪金龟甲先生要到附近寻找美味的食物带回家。虽然漆黑一片，洞穴众多，但是蒂菲粪金龟甲先生绝对不会走错家门。即使迷了路，它也能靠自己天赋异禀的定位能力回到自己的小家。

这对夫妻辛勤工作了近一个月，为孩子准备好了地洞和粪香肠。而现在，它们时日无多，了无牵挂，于是一起离开家，消失在了美丽的夜空下。

**法布尔爷爷的文学小天地**

真正的幸福应该是不断探索事物的奥秘。

## 幼虫的成长

蒂菲粪金龟甲的孩子们整个夏天都躲在营养丰富、温度适宜的粪香肠里。尽管没有爸妈的照顾，但它们的发育一点儿也没耽误，顺利地度过了化蛹期。

秋天，羽化成虫的它们从地下钻出来，来到了羊群中，取食挖洞。虽然这场盛宴里没有了父母，但是它们不会忘记父母的付出。

锹甲老师的冷知识补给站

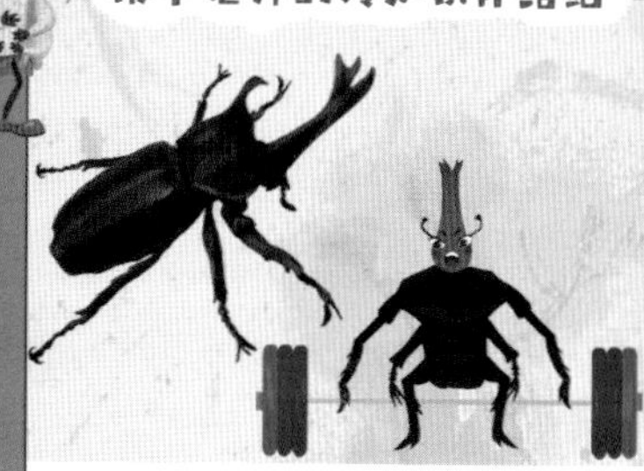

**大力神独角仙**

大力神独角仙的真实学名叫双叉犀金龟甲！它有着坚挺的鞘翅，额突上还有一根长长的“双叉戟”。别看它个头不大，但力气不小，能举起比自己重850倍重量的物体哦！

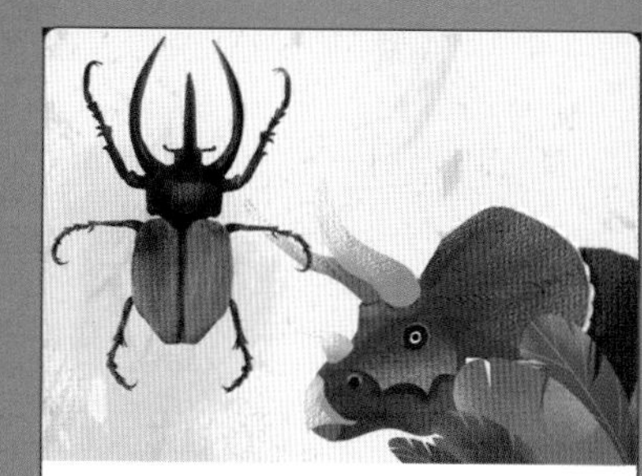

**金龟甲界的三角龙**

恐龙世界里的三角龙敢与霸王龙抗衡，那么，金龟甲界的“三角龙”是谁呢？那就是三叉戟犀金龟甲！它的尖尖角就像三角龙的尖角一样厉害。它在遇到对手时毫不畏惧，威猛帅气极了！

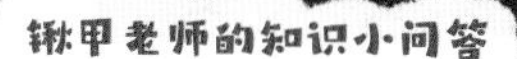

锹甲老师的知识小问答

小朋友，你知道蒂菲粪金龟甲最爱吃的是哪种动物的粪便吗？

# 被“绑架”的宽颈蜣螂 鞘翅目

为了给即将到来的孩子做粪梨，温柔恬静的宽颈蜣螂妈妈一路寻找着绵羊粪便。这时，路边草丛里散落着的新鲜绵羊粪便吸引了它的注意。它不紧不慢地走到粪堆里，开始挑选制作粪梨的精细原料。

做好粪球后，它准备将粪球运回家，意外却发生了！一只大手遮蔽了阳光，向它伸来，宽颈蜣螂被抓走了。它被抓到哪里去了？将要出生的卵宝宝将会怎么办？让我们去调查一下吧！

咦，这是谁的手呢？
锹甲老师的童谣广播站
宽颈蜣螂不慌忙，前胸背板宽又黑。
不爱热闹不扎堆，倒退粪球把家回。
一个粪球分两半，拍拍打打成粪梨。
两个粪梨小而巧，妈妈守护不分离。
我什么都不想参与，就想安静地埋头做粪球。
宽颈蜣螂
早早做好粪球，推回家做粪梨喽！

# 安静的宽颈蜣螂

虽然宽颈蜣螂妈妈在挣扎，但它并没有松开抱着的粪球。原来，抓它的正是昆虫们经常谈到的那位昆虫学家！

这位昆虫学家并没有恶意，他只是想观察一下宽颈蜣螂的生活习性，写一篇观察日记。他笑眯眯地将宽颈蜣螂妈妈带进了实验室，把它安置在一个装满泥沙的透明花盆中，并在花盆上盖了一层玻璃板。

被关起来的宽颈蜣螂妈妈并没有因为被束缚而感到生气，它不像圣蜣螂那样喜欢推着粪球到处跑，它喜欢安静。它先是观察了一下新环境，之后便把粪球放在一边，为自己挖了个洞，把粪球拖进去，闭门不出了。

一个粪球被妈妈做成两个小巧的粪梨。

宽颈蜣螂的外形和圣蜣螂很像，但是宽颈蜣螂的胸部更宽。

带有纵向刻纹的**鞘翅**

## 孩子才是最重要的

昆虫学家不敢贸然打扰他“请来”的客人，只能边观察边等待。宽颈蜣螂妈妈才不管这位昆虫学家等得有多心急，它正进行着一项重大的任务——给孩子准备育婴房和食物。它把之前抱来的粪球做成了两个小巧而精美的粪梨，并在粪梨里产下了卵宝宝，之后它便一直守护在两个粪梨旁边，陪伴着孩子们。

**法布尔爷爷的文学小天地**

我得承认，这个矮胖的雕塑家，动作虽然迟钝笨拙，可是雕塑技术却能与著名的同属昆虫媲美，甚至有过之而无不及。

# 重获自由

一个多月过去了，两只小宽颈蜣螂羽化而出，它们随着妈妈来到泥沙上面，到处找粪便，可这小小的花盆里什么吃的都没有。这时，昆虫学家已经完成了记录工作，便将宽颈蜣螂母子放回了大自然。获得自由的宽颈蜣螂妈妈别提多高兴了，它带着孩子尽情地享受着阳光。

咦？是熟悉的味道！宽颈蜣螂妈妈和它的孩子们闻到绵羊粪便散发的味道后，飞奔着跑了过去。哈哈，美味的大餐，我们来喽！

锹甲老师的冷知识补给站

**西瓜皮长臂金龟甲**

长臂金龟甲是中国台湾地区体型最大的甲虫，已被列为濒危物种。因为鞘翅的颜色、花纹与西瓜皮相似，所以它被亲切地称为“西瓜皮长臂金龟甲”。

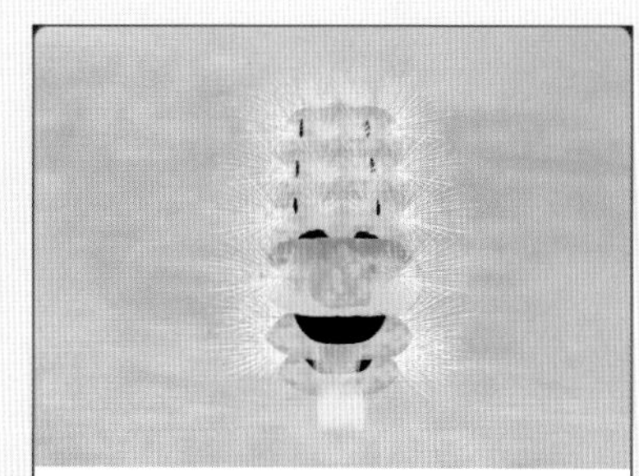

**开心的茸毒蛾幼虫**

看，那个毛毛虫身上有一张老爷爷的笑脸！这样的神奇效果，是茸毒蛾幼虫的身体颜色和毛刺分布导致的。大自然真是令人惊叹呀！

锹甲老师的知识小问答

小朋友，宽颈蜣螂妈妈制作的粪梨是精致小巧的还是大而粗糙的呢？

图书在版编目（CIP）数据

这才是孩子爱读的昆虫记：全15册 / (法) 法布尔著；陆杨等改编、绘. -- 北京：北京理工大学出版社，2023.6

ISBN 978-7-5763-1998-9

Ⅰ. ①这… Ⅱ. ①法… ②陆… Ⅲ. ①昆虫－儿童读物 Ⅳ. ①Q96-49

中国国家版本馆CIP数据核字(2023)第003936号

出版发行 / 北京理工大学出版社有限责任公司
社　　址 / 北京市海淀区中关村南大街 5 号
邮　　编 / 100081
电　　话 / (010) 68914775（总编室）
(010) 82562903（教材售后服务热线）
(010) 68944723（其他图书服务热线）
网　　址 / http: //www.bitpress.com.cn
经　　销 / 全国各地新华书店
印　　刷 / 三河市九洲财鑫印刷有限公司
开　　本 / 787 毫米 × 1092 毫米　1/12
印　　张 / 43.5
字　　数 / 870千字
版　　次 / 2023 年 6 月第 1 版　2023 年 6 月第 1 次印刷
定　　价 / 299.00元（全 15 册）

责任编辑 / 申玉琴
文案编辑 / 申玉琴
责任校对 / 刘亚男
责任印制 / 施胜娟

根据 法布尔《昆虫记》改编

# 这才是孩子爱读的昆虫记

[法]法布尔 著　陆杨 改编　邵立晶 绘

北京理工大学出版社
BEIJING INSTITUTE OF TECHNOLOGY PRESS

北京昆虫学会　中国昆虫学专家　审订

（排名不分先后）

彩万志教授　　张志勇教授

李姝博士　　徐庆宣博士

# 目录

contents

# 露“肚皮”的墨侧裸蜣螂 鞘翅目

遍地是薰衣草和百里香的平原上，一群绵羊在悠闲地吃着草。吃饱的绵羊在草地上留下了一堆堆粪便，这是对花草的回馈，也是对居住在这片平原上的蜣螂的恩惠。这会儿，圣蜣螂大婶正不紧不慢地向粪便堆走去：“今天的天气真好啊！出来收集点做粪球糕点的材料再好不过了。”

“您好呀，圣蜣螂大婶！我刚才闻到了新鲜的绵羊粪便的味道，咱们一起去吧！”途中，一位墨侧裸蜣螂姑娘朝它说道。

圣蜣螂大婶友好地点点头，于是，它们靠着灵敏的嗅觉，前往了“绵羊粪自助餐厅”。

是绵羊粪便的味道呢！
我们单身的墨侧裸蜣螂不喜欢储存粮食，所以洞穴里空空如也。
我们公牛嗡蜣螂喜欢在粪便底下挖洞安家，这样吃东西就比较方便啦！
锹甲老师的童谣广播站
墨侧裸蜣螂，全身乌黑亮。
鞘翅两侧缺，腹部露一些。
产前粪球如宝贝，推来推去不离身；
产后不再多过问，立刻恢复自由身。
墨侧裸蜣螂
我们圣蜣螂喜欢做粪球，所以洞穴里当然要有粪球啦！
公牛嗡蜣螂
蜣螂们的地下洞穴
百里香

# 不喜欢做粪球的墨侧裸蜣螂

“听说你们是粪球糕点师，制作粪球的工艺十分考究。不过，把粪球做那么精细有什么用，到头来还不是被吃进肚子里？”墨侧裸蜣螂姑娘一边吃，一边问向一旁正在制作粪球的圣蜣螂大婶。

“生活总是需要仪式感的嘛！我们喜欢把食物做成粪球再推到隐蔽的地方慢慢享用，就像你只喜欢在粪便前吃饱一样，只是兴趣不同。”圣蜣螂大婶不紧不慢地回答。

墨侧裸蜣螂姑娘似懂非懂继续吃着新鲜的粪便，圣蜣螂大婶则依旧在制作它的粪球。说话间，更多的粪蜣螂来到了粪便前享用。

突然，一只调皮的小羊羔碰倒了一些小石头，惊吓到了食客。大多数蜣螂飞快地逃走了，墨侧裸蜣螂姑娘则因为吃得太饱，行动缓慢，只能蜷缩着身体躲藏在粪堆底下。而圣蜣螂大婶十分冷静，依旧不紧不慢地继续制作着粪球。

墨侧裸蜣螂鞘翅光滑，且两侧有缺口，露出部分腹部。

# 妈妈产卵前后区别大

危险过去了，从粪堆里钻出来的墨侧裸蜣螂姑娘看着沉着冷静的圣蜣螂大婶，连连称赞。大婶微微一笑，随后推着做好的粪球回家了。回到家，圣蜣螂大婶看到隔壁新来的一位邻居——墨侧裸蜣螂妈妈，正小心翼翼地保护着一个不太光滑的粪球，心想："原来，墨侧裸蜣螂为了给孩子准备产房，也是会做粪球的啊！"

墨侧裸蜣螂妈妈将宝贝似的粪球推回家，经过它的一番努力，终于做好了一个像麻雀蛋一样、还未封口的育婴房。它将卵产在了育婴房里，并将开口封上。

产完卵后，墨侧裸蜣螂妈妈就急急忙忙出门去找吃的了。它不会为了孩子失去自由，更不会像宽颈蜣螂妈妈那样牢牢守护着粪梨，直到卵宝宝顺利孵化。它的任务已经完成，至于孩子们今后如何，它不会再过问，剩下的就留给时间吧！

锹甲老师的冷知识补给站

**穿着小丑服的橡树角蝉**

橡树角蝉拥有着奇特的颜色和花纹，这令它看起来就像一个小丑。你看，它凸出的红眼睛从侧面看是不是很像小丑的红鼻头呢？

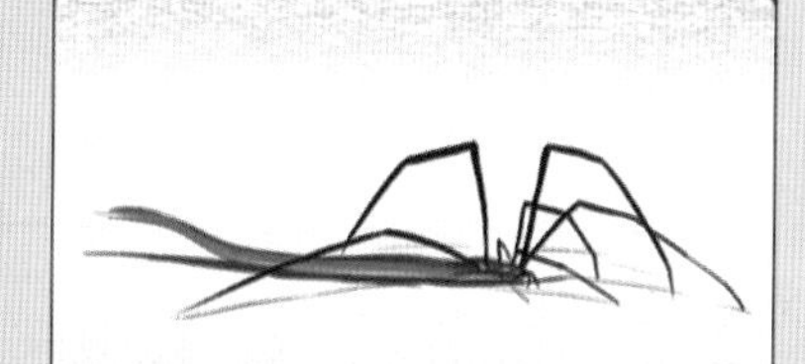

**细长如蚯蚓的长腹姬蛛**

你见过细长如蚯蚓的蜘蛛吗？它就是长腹姬蛛，因为身体如蚯蚓般细长且可以弯曲，还被叫作蚓腹蛛。当它在蛛网上不动时就如同一节小树枝，但蜘蛛可不属于昆虫哦。

锹甲老师的知识小问答

小朋友，墨侧裸蜣螂没有宝宝的时候，像圣蜣螂一样热爱做粪球吗？

墨侧裸蜣螂产好卵后就会离开，之后卵会如何，它一点也不关心。

# 外刚内柔的公牛嗡蜣螂 鞘翅目

五月是粪蜣螂筑巢的时节，在这个时节里，几乎所有的粪蜣螂都会卖力地寻找食物、挖建住所。你看，圣蜣螂已经挖好洞穴在卖力地做粪球了，赛西蜣螂也在努力地倒推着粪球爬坡呢！它们真是为了孩子甘愿付出的好爸妈呀！

咦，那个头上长着一对长长的“公牛角”，前胸、背板隆起，样子十分凶悍的粪蜣螂是谁呢？其他粪蜣螂都在加紧干活，只有它悠闲地吃着食物，好像很轻松的样子。现在，就让它来给我们做个自我介绍吧！

共同努力的赛西蜣螂夫妻。
可不要小看我们雌性公牛嗡蜣螂哦，我们承担着家庭重任呢！
蒲公英
春天，我们就应该好好欣赏美景嘛！
锹甲老师的童谣广播站
公牛嗡蜣螂，头上长“牛角”。
雌性担大任，雄性乐逍遥。
幼虫背凸起，走路好摔跤，
躺吃到成蛹，变态很奇妙。
蛹期多附器，羽化就褪去，
用进而废退，自然界规律。

# 公牛嗡蜣螂的自述

“我是雄性公牛嗡蜣螂，我全身乌黑，长着一对弯弯的长角，看起来威武霸气，一副凶悍的模样，其实我是个爱好和平的蜣螂。看到那边那个长着一对小角的粪蜣螂了吗？它是我的妻子，我们公牛嗡蜣螂婚配后，家里的主要责任都由公牛嗡蜣螂妈妈承担，妈妈是很辛苦、很伟大的哦！虽然我很想帮忙，但是能力不够，所以就不去给妈妈添乱啦！我的介绍就到此为止，下面带着你们去看看公牛嗡蜣螂妈妈都做了哪些工作吧！”

# 母爱的力量

新婚之后的公牛嗡蜣螂妈妈不会去理睬自由洒脱的丈夫，它一心只想着在短时间内建造出更多的洞穴，为腹中的宝宝储备足够的食物。

“不怕烈日，不怕累，我是负责的好妈妈。”公牛嗡蜣螂妈妈一边在绵羊粪便下挖洞穴，一边为自己加油。它把竖井形的洞穴挖好后，又在洞底铺上一层厚厚的绵羊粪便床垫，并把一枚卵产在上面。

“我要提前为我的幼虫宝宝准备点儿养胃食物才行，可不能让它娇嫩的胃受到伤害。”说着，公牛嗡蜣螂妈妈就把自己半消化的食物涂抹到卵宝宝周围的墙壁上。之后，这位妈妈又不断地从洞口切割湿润的粪便填满通道，最后用沙土将洞口封住。虽然工作辛苦，但是公牛嗡蜣螂妈妈觉得很幸福。

## 有趣的幼虫

在公牛嗡蜣螂妈妈的努力下，六只幼虫宝宝在自己的洞穴里安全孵化了。它们吃了妈妈精心准备的营养餐后，长得胖乎乎的，但是每个幼虫的背上都长着一个凸起，很是奇怪。

可别小瞧这个奇怪的凸起，它可是幼虫身体中的重要消化器官！幼虫宝宝吃完营养餐后，想要站立起来去吃头顶上方的粪香肠，结果它刚一起身就摔倒了。原来，凸起的存在让它无法站立，更别说走路了。

即便如此，幼虫宝宝并没有沮丧，它侧躺着向头顶上方蠕动前行，吃着那里的粪香肠。

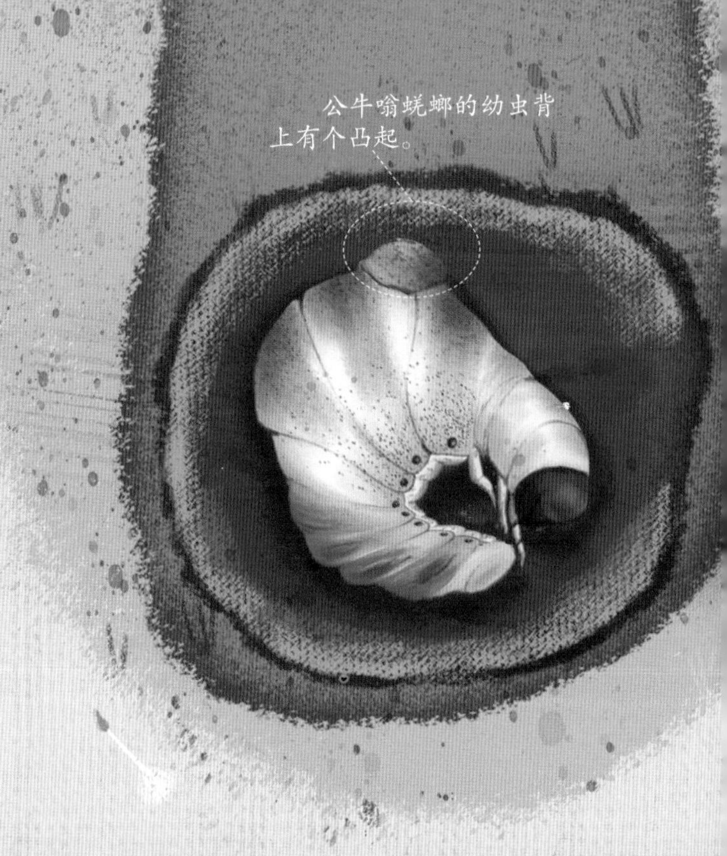

“躺吃”的日子大概持续了一个月，幼虫宝宝的身材变得更加臃肿，背上的凸起也成了一个大瘤子！

不过，现在的它有了新目标，那就是化蛹！它用自己排出来的粪便，为自己砌了一个像雪松球果一样的椭圆形小屋，之后便待在里面安心地睡着了。

**法布尔爷爷的文学小天地**

我们不能因为仅仅搬动了海岸边的一些沙子，就敢说自己了解了深邃的海洋。

# 奇怪的蛹

睡着后的幼虫宝宝梦到自己变成头上有三个角、身体两边各有四个刺突的蛹，享受着其他昆虫的赞美。突然，它从美梦中惊醒了，此时的它看了看自己的身体，发现原来那不是梦，自己真的变成了梦中那样，除了头上两个鼓起的无色角外，头和前胸处的背板之间还竖着一个如削过的铅笔形的角突，它朝前长着，插在额的中间，比额略微突出。不光如此，腹部两侧还各长有四个像水晶一样的无色刺突。

变成蛹的幼虫宝宝喜出望外，想要挣开蛹衣，羽化成虫。就在它极力挣扎时，角突和刺突全都随着蛹衣碎裂剥落了。刚刚羽化的公牛嗡蜣螂有点儿失望，但是它也明白自然法则——用进废退，这些多出的附加器官没有多大的用途，消失是顺应自然，无法避免。

锹甲老师的冷知识补给站

长了“牛角”的弓长棘蛛

弓长棘蛛是属于蛛形纲的节肢动物。它外形霸气，色彩多变，头上弯曲的一对长角像“牛魔王”一般，这样的外形威慑鸟类还是有些效果的！

头顶“麦克风”的棒角步甲

你见过头上顶着“麦克风”的甲虫吗？棒角步甲头上的两根触须好似麦克风一般，走到哪里都像是自带音效！

锹甲老师的知识小问答

小朋友，你知道公牛嗡蜣螂家庭中谁负责挖建住所、为孩子寻找食物吗？

# 幼时“驼背”的黄腿缨蜣螂

鞘翅目

“吱呀——吱呀——”打麦场上发出石碾子滚动的声音，一头骡子慢悠悠地在打麦场上拉着石碾子。

打麦场上散落着几堆骡子粪便，这些看似毫无异常的粪便底下，公牛嗡蜣螂和黄腿缨蜣螂正忙得不亦乐乎。

“要地震了吗？”在粪便底下挖地洞的黄腿缨蜣螂女士感受到了越来越强的震感，爬出来一看，一个巨大的石碾子正向自己滚来，吓得它赶紧钻入还没挖好的地洞底部。它刚一趴下，石碾子就从地洞上方的粪便堆上轧了过去。

“幸好我反应及时，不然就被石碾子压成蜣螂饼了！”黄腿缨蜣螂女士心有余悸地想。

粪便下的洞穴里，黄腿缨蜣螂在产卵并制作粪梨。

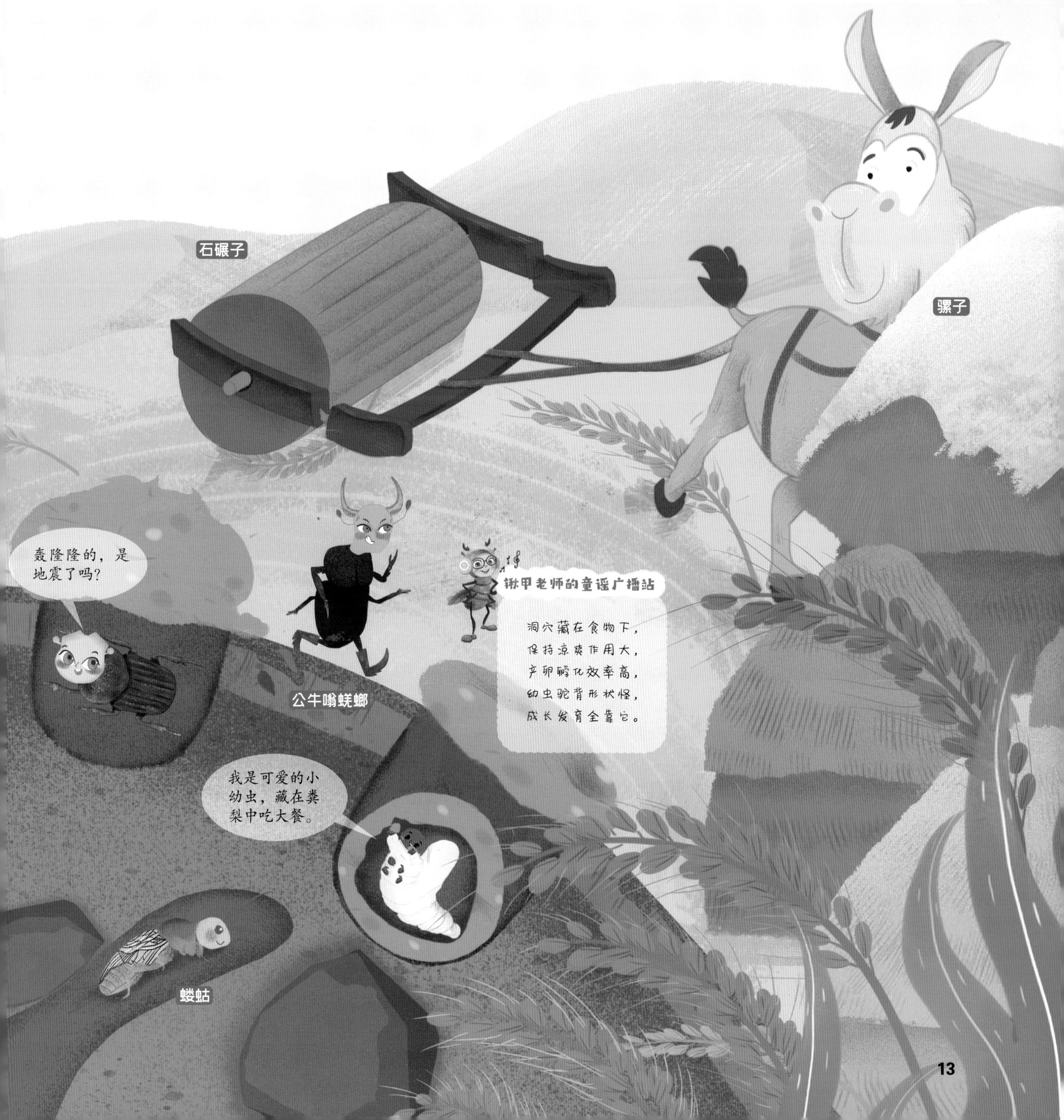
石碾子
骡子
轰隆隆的，是地震了吗？
公牛嗡蜣螂
锹甲老师的童谣广播站
洞穴藏在食物下，
保持凉爽作用大，
产卵孵化效率高，
幼虫驼背形状怪，
成长发育全靠它。
我是可爱的小幼虫，藏在粪梨中吃大餐。
蝼蛄

## 神秘的洞穴

谁能想到这堆臭烘烘的粪便底下藏着黄腿缨蜣螂女士的家呢？不过，这个小家还没等到竣工，盖在小家上方的屋顶——骡子的粪便就被石碾子轧扁了。所以，这个家只能放弃了。

等洞外安全后，黄腿缨蜣螂女士小心翼翼地爬出地洞，瞅准了骡子新拉的一堆粪便，以迅雷不及掩耳之势，快速跑到粪便堆前，熟练地钻了进去。

“我得抓紧时间重新挖地洞了！”它将地洞挖好后，又在洞口的粪堆下找了一块最柔软的粪便，运到了地洞里。黄腿缨蜣螂女士一鼓作气，把它精选的粪便涂抹在地洞四周的墙壁上，用来防止地洞渗水和坍塌。

“大功告成！这下放心了！”它看着这个外形像顶针似的小家满意极了。

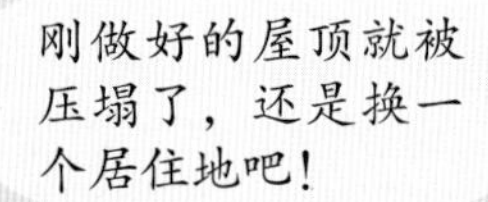

**法布尔爷爷的文学小天地**

当大自然想要创造怪诞的作品时，肯定会让我们吃惊不已。

# 造型奇特的幼虫

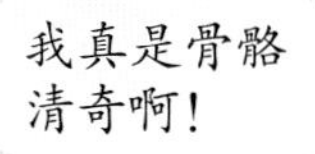


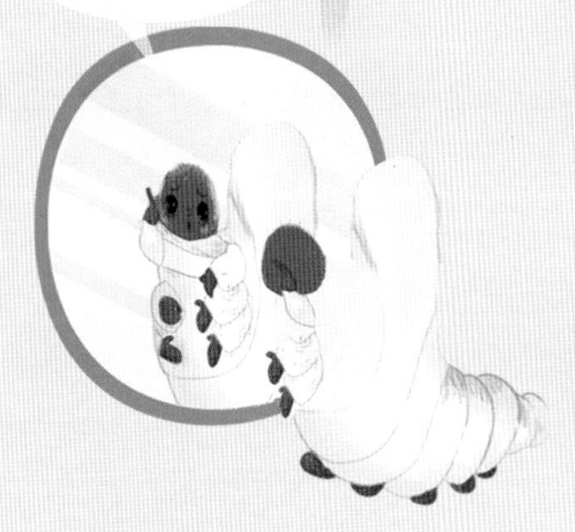

十多天过去了，小家里有了新的成员——四只小幼虫。

一天，一只小幼虫正在育婴房里休息，一条蚯蚓穿墙而来，吓得它缩成一团。

蚯蚓看到小幼虫的模样，笑道：“哈哈，胆小的丑八怪！顶着一个大肉球，像个罗锅，真难看！”

“你突然闯入我的房间，并且把墙壁钻了个大洞，不道歉就算了，竟然还嘲笑我的长相，真是太过分了！”说完，小幼虫将尾部对准蚯蚓，射出一摊排泄物。

蚯蚓既羞愧又害怕，灰溜溜地逃走了。

小幼虫转头看了看自己身上的肉球，虽然它很生气，但它骄傲地想：“我才不是罗锅呢！我背着的肉球叫作隆峰，它对我来说意义重大，里面储存的营养和水分不仅可以为我提供能量，排泄出来还可以加固我的房间，并且防止食物变干燥，是我的好帮手！”

想到这里，小幼虫抬起了头。它知道，自己身体上的每一个部位都是父母给予的，谁也不可以肆意嘲笑，而它，一定会坚决维护自己的尊严，不论对方是谁，它都不会任由其欺凌！

锹甲老师的冷知识补给站

炫酷的彩虹蜣螂

谁说蜣螂的颜色都是死气沉沉的？彩虹蜣螂就有着可与彩虹比灿烂的颜色！看，五颜六色的它是不是很漂亮呢？

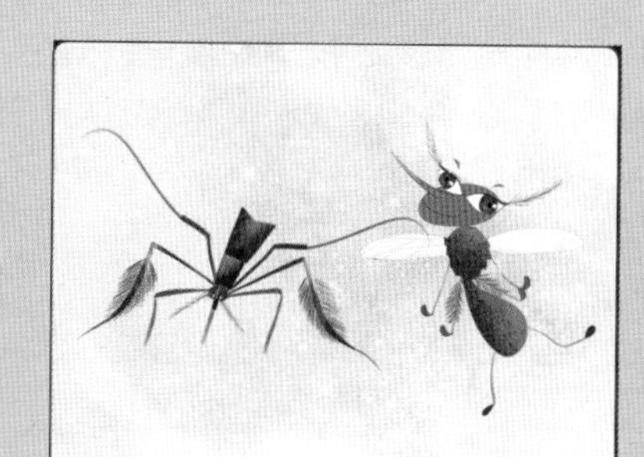

羽足煞蚊

它大概是地球上最美的蚊子了，除了一身蓝绿金属色外，中足上还有类似羽毛的装饰，甭提有多好看了！

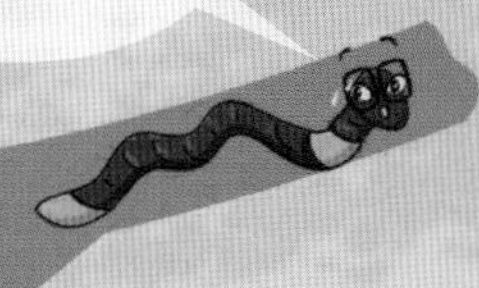


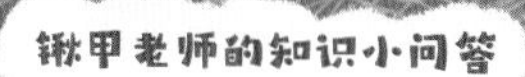


小朋友们，你们知道黄腿缨蜣螂幼虫的模样有什么特别之处吗？

# 相亲相爱的赛西蜣螂夫妇 鞘翅目

山坡上，赛西蜣螂先生和三个好友围坐在一起聊天。它们侃侃而谈，说着各自的所见所闻。

“我们几只蜣螂的名字要么是根据外形取的，要么是根据地名取的，但是赛西蜣螂的名字是根据什么取的呢？”公牛嗡蜣螂先生一脸疑惑地询问赛西蜣螂先生。

“我们的名字可大有来头！”赛西蜣螂先生双眼有神，向在座的朋友说起了名字的来历，“传说西绪福斯被天神惩罚，将一块大石头推到山顶，可是石头一到山顶就会再次滚下去，循环往复。而我们顽强的精神和毅力就跟希腊神话中的西绪福斯一样，因此我们叫‘舒氏西绪福斯蜣螂’，简称‘赛西蜣螂’。”

锹甲老师的童谣广播站
赛西蜣螂有担当，吃苦耐劳品质良。
不怕艰苦推粪球，夫妻恩爱美名扬。
同心协力育后代，家族兴旺幸福长。
公牛嗡蜣螂
西班牙粪蜣螂
赛西蜣螂不怕失败，
大不了从头再来！
墨侧裸蜣螂

# 赛西蜣螂爸爸的使命感

说完，身子短粗、足长的赛西蜣螂先生顿时觉得自己在朋友眼中的形象高大了许多。就在赛西蜣螂先生自我陶醉时，妻子叫道：“孩子爸，快点儿过来，有绵羊经过，天降美食了！”

“开始干活喽！为孩子们准备美味的粪球面包！”赛西蜣螂先生一边告别朋友，一边搓搓前足准备开工。

夫妻俩用前足从绵羊粪便上切下厚度适中的一小块粪便，然后再围着这一小块粪便不停地拍打、压紧。

果然，夫妻同心力量大，不一会儿，它们面前就出现了一个豌豆大的小粪球。看着这个粪球，妻子眼睛里露出了幸福的光芒，仿佛已经看到孩子们开心地食用这个粪球面包时的情景。

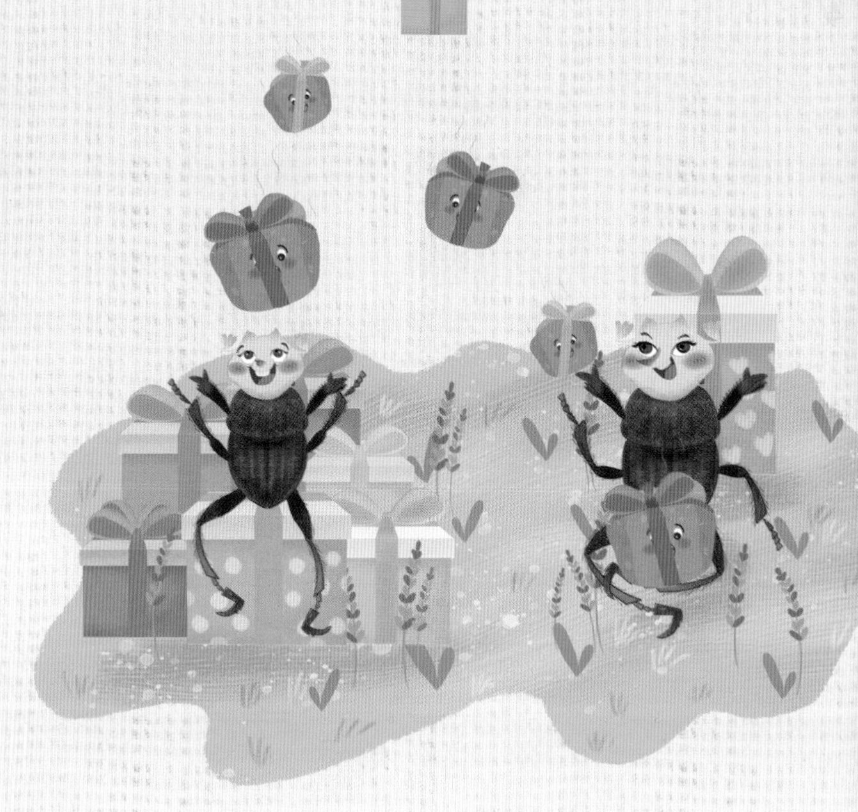

“我们赶紧把它推回家吧。”赛西蜣螂先生提醒了一句，妻子点点头。

于是，它们便又默契十足地一同推起了粪球。妻子在前面拉，丈夫则在后面倒退着向前推，工作进行得很顺利。

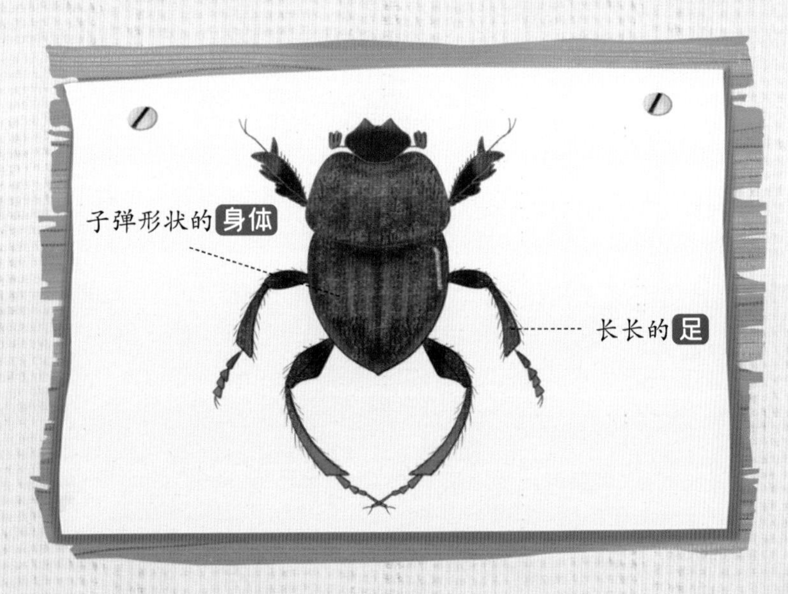

**法布尔爷爷的文学小天地**

赛西蜣螂在秋天短暂的喜悦欢腾之后，因为冬天的到来变得昏沉麻木，进而隐退地下，之后，它们在春天苏醒，在春夏的阳光下欢庆，这是它们的一个生命周期。

## 小粪梨上奇怪的黑色瘿瘤

粪球在运输的过程中变得越来越紧实，也越来越圆。赛西蜣螂先生与妻子合力将粪球运到洞里后，温柔地对妻子说：“孩子妈，这个洞有点儿小，你就在洞里安心生产，我去洞口守着。”说完，它便离开了。

没多久，赛西蜣螂妈妈便把粪球制作成了粪梨，并在粪梨中产下了卵。

几天后，小幼虫孵化了，它大吃特吃，一不小心将粪梨的墙壁吃出了一个窟窿。这下可糟了，小幼虫连忙将肚子里储存的粪便排了出来，将窟窿堵住。不一会儿，原本拥有光泽表面和优雅弧度的粪梨上便出现了黑色的“补丁”，这就是粪梨上的黑色瘿瘤。看着补好的墙壁，小幼虫嘻嘻地笑了，终于可以安心了。

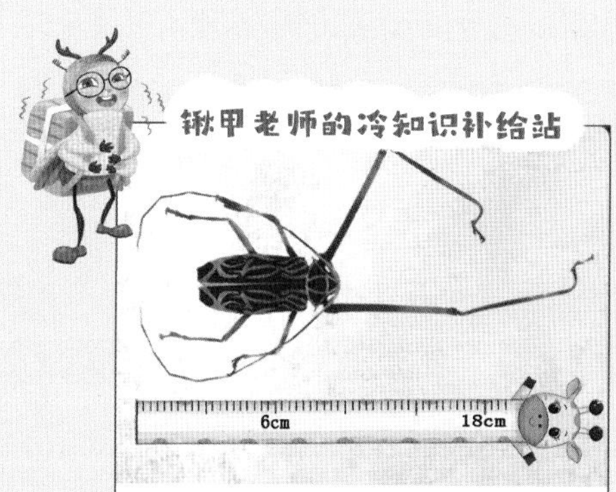


彩虹长臂天牛

听说它是昆虫界里最“牛”的“长腿先生”，身长6cm，足长15cm，是身长的2.5倍，拥有这样的大长腿，谁能不羡慕呢？

毛背饼碟拟步甲

毛背饼碟拟步甲的背上有一个大“盘子”，这个“盘子”的用处可大了，既能收集雨水，又能当作盾牌抵御外敌。不过，它特别害怕仰面朝天，因为这样，它的弱点就会暴露无遗。

粪梨上的黑色缨瘤

# 勤劳负责的镰粪蜣螂

鞘翅目

蜣螂家族里，一年一度的“好爸爸、好丈夫”评选活动开始了。雄性蜣螂们踊跃报名，并且十分卖力地表现自己，希望能通过这几天的良好表现获得此项殊荣。本次评选活动的决定权在蜣螂妈妈们的手中，仅仅通过几天的好好表现，是得不到此项荣誉的，所以那些平时游手好闲的蜣螂先生们一个也没有入选。

最后，获得今年“好爸爸、好丈夫”冠军的是镰粪蜣螂先生，上一届的冠军获得者赛西蜣螂先生将“好爸爸、好丈夫”奖牌颁发给了镰粪蜣螂先生。在一片祝福的掌声中，评选活动落下了帷幕。

“好爸爸、好丈夫”颁奖典礼
No.1
西班牙粪蜣螂
镰粪蜣螂
赛西蜣螂
锹甲老师的童谣广播站
新月形状背上印，湿润牧场适生存。
要问它家住何处，掀开牛粪探究竟。
宽敞大厅矮屋顶，夫妻互助齐努力。
搬来食材做面包，为娃准备育婴房。
爸爸妈妈勤看护，直到孩子全羽化。
墨侧裸蜣螂
黄腿缨蜣螂
黑粪金龟甲
公牛嗡蜣螂
咱们夫妻合力
把家建好。

# 勤劳的父亲

镰粪蜣螂先生能一举夺冠是有原因的，它不仅和妻子一起修建住所，承担繁重的废料搬运工作，还与妻子一起收集制作粪梨的粪便，时时刻刻都在为妻子分担家务。

不仅如此，镰粪蜣螂先生还会替妻子照看粪梨。它会贴近粪梨外壁听粪梨内的动静，查看孩子的生长情况；会仔细查看粪梨是否因为干燥而产生裂缝；会为孩子们驱赶想要伤害它们的寄生蝇。镰粪蜣螂先生真是无时无刻不在为孩子们考虑。

这样的镰粪蜣螂先生，当然能够获得“好爸爸、好丈夫”的殊荣啦！

镰粪蜣螂前额有角，前胸中央稍凹陷，前胸两侧带有新月形凹槽和短角。

**法布尔爷爷的文学小天地**

我们留在乡野吧，如果我们的欲望适度、有所节制，那么我们将会在乡野的田地里，得到大自然母亲的哺育。

# 蜣螂家族的大事件

“好爸爸、好丈夫”评选活动结束后，镰粪蜣螂先生有十几个孩子的事情在蜣螂家族中传开了。这可是蜣螂家族中的大事件啊！其他蜣螂对此惊羡不已。

原来，镰粪蜣螂先生能拥有这么多孩子是因为它们居住的地方有着丰富的牛粪，而且它们的住所十分宽敞，能够存放很多粪梨。当然，这也少不了镰粪蜣螂先生对妻子的鼎力相助，正是因为夫妻俩团结一致，相互协作，才能养育如此多的孩子。

获奖后的镰粪蜣螂先生一如既往，细心地陪在妻子身边，和妻子一起监护它们的幼虫宝贝，直到孩子们顺利羽化。

锹甲老师的冷知识补给站

**最长的昆虫——中华巨竹节虫**

中华巨竹节虫是世界上最长的昆虫，目前已知的有62.4cm。因为其拟态的外表很像树枝，被称为“会动的树枝”。也许，你平时看到的树枝就是它伪装成的呢！

**最长的甲虫——长戟大兜虫**

长戟大兜虫是世界上最长的甲虫，分布在中美洲和南美洲的热带雨林地区，其成虫体长的最长纪录为18.4cm。长戟大兜虫力大无穷，可以承载自身体重850倍的物体。

锹甲老师的知识小问答

小朋友，你知道镰粪蜣螂喜欢吃什么食物吗？它们的父亲是有责任感的好爸爸吗？

# 自信有担当的野牛布蜣螂 鞘翅目

春季，阿雅克修郊区，藏红花、仙客来、桃香木散发着清香。野牛布蜣螂先生心情十分愉悦，因为它刚刚参加完好朋友镰粪蜣螂的婚礼，这会儿正摇摇晃晃地往家的方向走去。

“瞧瞧这个又矮又壮的家伙，身上一股粪便的味道。”路旁的蝗虫和蝈蝈看到野牛布蜣螂先生，不禁调侃起来。

野牛布蜣螂先生不想招惹是非，低着头快速走着，可蝗虫、蝈蝈不依不饶。这时，一个声音打断了它们：“如果没有我们这些食粪虫，你们只能生活在肮脏的世界里！还想每天吃新鲜的食物？简直做梦！”

原来是一只圣蜣螂在替野牛布蜣螂先生讨公道。蝗虫、蝈蝈见状，默不作声，悻悻地离开了。

你又掉进粪
坑里了吧？
蝈蝈
圣蜣螂
野牛布蜣螂
锹甲老师的童谣广播站
小小野牛布蜣螂，个矮足短身体壮，
头上两个小“犄角”，背板两侧有凹槽。
雌雄恩爱筑新家，一起劳作为了娃，
直到生命终结时，繁殖任务才放下。
一年之后秋又始，孩子终能羽化啦！

## 婚后的野牛布蜣螂

野牛布蜣螂先生很感谢圣蜣螂替它解围，圣蜣螂对它说：“不要因为我们的身份而自卑，你应该感到骄傲才对，我们可是伟大的自然清洁大师。”说完，圣蜣螂离开了。

圣蜣螂的话就像一道光，照进了野牛布蜣螂先生灰暗的世界，从此，它挺起胸膛，不再为其他动物的闲言碎语烦恼了。

一天，野牛布蜣螂先生在寻找食物时遇到了一位美丽的野牛布蜣螂姑娘，野牛布蜣螂姑娘立刻被自信的野牛布蜣螂先生吸引了。很快，它们便相恋了，并组建了自己的小家。

婚后的野牛布蜣螂先生和妻子十分恩爱，它们就像镰粪蜣螂一样，共同努力为孩子建造住所。

**法布尔爷爷的文学小天地**

我与野牛布蜣螂结识在阿雅克修的郊区，那里有仙客来和藏红花，以及在桃香木掩映下的春日美景。

# 不仅是好丈夫还是好父亲

夫妻俩一边制作粪香肠，一边认真地观察洞穴内部的环境。果然，通道周围的墙壁因为野牛布蜣螂先生频繁地进出运送粮食，出现了坍塌。

“你快想想办法吧。”妻子望着洞底已经制作好的五间小香肠似的育婴房，一脸担忧地望着丈夫。

“瞧我的吧！”话音刚落，野牛布蜣螂先生便连忙将制作香肠剩余的粪便均匀地涂抹在周围的墙壁上。不一会儿，墙壁就恢复如新了。现在，这个洞穴牢不可破了！

为孩子们准备好一切后，夫妻俩等不到孩子们羽化，就会离世。但是它们从不后悔，因为那些粪香肠里有着它们的下一代，那是它们爱的见证。它们知道再过一年，孩子们就会在雨水的滋润下羽化而出，它们的生命会因此得到延续。

锹甲老师的冷知识补给站

伊锥同蝽

伊锥同蝽有着红褐色的“尖角斗篷”、绿色的“长筒靴”，背上的小斑点还是爱心形的哟！

马脸蝗虫

一张大长脸，头上俩凸眼，身体细又长，极有镜头感，这就是看着像竹节虫的枝蝗，又称“马脸蝗虫”。

锹甲老师的知识小问答

小朋友们，你们知道野牛布蜣螂用什么材料加固洞穴墙壁吗？

**图书在版编目（CIP）数据**

这才是孩子爱读的昆虫记：全15册 / (法) 法布尔著；陆杨等改编、绘. -- 北京：北京理工大学出版社，2023.6

ISBN 978-7-5763-1998-9

Ⅰ. ①这… Ⅱ. ①法… ②陆… Ⅲ. ①昆虫—儿童读物 Ⅳ. ①Q96-49

中国国家版本馆CIP数据核字(2023)第003936号

出版发行 / 北京理工大学出版社有限责任公司
社　　址 / 北京市海淀区中关村南大街 5 号
邮　　编 / 100081
电　　话 / （010）68914775（总编室）
（010）82562903（教材售后服务热线）
（010）68944723（其他图书服务热线）
网　　址 / http: //www.bitpress.com.cn
经　　销 / 全国各地新华书店
印　　刷 / 三河市九洲财鑫印刷有限公司
开　　本 / 787 毫米 × 1092 毫米　1/12
印　　张 / 43.5
字　　数 / 870千字
版　　次 / 2023 年 6 月第 1 版　2023 年 6 月第 1 次印刷
定　　价 / 299.00元（全 15 册）

责任编辑 / 申玉琴
文案编辑 / 申玉琴
责任校对 / 刘亚男
责任印制 / 施胜娟

图书出现印装质量问题，请拨打售后服务热线，本社负责调换

北京理工大学出版社
BEIJING INSTITUTE OF TECHNOLOGY PRESS

北京昆虫学会　中国昆虫学专家 审订

（排名不分先后）

彩万志教授　　张志勇教授

李姝博士　　徐庆宣博士

# 目录

contents

# 擅长“挖井”的欧洲栗象甲 鞘翅目

深秋，北风呼呼地刮着，冰冷的雨点拍打着万物，好像是在提醒冬天就要来临了。小动物们着急忙慌地储备好过冬的粮食后，赶紧回到各自的巢穴里。

而在矮小的灌栎树丛里，一只雌性欧洲栗象甲不顾风雨的侵袭，站在绿色的橡栗果上忙碌着。尽管枝叶被风吹得摇晃，雨水打湿了它的身体，但它依旧没有停下。一只查看橡栗成熟情况的松鼠看到了这一幕，十分好奇，究竟是什么事情能让它坚持在恶劣的环境下继续工作？

摆好架势，开钻。
锹甲老师的童谣广播站
小小欧洲栗象甲，一根长喙（huì）如象鼻。
钻孔打井好工具，橡栗果是产卵地。
妈妈细心又严格，优质果实才符合。
幼虫宝宝胃口刁，先吃什么它知道。
一朝果实被吃空，幼虫钻出挖地洞。
化蛹羽化来地面，欧洲栗象甲蜕变。
好险，差点儿被乌鸫鸟吃掉！
橡栗的果肉真好吃！
加油，就快出来了！
欧洲栗象甲幼虫

## 严格细致的欧洲栗象甲妈妈

小松鼠带着好奇心来到雌性欧洲栗象甲的身边观察着。哇，这儿有许多雌性欧洲栗象甲，它们正用长长的喙在橡栗果上打孔呢！它们是要采集食物准备过冬吗？还有那比身体还长的喙，是如何钻进坚硬的橡栗果中的呢？小松鼠压抑不住好奇心，向一只刚爬到橡栗果上的雌性欧洲栗象甲询问了起来。

原来，它们是想把卵产在橡栗果中，那比身体还长的喙就是钻孔工具。产卵之前的准备十分艰辛，需要检查橡栗果是否完好，如果橡栗果外表有洞就说明它里面已有居住者，或是它不适合欧洲栗象甲的幼虫食用。找到一颗外表完好的橡栗果后，欧洲栗象甲妈妈还要用喙在上面钻口“深井”，先品尝一下果实底部的“绒絮层”是否刚好适合孵化后的宝宝食用。这两方面都达标后，妈妈们才会把细长的产卵器伸进之前打好的深井底部，将卵产在果实中。

“真不容易啊！”小松鼠心想。

**法布尔爷爷的文学小天地**

欧洲栗象甲妈妈在为孩子挑选食物时十分挑剔、严格、仔细，对它而言，这并不是琐碎的小事，而是重要的大事，是它告诉了我们无限的关怀和照料体现在最细微的事情上。

# 幼虫的成长之路

过了一段时间，橡栗果中的卵孵化了。小松鼠听到了幼虫吃食物的动静，跑过去和橡栗果中的幼虫聊了起来："嘿，你是在吃橡栗的果肉吗？"

幼虫被这突如其来的喊声吓得一哆嗦，但它知道自己藏在里面很安全，便慢吞吞地回道："我太小，现在还吃不了果肉，但是果肉底部的'绒絮层'里有甜美的汁水，这就是我最初的食物。等我长大点儿，能啃动果肉了，就可以顺着妈妈留下的通道，爬到果肉的位置大吃特吃啦！等把果肉吃完，我会从洞眼钻出去，到那时，我就能见到你了。"

"从果实中出来的你，和你的爸爸妈妈长得一样吗？"小松鼠继续问道。

"不一样。吃完果肉，我还是幼虫，我需要钻出果实，来到地面，自己挖个洞穴，在里面化蛹。来年春天，我要在蛹壳里待上一个月才能羽化，然后再爬到地面上。那时，我就和爸爸妈妈长得一样了。"

小松鼠又说了一句"真不容易啊"，便摘了几颗早熟的橡栗果实，蹦跳着回树洞里去了。

锹甲老师的冷知识补给站

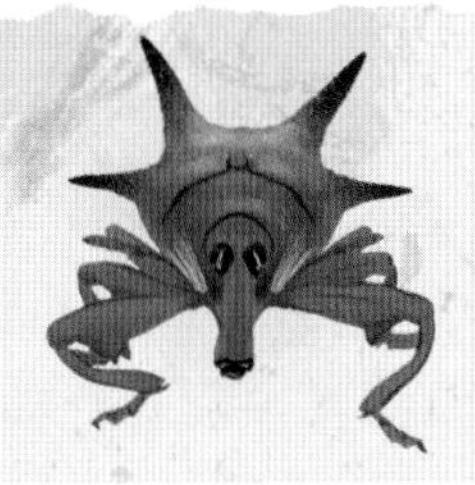

**身上长"钉子"的厄瓜多尔小刺象甲**

厄瓜多尔小刺象甲的身上有四个尖角，犹如穿了一件朋克风的铆钉外衣，真是酷炫的象甲！

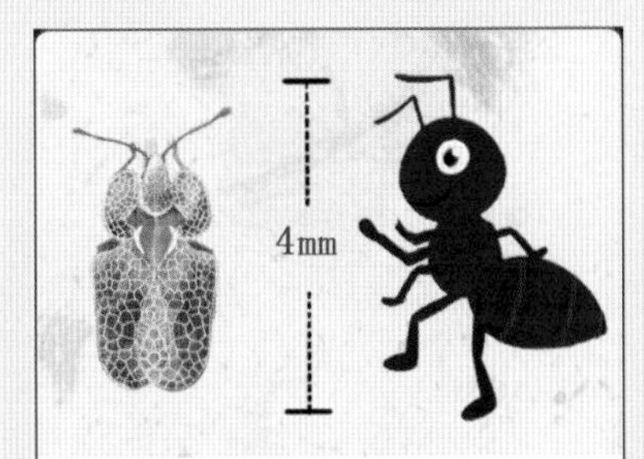


**打扮精致的悬铃木网蝽**

悬铃木网蝽穿着一身"蕾丝网纱外衣"，戴着精致的"网纱帽"，看起来十分优雅。其实，它就生活在我们身边，只是它比蚂蚁还小，很难被发现。

锹甲老师的知识小问答

小朋友，你知道欧洲栗象甲成虫用什么打洞吗？

# 拥有“榛子城堡”的欧洲栎突象甲 鞘翅目

三位欧洲栎突象甲妈妈在一棵榛树上相遇了，为了证明自己的喙是最棒的，它们争论了起来。一位欧洲栎突象甲妈妈信心十足地向另外两位发出挑战：“敢不敢比试一下？”

“比就比，咱们就看谁钻得快、钻得深！”于是，三位欧洲栎突象甲妈妈请来了拥有长喙的蜂鸟和蜂鸟鹰蛾当裁判。随着裁判的一声令下，三位欧洲栎突象甲妈妈立刻开始了紧张的比赛。

“咱们欧洲栎突象甲的喙都很厉害，有什么可比的呢？有时间还不如为孩子打造榛子城堡呢！”旁边一棵榛树上的欧洲栎突象甲妈妈看到正在比赛的它们，十分不解。

你看，我们的长喙
上带有两根触角，
像不像手摇钻？
手摇钻
快要成熟的榛果
锹甲老师的童谣广播站
欧洲栎实象甲呀，带着钻头闯天下。
榛果硬如花岗岩，但它一点都不怕。
架起工具就开钻，几个小时就拿下。
虫卵产在果实内，果肉吃完往外爬。
天窗小来身体大，头先出来慢慢拉。
钻出榛子下地面，挖个地洞来安家。
洞中成蛹快羽化，性征成熟地上爬。
田鼠一般会收集
落下来的榛果。
被欧洲栎实象甲破坏
的榛果一般会更早掉落。
田鼠洞里放着收
集的榛果。

## 隐士的城堡

没有再看它们比赛，那只欧洲栎实象甲妈妈找到一颗快要成熟的果实，用它那带有“钻头”的喙干起活来。果实的外壳非常坚硬，它累得气喘吁吁，但还是锲而不舍地钻着。终于，它的“钻头”探测到了榛子的底部，这里的果肉鲜嫩、营养丰富，对孩子们来说是最好的食物。于是，它把卵产在了这里。

不久，这座豪华坚硬的榛子城堡迎来了一只安安静静的小幼虫，它穿着一身乳白色的小礼服，长得白白胖胖的。

这是个什么样子的城堡啊？小幼虫睁开眼睛仔细地打量着。这里私密性极高，远离外面的喧嚣，凉爽极了。不仅如此，这里还有丰盛的食物。小幼虫高兴地伸了伸懒腰，要不是化蛹时需要离开这里，它真想一辈子待在这里不出去。小家伙瞬间明白了妈妈对它的爱。不过，往后的日子就得靠自己了。

**法布尔爷爷的文学小天地**

如果说只要拥有安全的住所、健康的身体、充实的食物来源，就能够幸福，那么欧洲栎实象甲就是幸福的。

## 该是离开的时候了

欧洲栎突象甲幼虫过了近一个月的舒适生活后，开始计划着如何离开。此时的它已长有大颚。聪明的它非常清楚这座坚硬的城堡构造，果实底部比其他地方稍微松软些，最适合作为钻孔点，于是它不假思索地出发了。

果实实在太坚硬了，它一边用大颚钻孔，一边给自己打气。终于，一丝微弱的光透了进来，它成功了，一个只能允许头部穿过的洞出现了！它欣喜若狂。现在，是时候使用自己的变形计了！它鼓足全身力气，将头钻过洞口，但是肥胖的身体堵在了里面。

“变——形！”它吆喝一声，努力把堵在里面的身体拉长，洞外的头像一根钉子一样来回摇晃，将洞里的身体慢慢向外抽离。还剩腹部最后一部分就要成功啦！它又把堵在洞里的身体部分收缩到最小，将身体里的汁液挤到洞外的上半身里。

“使劲儿！”满头大汗的欧洲栎突象甲幼虫终于把身体的最后部分抽离了果壳！太棒了，它要迎接新的生活了！

**锹甲老师的冷知识补给站**

**长得像蚂蚁的蚁象甲**

蚁象甲的身体细长如蚁，但仔细观察会发现，它有着长长的喙和蓝黑色的鞘翅，不仔细看真的会被误认为是蚂蚁呢！

**像长颈鹿一样的长颈象甲**

长颈象甲有着与身体不协调的长脖子，伸着脖子吃叶子的模样就像长颈鹿一样，它也因此得名。再一看，它低头的样子还有点儿像挖掘机呢！真是奇特又有趣的昆虫！

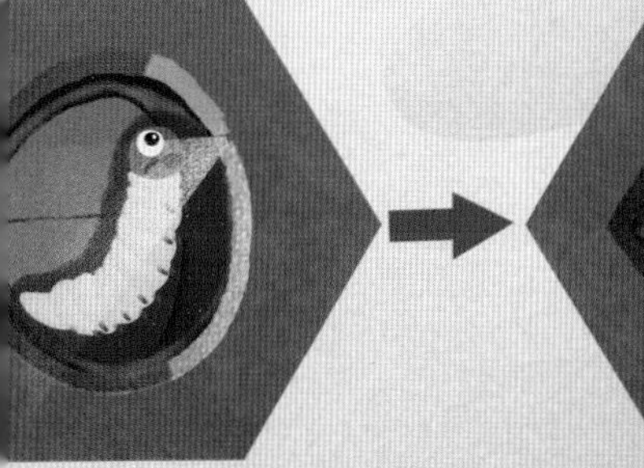

幼虫在果实的底
开一个直径和头
样大的小孔。

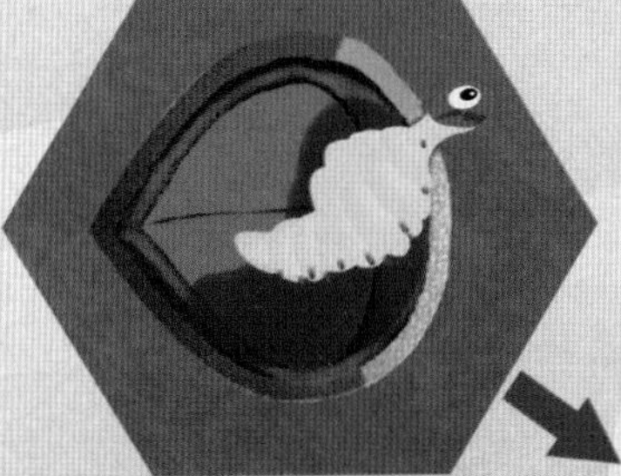

幼虫把头伸出小孔，并把身体里的液体挤到身体下段，让身体上段变细好通过小孔。

身体下段的液体挤到已经在小孔外面的上段身体里。

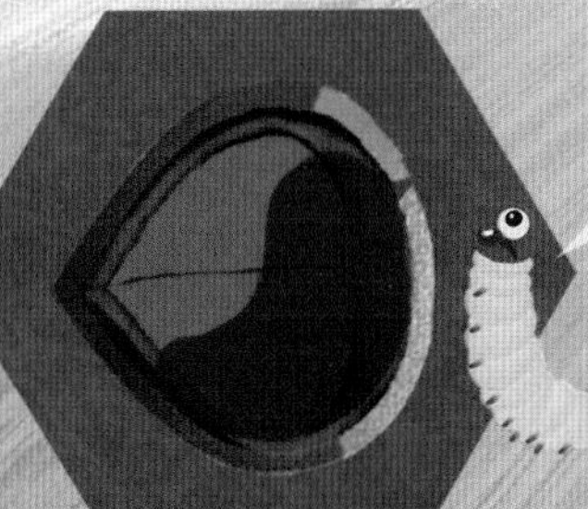

幼虫通过伸缩挤压身体钻出孔洞。

我终于出来啦！

有些居住在果实里的幼虫还没来得及钻出来，就被吃坚果的田鼠吃掉了。

**锹甲老师的知识小问答**

小朋友们，你们知道欧洲栎突象甲幼虫是如何从坚硬的榛子果实里出来的吗？

# 把孩子裹起来的青杨绿卷象甲 鞘翅目

温柔的春风吹动着杨树碧绿的枝叶，抖动的树叶在金色的阳光下熠熠生辉。今天，这棵茂盛的杨树将迎来一批新的客人，它们将在这里安家落户、生育后代……它们短暂而充实的生活将会在这里拉开序幕，也会在这里降下帷幕。

瞧，客人们已经来到了杨树上，它们正忙着选择树叶，为即将出生的孩子们造育儿袋。妈妈们是那么挑剔，新枝底部的树叶太老、太硬，不适合；新枝梢头的树叶太嫩、不够大，不适合；只有那些新枝中部的树叶，绿中带黄，软硬大小都合适，一下子就成为妈妈们的“心头好”。

等待妻子产卵的
雄性青杨绿卷象甲。
枯萎的叶卷里
幼虫正在化蛹。
雌性青杨绿卷象甲将卵
产在杨树叶上，准备卷叶。
卵
锹甲老师的童谣广播站
象甲妈妈本领大，杨树叶上卷个家，
它却不在家中住，只为孩子有食宿。
幼虫宝宝孵化后，叶卷能吃又能住。
绿色叶卷似雪茄，层层保护它长大。
有朝一日叶卷枯，孩子就能羽化啦！
叶卷既是幼虫的
家又是幼虫的食物。
叶卷里的青杨绿卷
象甲的蛹即将羽化。

# 卷叶女工的准备工作

“想要征服一片满意的树叶，可不是件容易的事，细心、耐心两者缺一不可。”一位青杨绿卷象甲妈妈耐心地向一位新手妈妈传输自己的卷叶经验，“要想让叶片变得柔软卷曲而又不会彻底枯死，就要把向树叶输送营养物质的管道破坏掉，这样树叶才会因为缺少营养而变软蜷曲。你试试看。”

新手妈妈像是刚上生产前线的卷叶女工，小心翼翼找准自己的位置，站立好。紧接着，它用钻探器一般的喙精确地找到叶柄里的管道，适当切开，只让很少的营养物质输送到叶片里。切口处的少许汁液流淌到叶片上，叶片因为承受不住重量而在受伤的叶柄处垂下。不一会儿，营养不良的叶片就略微枯萎，变得柔软。

“太好了，我也做到了！”新手妈妈激动地在叶片上爬来爬去。有时甚至背部朝下，趴在叶背上。它能够在光滑平坦的叶片上进退自如，真是多亏了那带有钩爪和纤毛的足。

法布尔爷爷的文学小天地

春天，轻拂的微风撼动着碧绿的树枝，树叶在扁平的叶柄上摇曳生姿；宁静的空气中，新发的嫩芽还在休憩。

## 卷叶进行时

平复好激动的心情后，这位新手妈妈在这片柔软的叶片上产下了一枚椭圆形的卵。随后，它找好自己的位置，准备把卵宝宝卷进叶片中。只见它把三只足放在叶片已经卷起的位置，另外三只足放在叶片还没卷起的位置支撑着身体，一边“嘿哟，嘿哟”地喊着口号，一边卷着叶片。

叶片缓缓地动了起来，可是我们的卷叶女工丝毫不敢松懈。几个小时过去了，它已经筋疲力尽。

待在一旁的丈夫看着忙碌的妻子，眼中满是爱意，它刚想凑上去表达自己的爱意，就遭到了妻子的拒绝。卷叶女工一心想着为宝宝卷育儿袋，哪里顾得上一旁的丈夫。

虽然卷叶女工不停地工作，但一天一夜也只能完成两个叶卷，而且每个叶卷里只有一个卵宝宝。等卷叶女工的卵全部产完时，就不再需要卷叶子了，这也标志着它的一生即将结束。

这位伟大的妈妈，几乎在用它的半生为孩子打造住所，直到它无力再为孩子做些什么。

锹甲老师的冷知识补给站

蚂蚁界的首席裁缝师织叶蚁

织叶蚁是居住在树上的蚂蚁，它们用树叶建筑巢穴，并用幼虫吐出的黏性分泌物把树叶黏在一起。所以当织叶蚁筑巢时，会口衔幼虫工作，颇有使用“童工”之嫌。

蛇蛉

蛇蛉是蛇蛉目昆虫的统称。蛇蛉成虫受到威胁时，会将头和前胸抬起，模样就像愤怒的小蛇，且雌性产卵管细长如蛇尾，因此得名。它们可是捕捉害虫的一类天敌昆虫哟！

锹甲老师的知识小问答

小朋友们，你们知道青杨绿卷象甲最出色的技艺是什么吗？它们会选择在什么地方产卵呢？

# 衣着华丽的葡萄卷叶象甲 鞘翅目

春天到了，随着葡萄藤的抽枝、发芽，新长出的叶片缓慢伸展变大，葡萄卷叶象甲家族忙碌的季节又要到来了。只见家族中的女士们身穿华丽的衣服，扭动着微胖的身子，努力地在葡萄树上卷叶子，制造特殊的“雪茄”。这可是它们繁衍后代的最佳方式。对于昆虫来说，寻找食物和繁衍后代是一生中最重要的任务。葡萄卷叶象甲家族的成员需要好好利用这个季节，为孩子找到可口的食物和安全的生长环境。

昆虫幼虫从刚孵化到第一次蜕皮前叫一龄幼虫，蜕皮后至第二次蜕皮前的幼虫叫二龄幼虫，以此类推。老熟幼虫是幼虫长到最后一龄，还没蜕变为成虫时的叫法。

## 不气馁的“雪茄”制造者

“你卷的杨树叶卷是那么精致好看，而我刚开始卷就遇到了问题。天哪！这项工作对我来说太难了，我不知道自己能不能成为一个合格的妈妈。”一只处在产卵期的葡萄卷叶象甲妈妈，对着好朋友青杨绿卷象甲说道。

“你别灰心。我们制作叶卷采用的材料不同。你看，这些葡萄树叶既宽阔又笨重，轮廓也不规则，你能卷成这样，已经很不错了！你不要担心，我也是第一次卷叶卷，虽然第一次卷很费劲，但是成功卷好一个后，你就会觉得不是那么难了。想一想即将出生的卵宝宝们，它们在叶卷里孵化，再吃着我们给它们选的叶卷食物，该有多么幸福快乐啊！”青杨绿卷象甲看了看旁边杨树上挂着的叶卷，露出了幸福的笑容。

葡萄卷叶象甲妈妈听了好朋友的安慰后，干劲十足。终于，经过一天一夜的努力，葡萄卷叶象甲妈妈卷好了第一个像“雪茄”一样的叶卷。

身材稍胖，身体呈蓝色。

**法布尔爷爷的文学小天地**

当杨树吐出黏黏的芽，当蟋蟀在草坪上歌唱，大家都已经准备就绪，听从大地回春的召唤，从地下出来，急急忙忙攀上友好的大树，在阳光下重新开始卷叶庆典。

# 神奇的坠落

葡萄卷叶象甲妈妈望着自己粗糙的作品，露出了慈爱的笑容，因为那里面孕育着自己的小宝宝。

时间一天天过去了，“雪茄”外面的叶子已经渐渐枯黄。

这时，葡萄卷叶象甲妈妈最大的愿望就是这个叶卷能及时坠落，因为在葡萄树下的地面上积蓄着许多小水坑，由于叶子的遮挡，小水坑附近的地面相当湿润，所以，当“雪茄”掉落在湿润的地面后，可以维持叶卷最里层的营养和新鲜，这样宝宝们才能顺利成长。

终于，在一阵风的助攻下，“雪茄”顺利坠落。葡萄卷叶象甲妈妈这才舒了口气。

几个星期后，幼虫宝宝们争先恐后、兴高采烈地从烂树叶里跑了出来，第一时间钻到地下去了，它们将在那里安静地度过一段冬眠时光，然后以成虫的样子出现在人们的视线中。

锹甲老师的冷知识补给站

像小熊猫一样的蚁蜂

这种黑白相间的毛茸茸的小家伙，有一粒花生米那么大，憨态可掬的外表和黑白花纹很像熊猫，因此被称为“熊猫蚂蚁”，但它并不是蚂蚁。

头顶盾牌的龟蚁

你见过蚂蚁顶着盾牌吗？龟蚁中的兵蚁就头顶圆盘盾牌。你可不要嘲笑它们长得奇怪，这个圆盘可以堵住洞口，抵挡敌人来犯，起到一夫当关，万夫莫开的重要作用呢！

锹甲老师的知识小问答

小朋友们，你们知道葡萄卷叶象甲的幼虫是靠什么方式生存下来的吗？

# 育儿有方的黑刺李象甲 鞘翅目

六月，黑刺李果子刚微微泛紫，黑刺李象甲妈妈就迫不及待地想要办一场茶话会，于是，它热情地向象甲妈妈们发出了邀请。接到邀请的象甲妈妈们盛装出席，相约来到黑刺李象甲的家——一棵黑刺李树上。

最早到的是葡萄卷叶象甲妈妈和青杨绿卷象甲妈妈，它们优雅地坐在一旁聊着天。随后，栎钳颚象甲妈妈和榛卷象甲妈妈也陆续到场。热情的黑刺李象甲妈妈为大家准备了它最爱的黑刺李果汁，但酸涩的果汁好像不太符合大家的口味，它们只是浅浅地尝了一口，便聚在一起交流生育孩子的心得体会。

栎钳颚象甲
欧洲栎突象甲
榛卷象甲
象甲妈妈们的茶话会
锹甲老师的童谣广播站
黑刺李象甲不卷叶，黑刺李果是最爱。
果实上面来打洞，边吃边凿育婴房。
果核上面刨浅坑，卵宝产在正当中。
浅坑上方筑尖角，为了通气防果胶。
幼虫孵化钻小孔，一下钻进果仁中。
果仁吃完果实落，幼虫做窝藏其中。
冬季蛹期睡好觉，春暖花开羽化出。
在黑刺李果上打洞的
黑刺李象甲
葡萄卷叶象甲

# 雕刻果核的匠才

“咱们当中就数你的生育方式特别，大家都想听听你是怎么生育孩子的。”栎钳颚象甲妈妈拉着黑刺李象甲妈妈说。

黑刺李象甲妈妈看着大家期盼的眼神，不想扫了大家的兴，只好向姐妹们说起了自己是如何为卵宝宝打造小家，它们又是如何一步步成长的。

它走到一颗饱满的黑刺李果前，打算为大家演示一番。只见它用喙在黑刺李果上打了一个洞，因为喙是插在果实里的，所以象甲妈妈们根本看不到黑刺李象甲妈妈的喙在里面做些什么。黑刺李象甲妈妈也考虑到了这一点，于是把挖好的果实展示给大家看：“我们首先会在果肉部分挖出一个内壁平整的坑，坑的底部要露出果核，接着在果核上挖出一个深入果核一半的‘小盆’，卵就产在这个‘小盆’里，盆底垫着挖掘时产生的粉末，非常柔软。最后，我们会在‘小盆’和卵的上面，用果肉中的黏性物质竖起一个像火山一样的尖顶。”

法布尔爷爷的文学小天地

我热爱切切实实、毋庸置疑的真理，不愿跟从那虚假错误的假设。

# 小小尖顶大作用

“尖顶是用来干什么的？”葡萄卷叶象甲妈妈一脸不解地问。

“尖顶的作用可大了。它不仅可以作为通气孔，还可以当成幼虫宝宝的废物运输管。更重要的是，它可以防止小坑内壁流出的黏液将孩子们淹没。”黑刺李象甲妈妈一脸自豪地说。

“孩子们的小家打造好后，我们的任务也就完成了。一周后，我们的宝宝就会孵化，它们会在盆底咬一个小孔，并由此进入果仁乐园，以果仁为食。等到果仁吃完，幼虫宝宝们会随果子掉落到地面上，这时，它们会钻出果核，用它们的小脑袋和背当工具，收集身边的材料为自己做一个窝。之后，它们会在各自的小窝里化蛹越冬，来年春天孩子们就会羽化了。”

象甲妈妈们了解了这些后，对黑刺李象甲妈妈十分钦佩，因为它们觉得在果实上为孩子打造育婴房可比用叶子卷育儿袋困难多了！

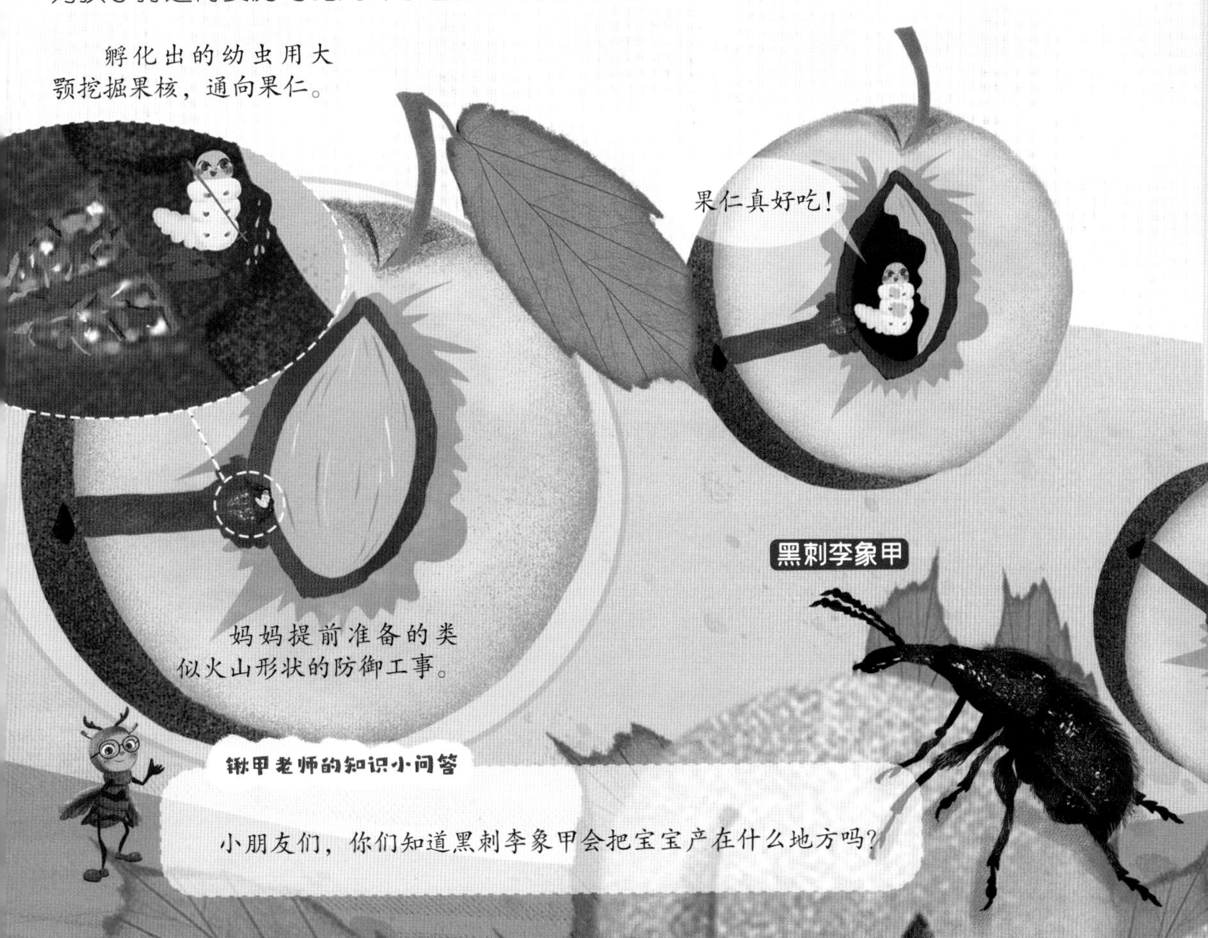

锹甲老师的知识小问答

小朋友们，你们知道黑刺李象甲会把宝宝产在什么地方吗？

锹甲老师的冷知识补给站

**和大熊猫同种口味的竹象甲**

提到爱吃竹子的动物，大家首先想到的一定是我国的国宝大熊猫。而在昆虫界，有一种昆虫也喜欢吃竹子，那就是竹象甲。它们不光爱吃竹子，就连外貌都和竹制品很像呢！

**长胡须的胡须象甲**

胡须象甲又称须喙足刺象甲，它长长的喙以及前胸下方长满了浓密的棕黄色尖刺，如同长了胡须一样，也像是长柄的瓶刷。聪明的你还能看出来它像什么物品吗？

# 不怕尖刺的色斑菊花象甲

鞘翅目

六月，野外的草地里迎来了一批新的昆虫住户，这批住户只对菊科植物感兴趣。看到那全身上下长满刺的飞廉和与飞廉相似的大蓟草、小蓟草了吗？它们就像兄弟姐妹一样，长得很相似。它们都有白色或紫色的玫瑰形绒球，叶片边缘还有着尖锐的刺。虽然它们的花儿很美丽，但小动物们并不愿靠近它们，因为想要征服它们，可不是件容易的事情。然而，勇敢的新住户色斑菊花象甲做到了，它们完全不惧怕蓟草身上的尖刺，在还没长大的蓟草花球上暂住了下来，并在两三个星期内迅速向更大的花球上迁移。

锹甲老师的童谣广播站

色斑菊花象甲，它可真勇敢。
蓟草满身刺，花托里产卵。
幼虫黄脑袋，最爱喝汁液，
咬破蓟花托，喝得真痛快。
幼虫快老熟，连忙把窝筑。
等到八月底，羽化就搬窝。
不然到冬季，与草化作泥。

色斑菊花象甲将卵产在花托中。

# 勤劳的色斑菊花象甲

熟悉了居住地的环境后，色斑菊花象甲们开始举行大联谊。一位色斑菊花象甲姑娘很快就在联谊会上找到了心仪的另一半。于是，它们在阳光的朗照下、蜜蜂“嗡嗡”的奏乐声中，举行了婚礼。

婚礼刚过，升级为妈妈的色斑菊花象甲姑娘就开始为未出生的孩子们考虑住所问题；还没等蜜月结束，它便投入到建设育婴房的工作中去了。它一边陪着丈夫，一边用自己的喙仔细整理那些花球。

“这是在准备孩子们的房间吗？”丈夫语气不好地问道，似乎在抗议妻子对它的忽视。

“是的。我必须提前为它们的到来做足准备。”妻子兴高采烈地说着，然后将自己的喙完全伸进花托中钻凿、挖掘。“大功告成了！”它轻轻舒了口气，看着自己的杰作，开心地笑了。

法布尔爷爷的文学小天地

冬天，蓝刺头会被北风连根拔起，刮倒在地，在路上的烂泥里滚动，最后被碾为一堆烂泥。

## 聪明的色斑菊花象甲

育婴房做好后，色斑菊花象甲妈妈掉转身子，将尾部对准育婴房。只见它的尾部伸出一根隐藏在身体里的产卵管。很快，三枚椭圆形的黄色卵便被它产在了花托中。

一个星期后，幼虫们顺利地爬出了卵壳，这些顶着黄色脑袋的幼虫们刚一出生就在育婴房里找吃的。它们从来不吃固体食物，只对那些清淡的植物营养液感兴趣。于是，它们把目标锁定在头状花序的茎和花托上。

为了不影响植株生长，一只幼虫在育婴房内壁上谨慎地咬了一口，蓟草的汁液立刻流了出来。炎炎夏日，幼虫们住在花托中心的清凉育婴房里，吮吸着植物的鲜甜汁液，快活极了。

又过了一个多月，胖乎乎的幼虫们用大颚咬住自己尾部分泌的白色黏性胶质物，混合因折断而枯萎的花序各自建造了一个蛹室。还没到九月，这群有预见性的家伙便破蛹而出，离开了舒适的住所另寻他处，因为它们可不想在寒冷的冬季随着倒下的蓟草浸泡在泥坑里。

锹甲老师的冷知识补给站

**象甲界的水墨画**

臭椿沟眶象甲是一种外形简单、色彩简约的象甲。它们非常低调，黑白色的花纹偶尔夹杂着些暖色，就像是一幅缩小版的山水画，把意境美拿捏得恰到好处。

**有着恶魔外表的黑魔鬼竹节虫**

这只拥有一双金黄色小眼睛、一张血盆大口、一对血红色小翅的昆虫，叫“黑魔鬼竹节虫”。虽然它长得很吓人，但它是温顺的素食主义者！它不善飞行，但跑得很快哟！

小朋友们，你们知道色斑菊花象甲喜欢把家安在什么地方吗？

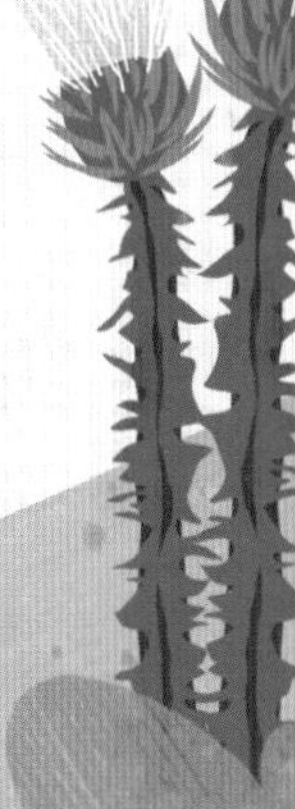

# 统治飞廉的熊背菊花象甲 鞘翅目

在菊科植物王国里，飞廉因为高大挺拔及满身尖刺，统治着菊科植物王国。它头戴一顶紫色的花序王冠，像是冷酷残暴的君主，令前来寻找寄住场所的一些小昆虫望而却步。不过，熊背菊花象甲并没有退缩，它们决定建立一支开发飞廉的队伍，深入虎穴，以身涉险。

“未知的事物会让我们恐惧，而打败恐惧的有效方法就是去实践！”飞廉开发小组的熊背菊花象甲队长带领着队伍向飞廉进发。

锹甲老师的童谣广播站
熊背菊花象甲呀，白色条带背身上。
飞廉花盘中产卵，幼虫独立房间小。
粪便可当筑窝料，城堡坚固不会倒。
凉爽城堡里化蛹，夏季花盘中消暑。
邻居忙着寻他处，它却不愿把家抛。
飞廉花序做华盖，鳞状苞叶做外墙。
冬季钻进小暖窝，安心过冬迎春归。
如果熊背菊花象甲妈妈把卵产在有住户的飞廉花托里，那么小幼虫孵化后就会饿死。
我是老住户。
我们色斑菊花象甲除了以大蓟草为主要居住点外，也偶尔居住在飞廉上。
我们熊背菊花象甲才不怕飞廉的尖刺呢！
瓢虫
熊背菊花象甲是飞廉的征服者！
牵牛花

熊背菊花象甲的背上有几条白色的纵向条纹。

## 幼虫的惬意生活

熊背菊花象甲征服了长满尖刺的飞廉，并且在飞廉的花盘里繁育了后代。被鳞状苞片围着的飞廉花盘，此时成了熊背菊花象甲幼虫的独栋别墅和食品库。

“我们才不像色斑菊花象甲那样挑食，只喝蓟草的汁液呢！”一只幼虫宝宝咬了一口花盘，又喝了一口飞廉的汁液，说道。

这些小家伙十分聪明，对自己住所的构造了如指掌，可以在享受美味的同时不破坏飞廉的生长。这样既保证了住所不会倒塌，又保证了食物可以源源不断地供给。

整个夏天，幼虫宝宝们都躲在各自的别墅里，过起了悠哉的生活，外面纷扰的世界与它们无关。

**法布尔爷爷的文学小天地**

蓟草的白色绒球和朝鲜蓟的蔚蓝色绒球，在晴美的季节是座美丽的别墅，在冬天却成了不能居住的、渗水的、发霉的破屋。

# 坚固的花盘城堡

秋季快来了，幼虫宝宝觉得自己得早早地把房间布置得坚固温暖些。于是，它首尾相接，将身体弯成一个“C”形，用大颚咬住排泄出的食物残渣，再混合房间内壁渗出的黏液，用额头和臀部压紧，均匀地涂抹着房间的四周和屋顶。

布置好房间后，它满意地看着光滑舒适的房间，慢慢睡着了。

过了一段时间，熊背菊花象甲咬破花盘羽化而出。它爬到枯萎的花序上往外看，正好看见自己的邻居色斑菊花象甲正着急忙慌地准备搬家。

熊背菊花象甲想：“我才不会搬家呢！我的别墅不光牢固，还有坚硬的鳞状苞片作为外墙，我一点儿都不担心它会倒塌。”于是，它又安心地回房间睡觉去了！

没错，安全感是自己给的，住在亲手加固的房间里，即使外面风雨交加，内心也是安宁的。

锹甲老师的知识小问答

小朋友们，你们知道熊背菊花象甲最爱的植物是什么吗？

锹甲老师的冷知识补给站

熊猫象甲

本想凭借自己的黑白简约色，做一只低调的象甲，没想到这简单的黑白色却让自己与熊猫有了联系。圆润的毛茸茸身体，加上黑白配色，还真是很像熊猫，想不出名都难啊！

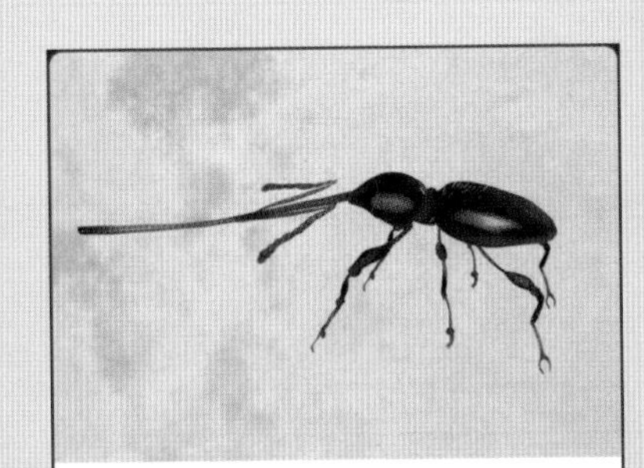

匹诺曹象甲

有一种象甲，身体长得像蚂蚁，但有着超长的喙。直挺挺地插在脸上的喙，就像是匹诺曹的长鼻子，因此这种象甲又被称为“匹诺曹象甲”，不过它可不会说谎哦！

# 走在时尚尖端的毛蕊花球象甲 鞘翅目

毛蕊花乐园开业了！蚂蚁和毛蕊花球象甲来到毛蕊花乐园里吃喝玩乐，结交好友。正当它们沉浸在毛蕊花的香甜气味中时，突然，一辆疾驰的汽车“嗖”地驶过，强劲的风使得毛蕊花摇晃不止，小食客们没来得及站稳，就从毛蕊花乐园里掉落下来，有的掉在了毛蕊花宽大的叶片上，有的摔在了草地上。不过，突发的事件并没有让食客们的热情消退，它们再次兴奋地爬上高大的毛蕊花乐园，享用起了毛蕊花香甜的汁液。

毛蕊花汁真好喝啊！怪不得毛蕊花乐园这么受欢迎呢。
我也来乐园玩玩。
毛蕊花球象甲妈妈在产卵。
我们蚂蚁也是毛蕊花汁的忠实爱好者！
蚂蚁
毛蕊花乐园真好玩呀！
毛蕊花
锹甲老师的童谣广播站
毛蕊花上有象甲，两大黑斑饰毛衫。
毛蕊蒴果里产卵，幼虫无足行走难。
幼虫不爱家中住，身裹黏液闯世界。
化蛹过程要三天，做成小泡藏其间。
蛹虫美美睡一觉，全新象甲来报到。

# 非主流的装扮

毛蕊花球象甲的出场总会引来其他游客的注意。它们出双入对，在花中嬉戏。一些活泼的毛蕊花球象甲在细细的花茎上钻出许多小洞，美味的毛蕊花汁液立刻流淌出来。蚂蚁这会儿也赶来了，于是不同族群的昆虫在此刻遵守和平共处五项条约，共享美食。

瞧，时尚的毛蕊花球象甲穿着毛衫，烟灰色的外套上点缀着两个大黑斑，其中较大的一个在鞘翅的上方，另一个较小的在鞘翅的下方。其他虫群的女士们看得眼睛都直了："哇！它们的打扮可真时尚！"

听到女士们这样说，旁边其他虫群的男士们不乐意了，纷纷露出鄙夷的眼神："你们这是什么眼光啊？那些家伙圆滚滚的像个沙滩球，难看极了！"

"浓缩的才是精华呢！"女士们似乎对自己的眼光深信不疑。

毛蕊花球象甲的身体近球形，烟灰色。

身体上有黑白相间的花纹。

腹背部上下各有一个黑色斑点。

幼虫在黏液的帮助下前行。

幼虫化蛹前将粪便排出。

雌性毛蕊花球象甲将卵产在毛蕊花蒴果中。

幼虫将头缩进身体。

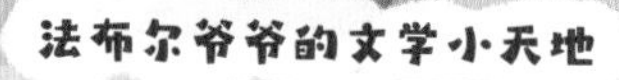

法布尔爷爷的文学小天地

在昆虫的世界里，声名赫赫的大都是些无能之辈，鲜有人知的倒真有才能；才华横溢的无声无息，外表华丽的耳熟能详。

# 勇往向前的幼虫们

毛蕊花乐园不仅适合游玩，还适合居住。来到乐园里的毛蕊花球象甲在这里寻找伴侣并定居于此。瞧，一位新婚不久的毛蕊花球象甲妈妈已经把卵产在了毛蕊花蒴果里。

几天后，五六个毛蕊花球象甲幼虫从卵壳里钻了出来。

“看，门是开着的，我可不想像其他的象甲幼虫那样，只知道把自己关在房间里吃吃喝喝，我要出去闯荡！”第一只孵化出来的幼虫坚定地说。

“我们没有足，该怎么爬出去呢？”第二只孵化出来的幼虫无奈地看着自己的身体。

“别担心，我们有秘密武器。”哥哥给了它一个眼神，然后从身体里排泄出一种特殊黏液，“这些黏液会帮助我们行走，并且保护我们娇嫩的皮肤。出发吧！”

在它的带领下，幼虫们一起靠着排泄出的黏液将身体牢牢地吸附在植物上，蠕动前行。前方有什么，它们也许不知道，但它们都有一颗勇敢的心。

锹甲老师的冷知识补给站

**“长舌妇”马岛长喙天蛾**

马岛长喙天蛾的口器竟然长达25cm，可谓是真正的“长舌妇”。它有如此长的口器是为了吃到大彗星兰超长花距底部的花蜜。为了吃如此拼，真是令人大开眼界！

**流光溢彩的翠绿象甲**

你见过的象甲大都是什么颜色？翠绿象甲可是象甲界的颜值担当哟，一身五光十色的金属光泽，就像是流动的油彩散发着光芒！

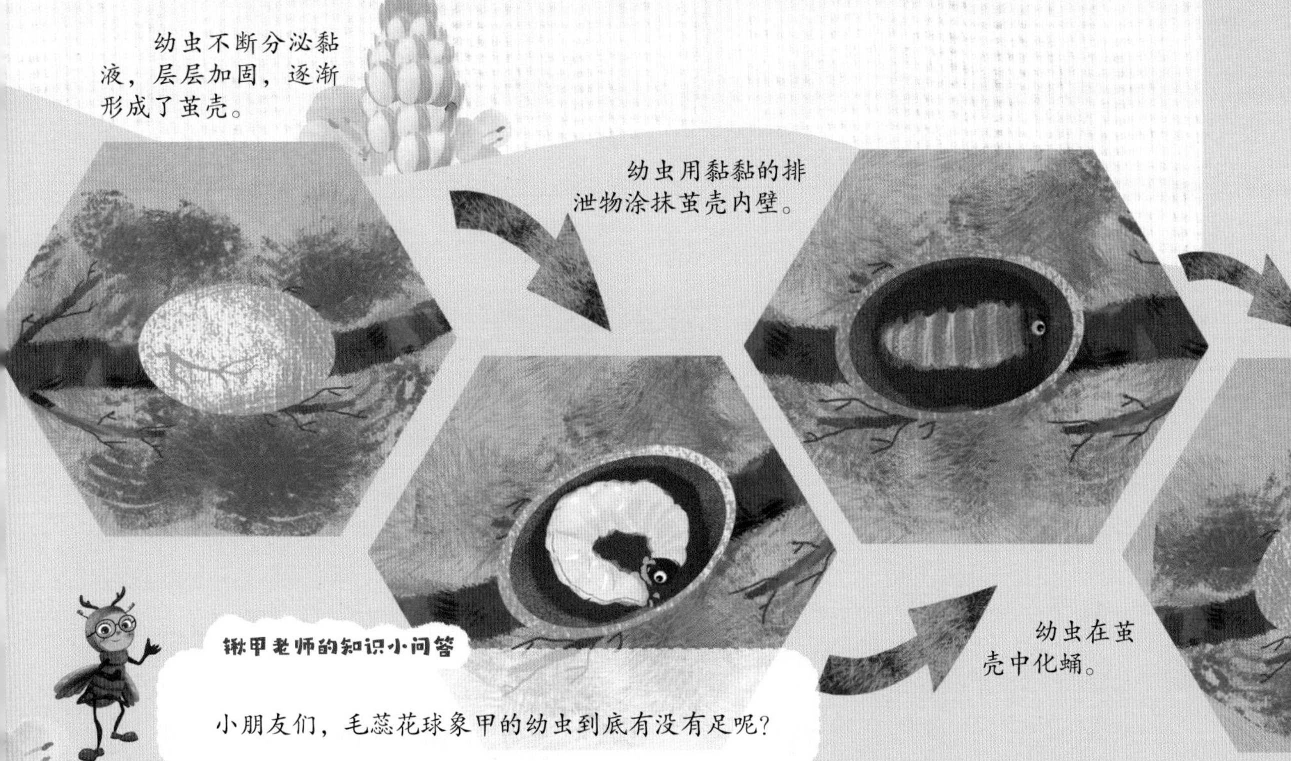


锹甲老师的知识小问答

小朋友们，毛蕊花球象甲的幼虫到底有没有足呢？

# 在鸢尾花上落户的沼泽鸢尾象甲

鞘翅目

六月的天气已经开始变得炎热了，一群沼泽鸢尾象甲顶着烈日的炙烤，慢悠悠地来到了池塘边的鸢尾花小区。它们矮胖又结实，身上穿着剪裁得体的棕色或黑色外衣。

“真是一块风水宝地啊！”刚到小区的沼泽鸢尾象甲大婶发出一声惊叹，“鸢尾花散发着清香，结出的鸢尾花蒴果是那样鲜嫩，附近的池塘风景是那么迷人，我们以后能住在这里真是太幸福啦！”

一阵小风吹来，蛙声四起，像是在为它们的到来而鼓掌欢迎。

里的环境可真好呀！
是呀！
呱呱、呱呱！
蒲草
青蛙
鸢尾花汁液味道真好呀！
我要把我的卵宝宝产在鸢尾花蒴果里。
锹甲老师的童谣广播站
沼泽鸢尾象甲啊，一身黑、棕色西装，
鸢尾花上把家安，蒴果里面把卵产。
幼虫最爱吃种子，种子吃完把家搬。
搬到地面做巢室，越过寒冬花上见。

# 蒴果带来的美妙生活

安顿下来之后，就要为食物和孩子的出生地考虑了。此时鸢尾花的蒴果已经长大，散发着诱人的绿色光泽。沼泽鸢尾象甲们各自挑选了有利位置，把喙伸进果皮里尽情享用起来。

“这可比普通的花汁好喝多了。”一位沼泽鸢尾象甲姑娘赞叹道，旁边的邻居纷纷点头附和。

它们不时地交谈、畅饮，不多会儿，又来了一群沼泽鸢尾象甲，它们不光喝蒴果汁，还粗鲁地剥开蒴果皮，鲜嫩的种子都被它们扒了出来。

“你们怎么能这样！”沼泽鸢尾象甲姑娘非常不高兴地对新来的沼泽鸢尾象甲们说，“照你们这样折腾下去，我们连产卵的地方都没有了！”

“别担心，我们虽然喝蒴果汁，但绝不会碰里面的种子，我们知道那是留给孩子们的食粮。”一位新来的沼泽鸢尾象甲说。

**法布尔爷爷的文学小天地**

也许我们知道蝉会唱歌，但是对这位歌唱家却没有明确的认识；就像我们也许会漫不经心地看一眼美丽的蝴蝶，但我们对昆虫的了解也就仅限于此。

# 迷糊的沼泽鸢尾象甲妈妈

过了几天，一位新婚不久的沼泽鸢尾象甲妈妈要产卵了，它来到鸢尾花上，挑选了一颗饱满的蒴果。不知道是因为第一次产卵没有经验，还是因为压根儿没想过一个蒴果可以养活多少孩子，它竟然在只能养活五六个孩子的蒴果上产下了几十枚卵。

不知不觉十多天过去了，卵宝宝们陆续孵化了。刚孵化的小幼虫急不可耐地用大颚开路，钻进了种子里。率先孵化出的几只小幼虫拥有了住所和食物，而后来孵化出来的小幼虫什么都没有，但它们并不争抢，而是把一切让给了哥哥姐姐们，最终饿死了。

蒴果成熟了，生存下来的小幼虫也羽化成虫了，它们在通过妈妈之前留下的洞口时，发出感叹："我除了要感谢妈妈给我生命之外，还要感谢做出让步的弟弟妹妹们。"随后，它们走出坚硬的蒴果，找一处安全的隐蔽所越冬。

每一个生命都是宝贵的，而富裕的粮食和生存的希望属于先安顿下来的那一方。

锹甲老师的冷知识补给站

淡纹三锥象甲

长长的身体、小小的脑袋，乌黑的鞘翅上点缀着两条纵向黄色斑纹，虽然它在墨西哥、西印度群岛和南美洲广为人知，但是在中国鲜有人知。

施氏艳象甲

瞧，它长得多漂亮啊！一身金属蓝，鞘翅上搭配着几条横向的黑色条带，就像是象甲里的"蓝精灵"。这样的象甲真是令人过目难忘呀！

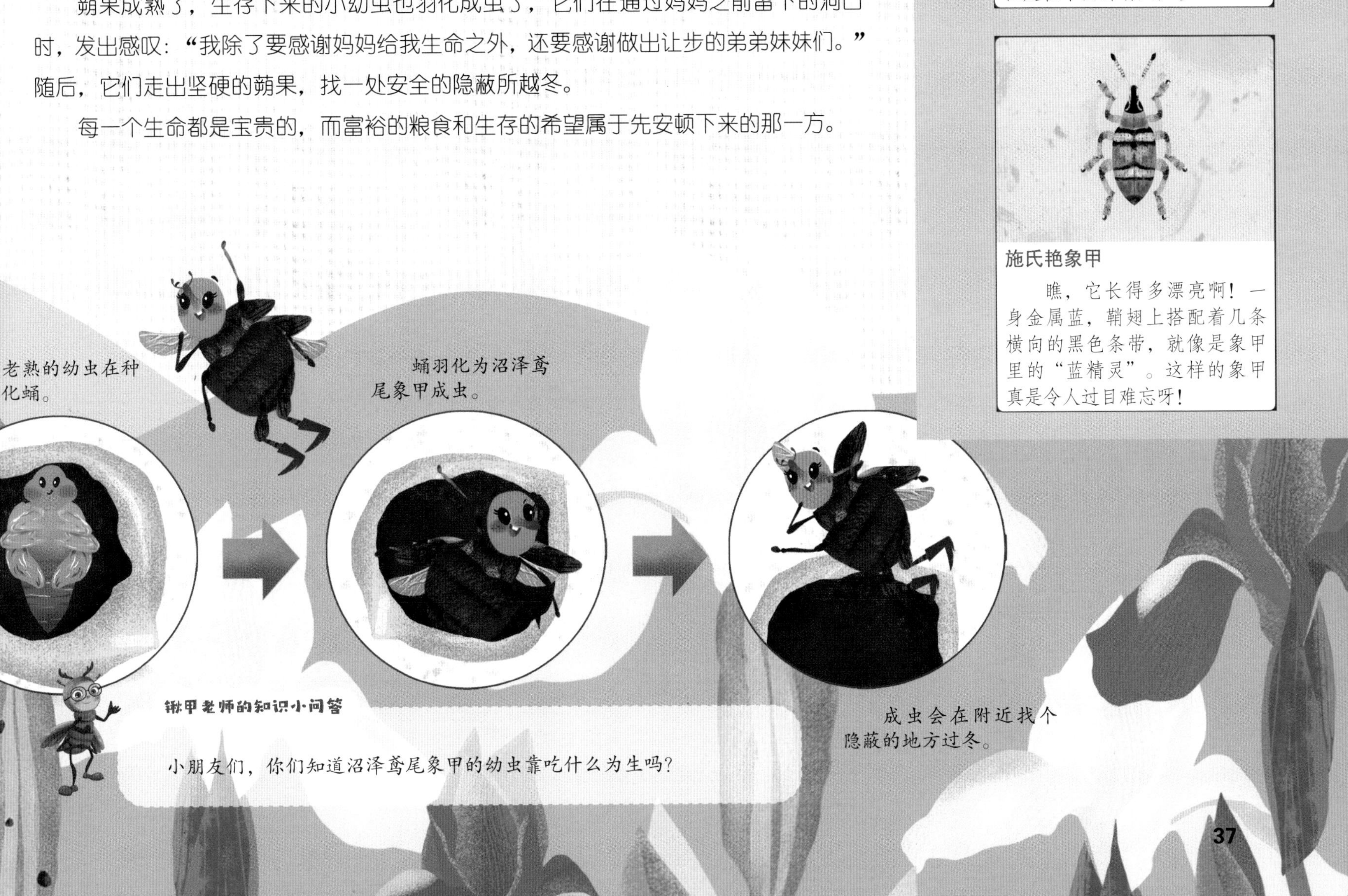

图书在版编目（CIP）数据

这才是孩子爱读的昆虫记 : 全15册 / (法) 法布尔著 ; 陆杨等改编、绘. -- 北京 : 北京理工大学出版社, 2023.6

ISBN 978-7-5763-1998-9

Ⅰ. ①这… Ⅱ. ①法… ②陆… Ⅲ. ①昆虫—儿童读物 Ⅳ. ①Q96-49

中国国家版本馆CIP数据核字(2023)第003936号

出版发行 / 北京理工大学出版社有限责任公司
社　　址 / 北京市海淀区中关村南大街 5 号
邮　　编 / 100081
电　　话 / （010）68914775（总编室）
（010）82562903（教材售后服务热线）
（010）68944723（其他图书服务热线）
网　　址 / http: //www.bitpress.com.cn
经　　销 / 全国各地新华书店
印　　刷 / 三河市九洲财鑫印刷有限公司
开　　本 / 787 毫米 × 1092 毫米　1/12
印　　张 / 43.5
字　　数 / 870千字
版　　次 / 2023 年 6 月第 1 版　2023 年 6 月第 1 次印刷
定　　价 / 299.00元（全 15 册）

责任编辑 / 申玉琴
文案编辑 / 申玉琴
责任校对 / 刘亚男
责任印制 / 施胜娟

根据　法布尔《昆虫记》改编

# 这才是孩子爱读的昆虫记

[法]法布尔 著　陆杨 改编　董晓慧 绘

北京理工大学出版社
BEIJING INSTITUTE OF TECHNOLOGY PRESS

北京昆虫学会　中国昆虫学专家　审订

（排名不分先后）

彩万志教授　　张志勇教授

李姝博士　　徐庆宣博士

# 目录

contents

# 未卜先知的神天牛 鞘翅目

秋风瑟瑟，落叶纷纷。一棵老橡树站立在秋风中，枝头挂着几颗倔强的橡果迎风摇摆。它无私地为小动物们提供住所、食物，与它们相处融洽。但是，就是这样的一棵沧桑的老橡树竟然深受神天牛的毒害。

橡果
锹甲老师的童谣广播站
神天牛，有大颚，啃食树干是行家。
橡树皮下把卵产，变身木匠凿树干。
幼虫时期能力大，未卜先知早打算。
窗口挖好建蛹室，想尽一切为羽化。
虽然聪明又能干，迫害树木不容它。
神天牛幼虫
法布尔将天牛的
叫作木蠹(dù)虫。
神天牛的蛹
住在树根底部洞
穴里的田鼠一家。

# 木匠幼虫

“我是一位小木匠，整天躲在木头房，大颚是我的工具，凿穿树干它最强！”一只胖乎乎的神天牛幼虫在老橡树的身体里一边挖掘通道一边唱歌，完全不在乎老橡树的痛苦。

在老橡树的身体里，可不只有它一只神天牛幼虫，它的兄弟姐妹们全都住在这里。春天的时候，神天牛妈妈在老橡树的树皮下产了许多的卵。孵化后的幼虫个个如同小木匠，用那半圆形的大颚凿食树干，朝着树心的方向边凿边吃，开辟了一条条通道。

神天牛幼虫的足退化了，腹部有代步用的步泡突。粗糙的通道增加了摩擦力，更适合幼虫蠕动前行。

## 步泡突的作用

“别人总说我长得像一根灌满黄油的小肥肠，看起来很美味。我哪里像肥肠啊？虽然我有点儿肥胖，身下的小短足被重重的身体压着，完全无法使用，但是我有可以用来代步的步泡突啊！你们见过哪根肥肠长腿而且还能够行走的？”先前那只唱歌的幼虫看着自己的身体气呼呼地嘟囔着。

原来，幼虫的前七个体节的背腹面各有一个步泡突，它可以通过伸缩身体和改变步泡突的形状，在粗糙的通道中用腹部或背部行走。但是，在平滑的物体表面，步泡突就会失去作用，幼虫就无法行动了。

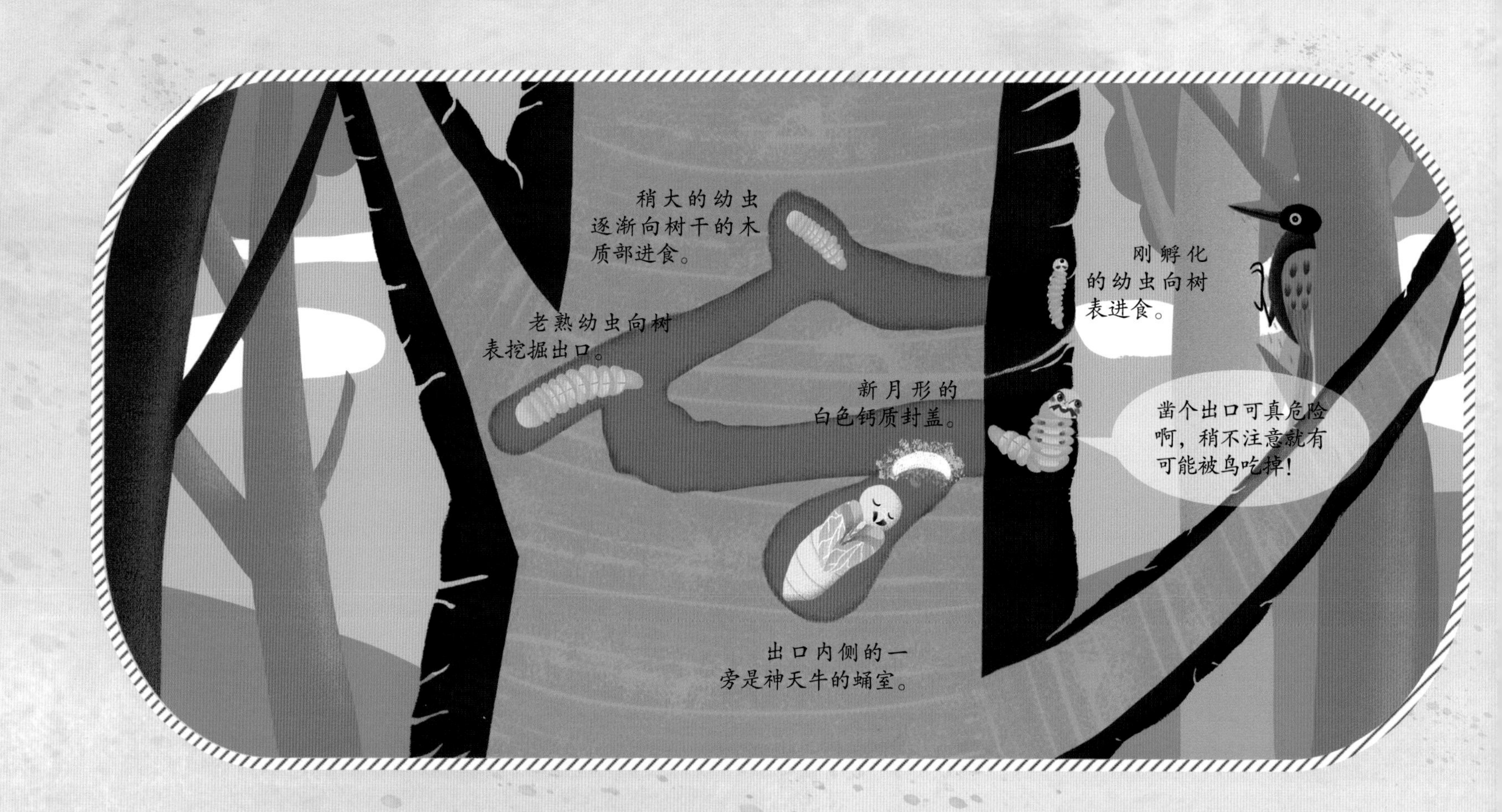


## 未卜先知的幼虫

神天牛幼虫表达了自己被戏称为“小肥肠”的不满后，好像想起来什么重大的事情，赶忙掉头向通往树表的通道口爬去。

“我差点儿忘了成虫之前最重要的事——挖出口。”于是，它冒着被鸟吃掉的风险继续挖掘。一天过去了，它终于把出口挖好了，但是这个出口并不是完全敞开的，它还在老橡树的表皮层留了一层薄薄的阻隔，作为掩饰自己的“窗帘”。出口挖好后，它退到通道不太深的地方，在一侧凿了一间蛹室。

“羽化后的我肯定身材魁梧、鞘翅坚硬，所以我要把蛹室建得特别大才行。”神天牛幼虫一边想一边卖力地用大颚凿开木质。凿出来的木屑放在哪儿合适呢？它决定用木屑当蛹室的墙纸，于是，一间豪华的蛹室诞生了。之后，它又用胃里储藏的矿物质和木屑将蛹室的入口封住，以免在化蛹的危险时期有敌人来犯。

**法布尔爷爷的文学小天地**

蛀痕累累的橡树流出褐色、带着皮革味道的眼泪，在伤口上闪闪发光。

## 细节决定成败

“啊，终于大功告成，我也该休息休息准备化蛹了！”神天牛幼虫伸了伸懒腰，将头朝着蛹室出口的方向躺了下来。

春天，老橡树长出了新叶，羽化的神天牛咬开薄薄的“窗帘”获得了新生。

不过，有一些神天牛就没那么幸运了，它们因为化蛹时太粗心，忘记将头部朝向出口方向，羽化后因身体结构发生变化导致无法在蛹室中调转方向，大颚也不再锋利，无法凿出逃生通道，而困死在了自己的蛹室中。

可见，细节多么重要！这小小的细节，便决定了神天牛的生死啊！

锹甲老师的知识小问答

小朋友，你知道神天牛幼虫在羽化之前会做哪些工作吗？

锹甲老师的冷知识补给站

**身披蓑衣的石梓蓑天牛**

石梓蓑天牛身穿朴素的蓑衣，趴在树上不动时就像是一截枯槁的草根，谁能想到它其实是一只天牛呢？

**护妻狂魔威氏王三栉（zhì）牛**

一身铠甲闪着金属光泽，两个大颚向上卷翘，它就是长相威武的威氏王三栉牛。雄虫虽然长相吓人，但对配偶十分温柔。当配偶受到其他生物打扰时，爱妻心切的它会主动出击。

## 号称“树木杀手”的薄翅天牛 鞘翅目

从前，有一片常绿的松树林，那是乌鸦、斑鸠和其他一些动物的游乐场。可是随着人类的砍伐，那片乐土逐渐消失了。现在，这片树林里零星地长着几棵开花的植物，松树也少了。

不久前，这里又来了一批不速之客，它们寄居在树上，吃着树上的果子，喝着树的汁液，并把卵产在树干里，有不少树木因为它们的蚕食而失去了活力。它们就是被称为“树木杀手”的薄翅天牛。看，正在桑树上悠哉享受美食的就是它们！

我的大颚厉害吧？
神天牛
大颚十分有力！
榆树
榆线角木蠹蛾
铜星花金龟甲
天牛生性好斗，经常比武。
榆线角木蠹蛾幼虫
水蓼
毒粉褶菌
锹甲老师的童谣广播站
天牛，天牛，锯树郎，
脾气怪来，触须长，
利足尖锐似鱼钩，
树上行动不会慌，
咬破树干产下卵，
寄居树里，危害长。
爱吃甜甜汁液的鹿角锹甲
睡莲
爱吃木屑的薄翅天牛幼虫
青蛙喜欢捕食飞虫。
青蛙

## “树木杀手”的成长历程

就在它们享受着美食的时候，一阵地动天摇惊扰了它们。有的薄翅天牛侥幸飞走，有的则摔落在地。原来，林业专家为了能够消除这些“树木杀手”，需要抓一些薄翅天牛回实验室，请昆虫学家研究。被装进采集箱里的除了一些薄翅天牛的成虫外，还有它们的卵。

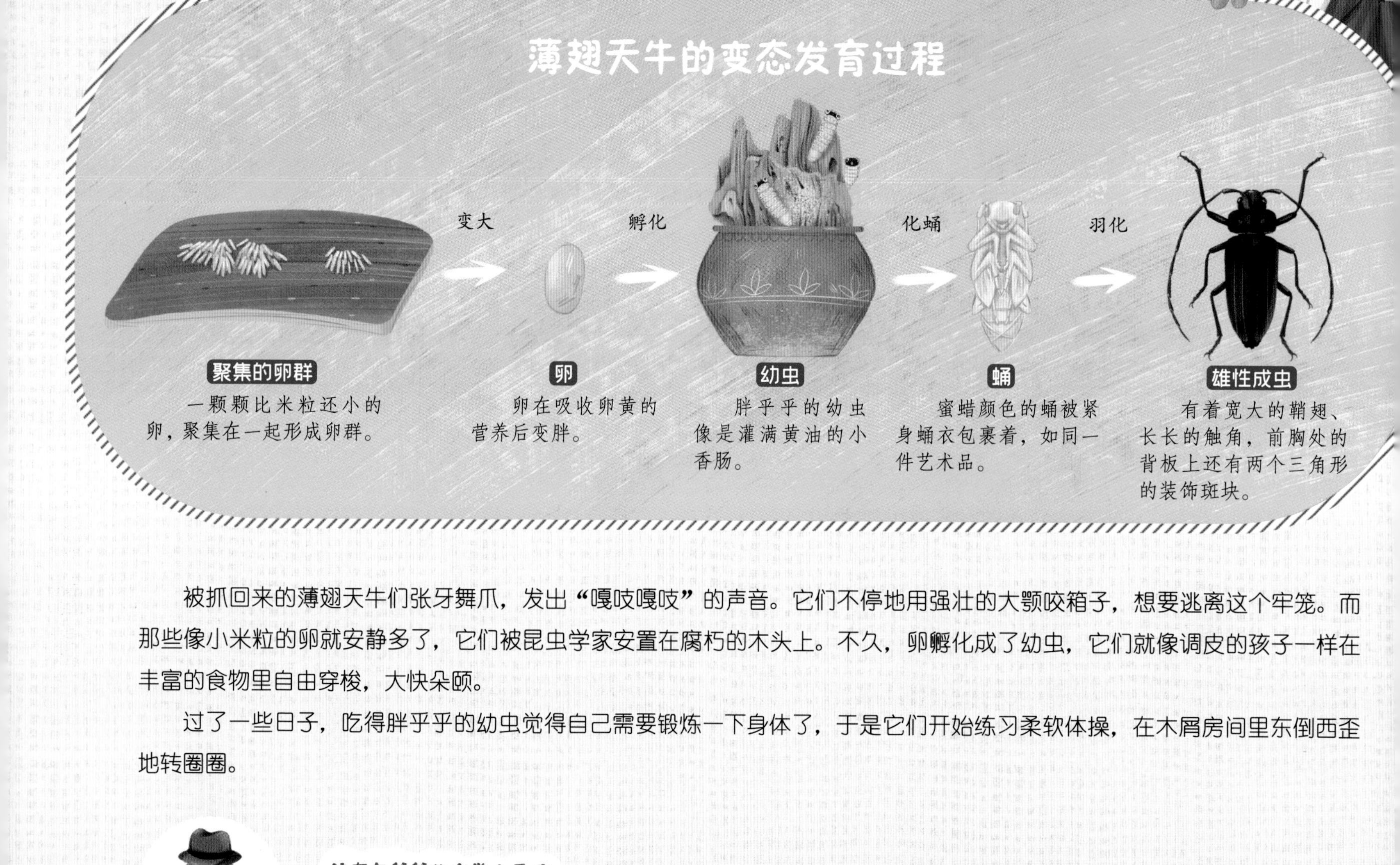


被抓回来的薄翅天牛们张牙舞爪，发出“嘎吱嘎吱”的声音。它们不停地用强壮的大颚咬箱子，想要逃离这个牢笼。而那些像小米粒的卵就安静多了，它们被昆虫学家安置在腐朽的木头上。不久，卵孵化成了幼虫，它们就像调皮的孩子一样在丰富的食物里自由穿梭，大快朵颐。

过了一些日子，吃得胖乎乎的幼虫觉得自己需要锻炼一下身体了，于是它们开始练习柔软体操，在木屑房间里东倒西歪地转圈圈。

**法布尔爷爷的文学小天地**

光明可以让人的性情变得平和，黑暗则会让人变得堕落，而愚昧给人带来的结果更加糟糕。

几天后的一个晚上，锻炼完毕的幼虫觉得自己好像要裂开了，它们不停地抽动着，如金蝉脱壳般从背部的小窄缝里钻了出来。哇，它们焕然一新了！现在的它们变成了蛹，身体的颜色就像蜂蜡一样，像极了艺术品。

经过半个月的努力，它们终于挣脱了裹在身上的那层薄薄的外套，露出了红白相间的皮肤，很快，它们的皮肤颜色越来越深，最后变成黑色。终于，美丽的“树木杀手”薄翅天牛闪亮登场了！

**锹甲老师的冷知识补给站**

**像老鼠一样长的泰坦天牛**

它可是世界上最大的天牛哦，不加触角的身体可达16.7cm！不光如此，它还有铁齿铜牙呢！那如切割机似的大颚，轻轻松松就能咬断一根铅笔。

**比十头牛还贵的美洲长牙天牛**

它是目前世界上最贵的天牛，曾被卖到58.7万元人民币，让养牛的伯伯都动心呢！但我们可不能随便捕捉和贩卖小动物哦！

## 好斗的薄翅天牛

羽化后的薄翅天牛，长着宽得有点儿变形的鞘翅、极长的触角、尖利的足。这一身装扮让它们看起来英勇十足。它们是非常好斗的家伙。羽化后的它们对昆虫学家准备的食物并没有多大的兴趣。你看，放着一旁好吃的水果、蔬菜不吃，它们又打起来了！

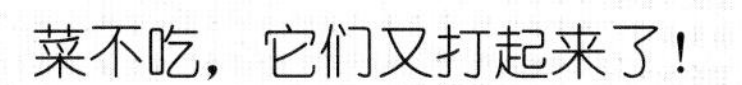

**锹甲老师的知识小问答**

小朋友们，你们知道薄翅天牛是害虫还是益虫吗？

# 身披珍珠的珠皮金龟甲

鞘翅目

郊外的杏花开了，空气中弥漫着花香。咦，这空气中除了花香好像还有一丝腐烂的臭味，这是从哪里传来的呢？原来是不远处一只死去的鼹鼠正在变质腐坏。

大自然可不会任由鼹鼠肆意滋生病菌，它会迅速派出“清道夫队伍”前去解决！首先派出的是第一支队——蛆蝇，它们发出“嗡嗡嗡”的警笛声来到事故现场，留下大批蛆虫后便走了；不过蛆虫太多并不好，这时就要派出第二支队——“正义使者”腐阎甲，前去消灭过剩的蛆虫；第三支队皮蠹也会紧随而来，消灭鼹鼠的尸体残渣；剩下那些“无人问津”的鼹鼠毛皮则留给第四支队衣蛾幼虫去解决。

不要以为这样就算结束了，最棘手的工作是消灭那些其他支队食用后无法消化的毛发，这时大自然会派出它的金牌助手珠皮金龟甲，做最后的收尾工作。

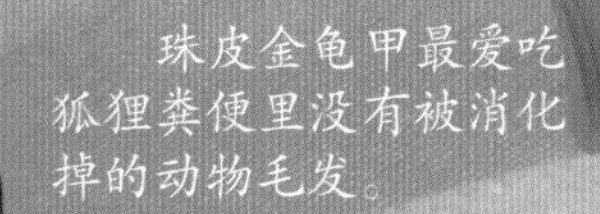

正在捕食兔子。
埋葬甲
鼹鼠
用毛发织“睡袋”的
衣蛾幼虫
爱吃蛆虫的
腐阎甲
液里的
蛆虫
皮蠹幼虫
皮蠹
锹甲老师的童谣广播站
前胸穿着护胸甲，鞘翅戴着大珍珠。
小小身体志气大，爬来爬去为家忙。
独立自主好品质，从小培养要记牢。
遇到危险想办法，金龟甲们很坚强。
小金龟甲别害怕，我们盼你快长大。

## 不一样的育娃方式

金牌助手果然与众不同，虽然它们也是食粪虫家族的成员，但是它们吃的不是粪便，而是粪便里的动物毛发。它们不光食性奇怪，就连育儿方式也与众不同。不信你看，珠皮金龟甲妈妈把卵产在一堆粪便底下，便撒手不管了，任由卵宝宝自由生长。看来，珠皮金龟甲完全是“放羊式”散养。

真羡慕粪金龟甲宝宝啊！

我们的妈妈呢？

咕噜……

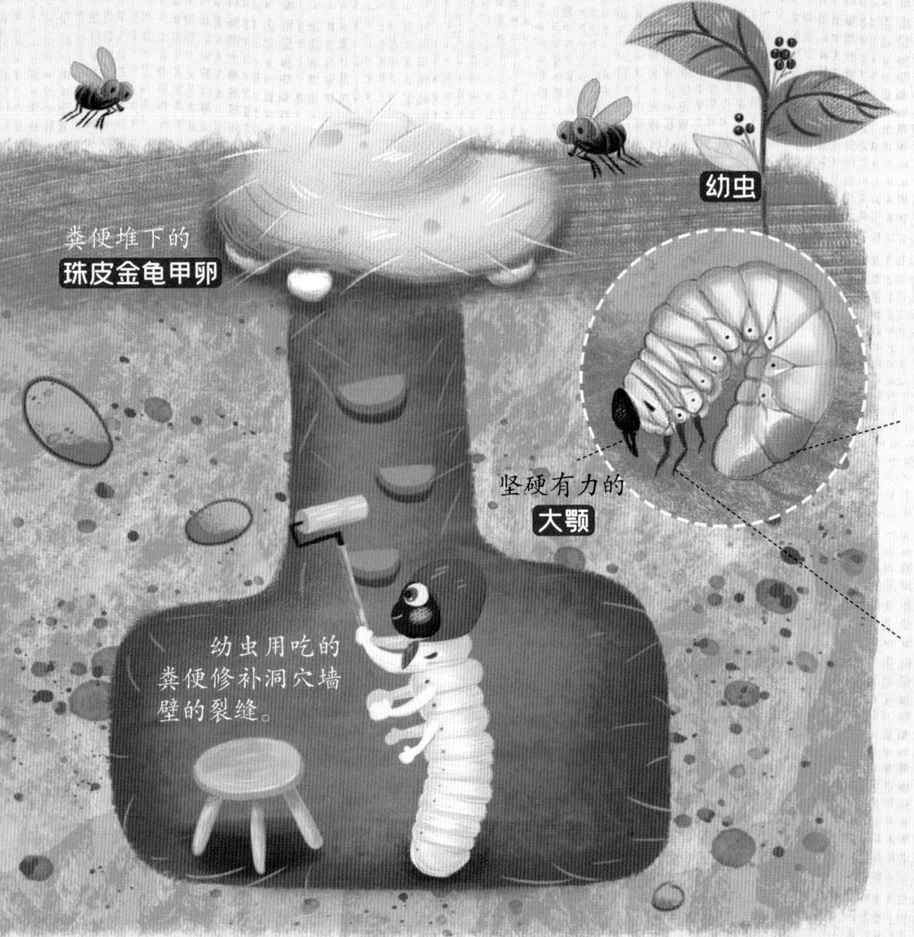


刚孵化的幼虫宝宝没有爸爸妈妈的呵护，需要自己找吃的，自己挖建地洞，还要防止天敌的捕杀。而它们的邻居粪金龟甲阿姨并没有像珠皮金龟甲妈妈一样选择离开。瞧，在珠皮金龟甲幼虫宝宝们忍饥挨饿、躲避天敌之时，粪金龟甲阿姨正在自己家里为它的小宝贝们准备可口的食物和育婴室呢！

法布尔爷爷的文学小天地

为了不浪费任何资源，所以世界上才有了各种各样的爱好。

# 坚强的幼虫宝宝

珠皮金龟甲的幼虫宝宝虽然过着饥一顿饱一顿的生活，但它们依然秉承着家长的一贯作风，从不会为自己预留食物。晚上，肚子饿得“咕咕”叫的幼虫宝宝会悄悄地爬出来寻找食物，找到食物后，会赶紧抱上一块，迅速返回洞里。等到“弹尽粮绝”之时，它们才会再次踏上觅食之路。

不好，一只正在吃饭的幼虫宝宝发现住所的墙壁裂开了！它连忙用自己正在吃的毛毡把洞壁涂抹一遍，进行加固。看着坚固的墙壁，幼虫宝宝安心地睡着了。

有着“青蛙腿”的紫茎甲

紫茎甲有着色彩缤纷的身体，强壮有力、形如蛙腿的后肢，被称为“昆虫界的金刚芭比”，真是又美又有力量！

满身宝石的绚丽宝石象甲

绚丽宝石象甲周身金属绿色，鞘翅上点缀着红色、金色的金属光泽，在光线的照射下璀璨夺目，像是被宝石点缀全身一样，自带贵气。

珠皮金龟甲写实图

这一睡，就睡到了羽化的日子。幼虫宝宝们终于长大了，可以像自己的爸妈一样到处寻找狐狸粪便了。

然而，开心的日子总是过得很快，不知不觉，冬日已来临，成年的珠皮金龟甲蜷缩在洞里等待着春天的到来。

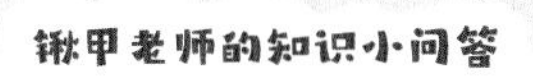

锹甲老师的知识小问答

小朋友们，你们知道珠皮金龟甲吃的食物是什么吗？

## 穿着艳丽外衣的铜星花金龟甲

鞘翅目

悄悄地，春天来了！春姑娘的纱裙掠过草地，长发拂过水面，万物在其所经之处慢慢复苏。这是一年里最美好的季节，也是丁香花最美的时候。花园里的丁香花竞相绽放，昆虫们的盛宴开始了！

散发着浓郁香味的丁香花吸引着不同的食客前来参加宴会，结束冬眠的铜星花金龟甲成群结队地赶来品尝蜜汁。你看，一只穿着黄铜色外衣的铜星花金龟甲，在饱餐一顿后正悠然自得地躺在丁香花上小憩，可危险正在步步逼近。几个调皮的小孩已经闯进花园，他们因为抓不到蝴蝶就把目标锁定在了正睡觉的铜星花金龟甲身上，试图去抓它。喂，铜星花金龟甲，快醒醒啊！

捕食条蜂
胡蜂
采蜜的
透翅蛾
食蚜蝇
锹甲老师的童谣广播站
花金龟甲穿金衣，
爱吃果肉和蜜汁，
长大住在植物上。
儿时却在腐叶堆，
四脚朝天用背走，
爱吃腐叶和秸秆。
蜜汁可真甜啊！
吃花蜜的
铜星花金龟甲
壁蜂

## 热情的美食家

正在春日暖阳下小憩的铜星花金龟甲，感觉阳光被什么东西遮挡了，它睁开眼睛一看，一只小胖手正向自己盖来。铜星花金龟甲吓得连忙飞走，这才逃过了一劫。不过，逃生的铜星花金龟甲并没有飞远，因为它是一位美食家，它可舍不得丢下这些甜蜜的汁液！于是它又飞到高处的丁香花上，一边汲取着“琼浆玉液”，一边慵懒地享受着阳光的温暖。

## 幼虫和成虫的奇妙相遇

铜星花金龟甲饿了就吃，困了就睡，不分昼夜。这样的日子一直持续到了炎热的夏季，它才想起来该产卵了。于是，它急急忙忙地把卵产在了一堆腐叶下，之后便和自己的伙伴们赶紧躲到阴凉处，不再出门了。

半个月后，神奇的一幕发生了，卵孵化出了幼虫，但是，幼虫旁边还有刚刚羽化而出的成虫。这是怎么回事呢？哦，原来是铜星花金龟甲妈妈太匆忙，不小心把卵产到了已经有幼虫的腐叶堆下了。所以，今年夏天新产的卵宝宝和经历了去年冬天的幼虫宝宝同时长大了！小

冬天已经来临，天就不远啦。

初秋，铜星花金龟甲破蛹羽化。

冬季，铜星花金龟甲藏在地下的洞穴里越冬。

铜星花金龟甲在凉爽的秋季，享用甜蜜果实。

小小的头

具有金属光泽的身体

鞘翅上的星斑

足

**法布尔爷爷的文学小天地**

花金龟甲的变态发育过程向我们展示出一种高级的经营管理科学。这种科学善于化卑俗为优雅，让看似低俗的粪便盒子诞生出黄铜色的花金龟甲，它们是玫瑰的主人和春天的光荣。

幼虫宝宝应该称呼刚刚羽化的成虫为“叔叔”“阿姨”呢！

而之前那些在阴凉处避暑的铜星花金龟甲们，一直到九月天气转凉，才慢慢活跃起来。于是，在香甜的瓜果上又出现了这些美食家的身影。

## 不走寻常路的幼虫宝宝

铜星花金龟甲爸爸妈妈喜欢吃花蜜和果肉，而它们的后代，那些白胖的幼虫宝宝却爱吃腐烂的落叶和植物秸秆。不光如此，它们还躺在厚厚的腐叶堆下，四脚朝天用背行走，这可真是与众不同啊！

冬天即将过去，可爱的幼虫宝宝已经用自己的排泄物和腐烂的植物做好了蛹室，这是化蛹前的准备工作。躺在蛹室里的幼虫宝宝经过漫长的等待后，在来年的八月份迎来了新生，它们破壳而出，换上新装，飞去参加秋日盛典啦！

春季，铜星花金龟甲从地下来到地面，在花朵里吃花蜜。

春末夏初，铜星花金龟甲交配后，雌性将卵产在腐叶堆下。夏季炎热，成虫躲在阴凉处，等秋季才出来找吃的。

铜星花金龟甲的幼虫不爱吃甜甜的汁液，爱吃腐烂的落叶和植物秸秆。

从出生到化蛹羽化，铜星花金龟甲用了近一年的时间，这一年它都藏在地下。

锹甲老师的知识小问答

小朋友们，你们知道铜星花金龟甲的幼虫宝宝是以什么方式行走的吗？

锹甲老师的冷知识补给站

最“土豪”的金梳龟甲

它有着一身“黄金盔甲”，周身闪耀着金灿灿的光芒，就像在炫耀自己的财富一般。很多人认为它的身体里有24k黄金，其实那只是它的身体颜色啦！

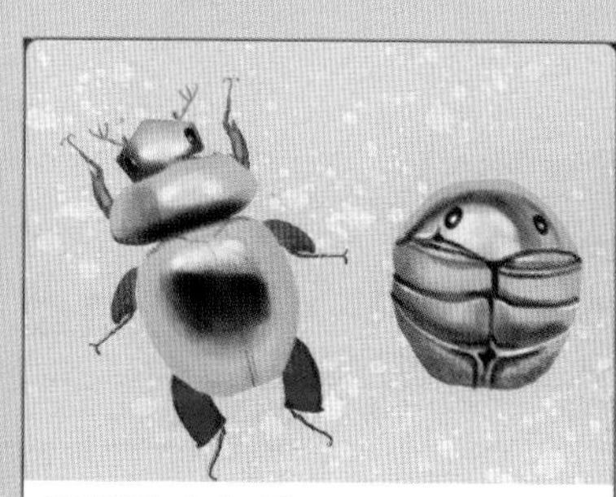

青铜驼金龟甲

这种甲虫有着小巧可爱的浑圆身体、闪着金属光泽的甲壳，遇到危险时，它会缩成球状，像极了一颗金属球。

# 只唱哀歌的松树鳃金龟甲

鞘翅目

夏至到了，野外的一片松树林迎来了一群特殊的小客人——松树鳃金龟甲。它们衣着朴素，黑色或棕色的风衣上点缀着零星的绒状白点，高雅迷人，风度翩翩。每年这个时候，它们都会准时前来参加夏至宴会。

宴会在傍晚如期举行。落日的余晖映衬着这片松林，它们愉快地交谈，嬉戏，翩翩飞舞。这是个重要的夜晚，因为它们要在这里寻找自己的另一半，完成一生中最重要的时刻——婚配。

一整晚的狂欢后，白天的松树鳃金龟甲们个个无精打采、昏昏欲睡。新婚不久的新娘都要离开爱的巢穴，前去遥远的地方生产。

我们松树鳃金龟甲喜欢夜晚狂欢，白天在松树上打盹。
怎么感觉提不起精神呢？
救命啊！
锹甲老师的童谣广播站
松树鳃金龟甲呀，衣着朴素白点缀。
傍晚松林开宴会，欢乐嬉戏行婚配。
白天喜欢昏昏睡，最爱松树上小睡。
短暂新婚后分离，雌性远赴产卵地。
幼虫宝贝危害大，为害幼苗的根须。

## 独特的发音方式

新郎虽然舍不得新娘离开，但它无能为力，因为不久后，它会死去。送别新娘后，它十分悲伤，开始哀唱。歌声是由它上下晃动的腹部和鞘翅后边缘摩擦产生的，像极了用湿乎乎的手指在光滑的玻璃片上划过发出的声音。歌唱完后，它便悄悄地蜷缩在一个角落里，有时也会把自己埋进土里，之后便静静地等待自己衰老、死去。

## 幼虫初长成

而另一边，松树鳃金龟甲新娘不远千里来到了产卵的地方——一个有落叶和腐殖质的树林，它将在这里生产。这位坚强的妈妈用自己的足和腹部末端挖土，直到把洞挖到齐肩深，才把卵宝宝分别放进了豌豆大小的洞里，这便是妈妈为孩子们做的一切。

雄性的鳃状触角有7个鳃片状节，长而弯曲；雌性的为6个鳃片状节，很短小。

**法布尔爷爷的文学小天地**

如果我是松树的主人，是不大会在意这点儿损失的。那么多的叶子只吃掉几口、拔掉几根，算不得什么严重的事，还是别去打扰它们了吧。它们是夏季黄昏时的点缀，是夏至日的美丽珍珠。

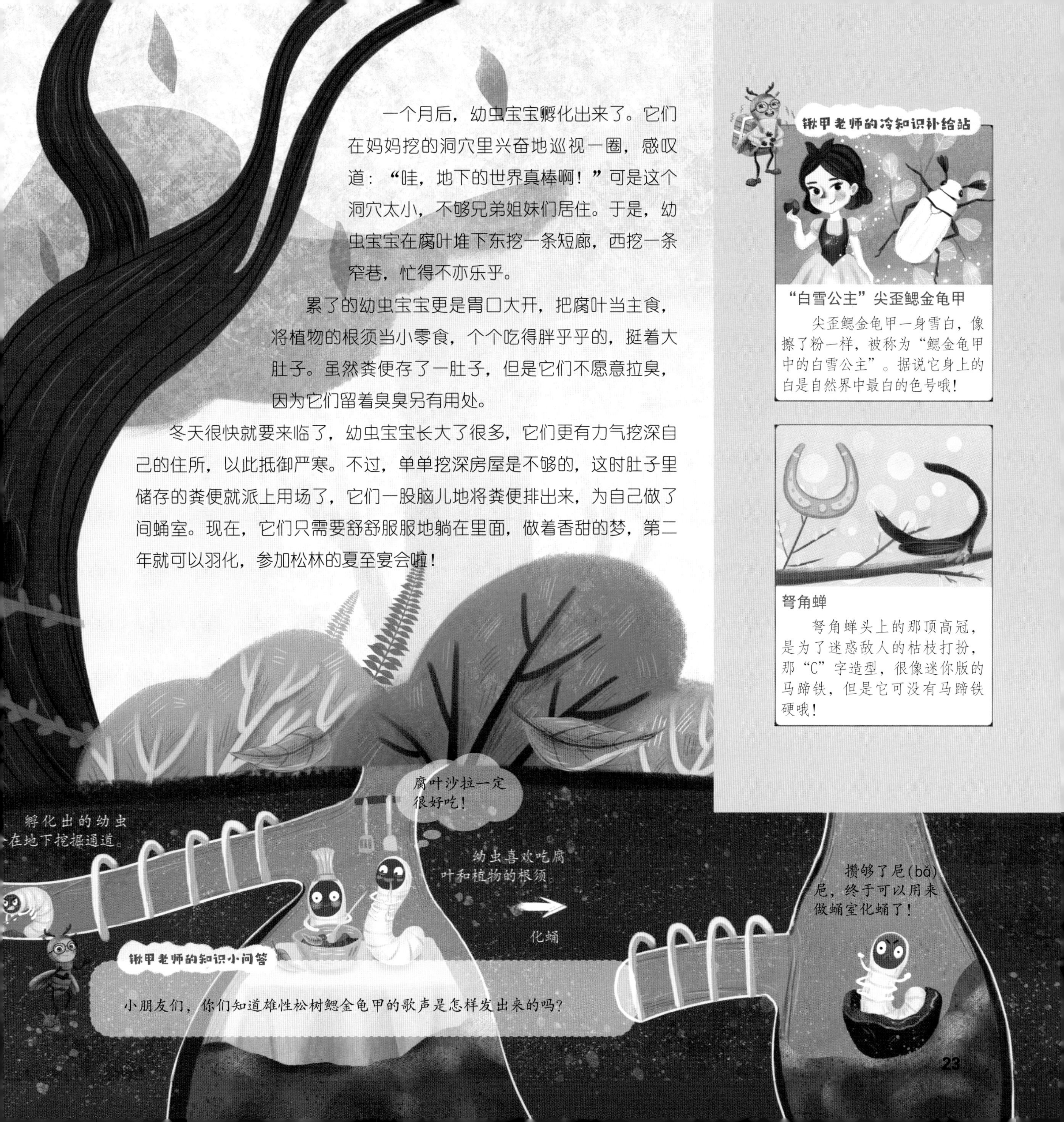

一个月后，幼虫宝宝孵化出来了。它们在妈妈挖的洞穴里兴奋地巡视一圈，感叹道："哇，地下的世界真棒啊！"可是这个洞穴太小，不够兄弟姐妹们居住。于是，幼虫宝宝在腐叶堆下东挖一条短廊，西挖一条窄巷，忙得不亦乐乎。

累了的幼虫宝宝更是胃口大开，把腐叶当主食，将植物的根须当小零食，个个吃得胖乎乎的，挺着大肚子。虽然粪便存了一肚子，但是它们不愿意拉臭，因为它们留着臭臭另有用处。

冬天很快就要来临了，幼虫宝宝长大了很多，它们更有力气挖深自己的住所，以此抵御严寒。不过，单单挖深房屋是不够的，这时肚子里储存的粪便就派上用场了，它们一股脑儿地将粪便排出来，为自己做了间蛹室。现在，它们只需要舒舒服服地躺在里面，做着香甜的梦，第二年就可以羽化，参加松林的夏至宴会啦！

锹甲老师的冷知识补给站

**"白雪公主"尖歪鳃金龟甲**

尖歪鳃金龟甲一身雪白，像擦了粉一样，被称为"鳃金龟甲中的白雪公主"。据说它身上的白是自然界中最白的色号哦！

**弩角蝉**

弩角蝉头上的那顶高冠，是为了迷惑敌人的枯枝打扮，那"C"字造型，很像迷你版的马蹄铁，但是它可没有马蹄铁硬哦！



锹甲老师的知识小问答

小朋友们，你们知道雄性松树鳃金龟甲的歌声是怎样发出来的吗？

# 爱钓鱼的光泽腐阎甲 鞘翅目

酷热的盛夏，天空中麻蝇和丽蝇“嗡嗡嗡”地飞着找寻生产的最佳场所，陆地上一群如黑珍珠似的光泽腐阎甲迈着小碎步，顶着烈日找寻着食物。突然，一股腐臭的气味吸引了它们的注意。麻蝇和丽蝇加足马力飞往现场，而光泽腐阎甲早已赶到了现场——有游蛇尸体的草地上。

麻蝇将蛆虫产在游蛇尸体上便飞走了，丽蝇将一堆卵产在尸体的溃烂处后也飞走了。半天过去了，麻蝇的蛆虫已经开始在游蛇的肉液里畅游，刚孵化出来的丽蝇幼虫也加入了肉液大餐。咦，腐阎甲们在干什么？原来它们在“钓鱼”，肉液里肥肥嫩嫩的蛆虫就是它们的“鱼儿”。

锹甲老师的童谣广播站
小小光泽腐阎甲，
好似一粒黑珍珠。
不怕苦来不怕臭，
消灭蝇蛆最在行。
麻蝇家族制约者，
自然平衡它维护。
光泽

# 怕水的垂钓者

光泽腐阎甲看着胖乎乎的蛆虫，迈着小短足火急火燎地冲上去，但又撤了回来。游蛇的肉液像一摊沼泽，挡住了垂钓者的路，它们暗中观察着从哪里可以登上游蛇的高处，以避开恶臭的沼泽，垂钓相中的蛆虫。

这时，有条不太大但很嫩的蛆虫蠕动到了沼泽边缘。站在岸边的垂钓者小心翼翼地靠近沼泽边缘，看准时机，一口咬住蛆虫并将它甩上了岸。上了岸的蛆虫活蹦乱跳，像极了离开水的鱼儿，垂钓者等不及蛆虫安静下来，便将它吃掉了。

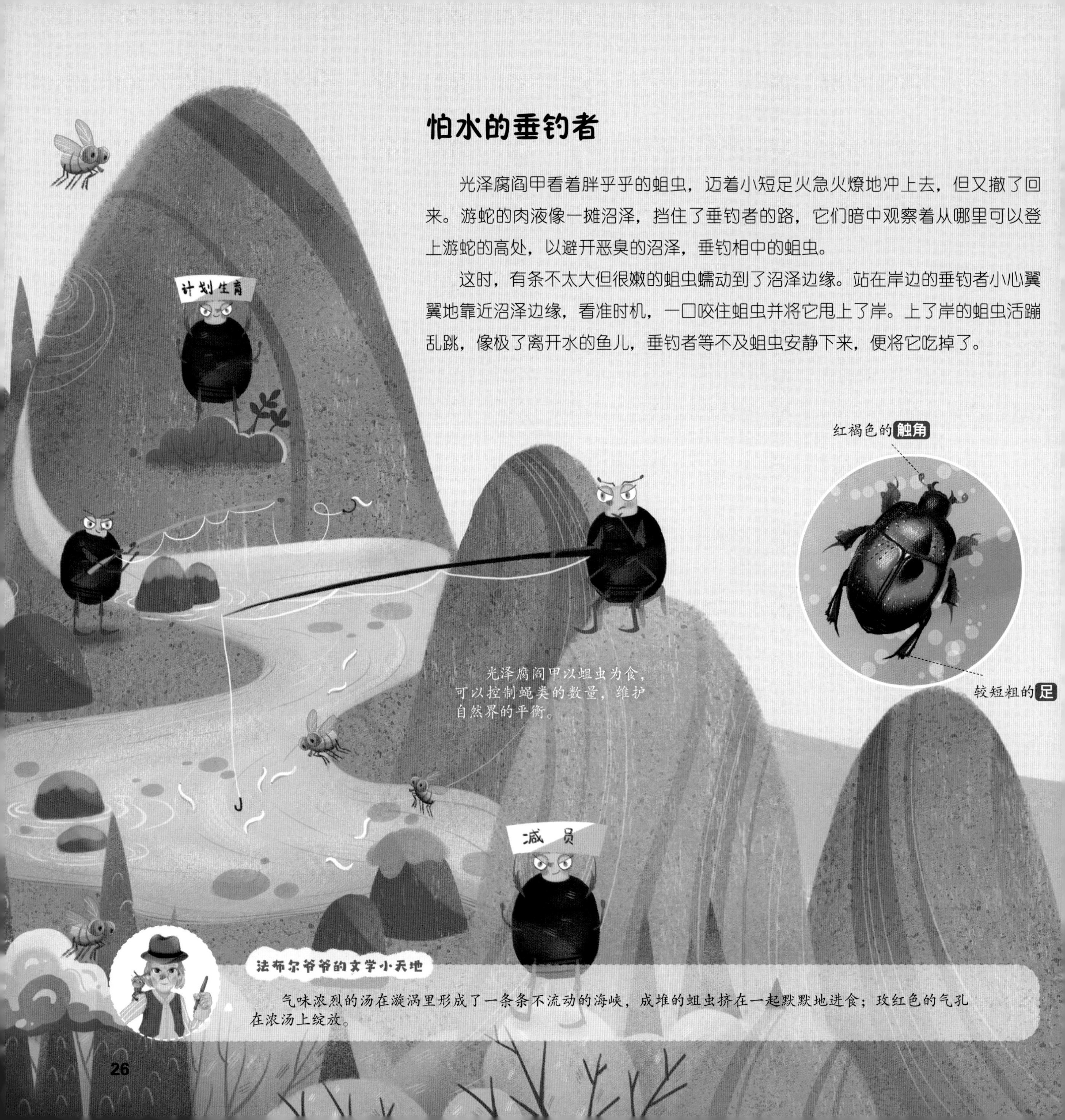


光泽腐阎甲以蛆虫为食，可以控制蝇类的数量，维护自然界的平衡。

**法布尔爷爷的文学小天地**

气味浓烈的汤在漩涡里形成了一条条不流动的海峡，成堆的蛆虫挤在一起默默地进食；玫红色的气孔在浓汤上绽放。

不过，能垂钓到的食物是有限的，光泽腐阎甲不敢前往沼泽深处，所以它们只能静静地等待着。不到半晌，游蛇的肉液就被沙子吸收，被烈日蒸干了。见此情况，蛆虫赶紧躲进了游蛇尸体下比较湿润的地方，垂钓者们看到沼泽已经干涸，不再忌惮，赶忙冲上前去，将还未来得及躲藏的蛆虫吃得干干净净。

## 裁员工作者的生活

光泽腐阎甲在解决自己生存问题的同时，也担负着为麻蝇和丽蝇家族减员的重大使命！它们通过对蛆虫的大量捕杀，来控制蝇类的数量，维护自然界的平衡。瞧，这群光泽腐阎甲在完成裁员任务后，回到了肥料堆和垃圾堆里，开始在那里繁殖后代。虽然它们的住所臭气熏天，但它们在自然界中可是有着不可或缺的地位呢！

锹甲老师的冷知识补给站

接吻虫——锥蝽

不要以为这种昆虫很温柔，它是因为在人类的嘴唇或面部吸血才获得此名的！它锥子般的口器可以轻而易举地刺破昆虫或人类的皮肤，吸食血液，它传播疾病的能力和蚊子有得一拼哦！

红显蝽

因为这种昆虫的背部长得像人（猫王）的脸，所以红显蝽也叫“猫王盾虫”。它那神似猫王的魔性外表，瞬间吸粉无数，它是一种看着就会让人感到神奇的昆虫哦！

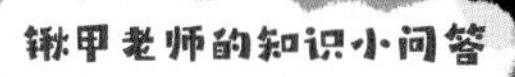



小朋友们，你们知道光泽腐阎甲最喜欢吃的食物是什么吗？

# 勤俭节约的拟白腹皮蠹 鞘翅目

酷热的骄阳下，游蛇尸体液化的血水逐渐被蒸发，蠕动的蛆虫还没来得及找寻阴凉的场所，就被垂钓者腐阎甲消灭干净了。其他前来参加肉宴的昆虫都因忍受不了似火的骄阳而躲避起来，唯有皮蠹家族不怕烈日，继续赴宴。

此时的游蛇尸体，被蛆虫吃得只剩下还有一点儿残渣的骨架，但皮蠹们并不嫌弃，依旧热情高涨。尸体下方还在渗液，有的皮蠹围在尸体周围等待，有的顺着骨架攀爬，一些急性子的皮蠹在混乱中或被推倒，或从骨架上掉下来，躺在地上露出白色“法兰绒”的腹部，挣扎着想要爬起来。虽然有些混乱，但它们从不会为争夺一个“有利位置”，或者抢夺一份“美味佳肴”而面红耳赤。对它们来说，筵席很丰盛，每个成员都有份。

锹甲老师的童谣广播站
个头大，穿黑褂，
灰色领结，白衬衣。
简约打扮，勤耕耘，
耐心守候，伺良机。
殡葬工作终结者，
咬、剪、撕、嚼样样齐。
漏网之鱼，还是被我抓住了吧！
光泽腐阎甲
没有新鲜的肉可以搬运了，还是回家吧。
皮蠹成虫不喜欢湿度大的环境，早期一般不进入藏有骨髓的脊柱，只吃骨架上的零星残渣。

皮蠹幼虫可以钻进脊椎间隙啃食软骨。

早在恐龙时代，皮蠹就已经出现了。

## 拟白腹皮蠹家族

“嘿，孩子们！阻挡我们前进的血水已经晒干了，大家快来吃饭吧！”站在游蛇尸体边的一对拟白腹皮蠹夫妻对身后的孩子们喊道。听到父母的呼唤，大大小小的拟白腹皮蠹幼虫欢快地奔向游蛇骨架，幸福的时光终于到来了。

拟白腹皮蠹夫妻带着孩子们找寻肉渣、软骨。夫妻俩因为体型比孩子大很多，且带有鞘翅，很难钻到骨缝里，只能吃游蛇尸体骨架上被晒干的肉星，但它们的孩子可不同。小家伙们像是满身黑毛的蛆虫，可以自由地穿梭在骨架之中，就连狭小的骨缝它们也能自由穿行。拟白腹皮蠹家族的成员用力咬、剪、撕、嚼，使尽了浑身解数，最终将带有零星肉渣的尸体吃得只剩下光滑的骨头。

**法布尔爷爷的文学小天地**

当土地吸收了蛆虫提炼出的尸体溶液后，还有大量无法被太阳晒干的尸体残渣，需要其他的开发者来处理，它们要啃掉软骨，吃掉肉干，直至尸体被处理得像一块如象牙般光滑的骨头。

# 拟白腹皮蠹的幼虫

等拟白腹皮蠹家族吃饱，已是下午了。成年的拟白腹皮蠹在温暖的阳光下寻找配偶，这是它们餐后的消遣时光。而婚配过的拟白腹皮蠹孕妈妈会就地取材，将游蛇的尸骨当作产房，直接把卵产在尸骨下面。正在休息的拟白腹皮蠹幼虫看到一旁在产卵的阿姨，再看看自己和爸爸妈妈，突然问道："爸爸妈妈，为什么我们长得不一样呢？你们那么好看，为什么我和兄弟姐妹们那么丑，一点儿也不像你们？"

皮蠹妈妈温柔地说："宝贝，因为你们还小呀！现在的你们是独一无二的，只要好好吃饭，用不了多久就会和爸爸妈妈一样了！"

皮蠹宝贝听后，肯定地说："我们一定会好好吃饭，快快长大的！"

锹甲老师的冷知识补给站

**轮背猎蝽**

齿轮一般是被当作器械传动中的零件来使用，但是轮背猎蝽将齿轮背在了身上，难道它另有妙用？其实并没有什么实在的用处，只是为了恐吓敌人罢了！

**书蠹**

有人把爱书之人叫作"书虫"，其实书蠹才是真正的书虫，它们也是书籍的"爱好者"！不过，它们是爱吃书，书上被蛀食成的一个个的小圆洞就是它们的杰作。这样的书虫我们可不爱哦！

锹甲老师的知识小问答

小朋友们，你们知道拟白腹皮蠹的幼虫宝宝吃的食物是什么吗？

# 背着粪便到处跑的百合负泥虫

鞘翅目

又到了百合花盛开的春季，花园里一片春意盎然，但是勤劳的园丁却闷闷不乐。走进花园一看便知，他引以为傲的百合花丛最近正遭受着一种小虫子的迫害，并且旁边刚出土不久的芦笋也似乎被什么虫子啃食了。园丁为了植物的健康，决定搞清楚到底是哪些坏虫子在破坏他的花园。于是，一场园丁与害虫的对抗赛就此拉开了序幕。

锹甲老师的童谣广播站
百合负泥虫，珊瑚红外衣，
百合花上住，卵在叶背产。
幼虫吃茎叶，粪便做外衣，
既能遮太阳，又能做防御。
幼虫快老熟，粪便外衣丢，
下到植根部，做窝浅藏土。
芦笋负泥虫的
幼虫
哈哈，让你不穿衣服！
芦笋负泥虫幼虫裸露的身体上，布满了寄蝇的卵。
芦笋
芦笋负泥虫

# 初识百合花破坏者

清晨，太阳刚升起来，园丁就迫不及待地来到花园一探究竟。他蹲在百合花丛前仔细地观察着，百合花的嫩叶已经被啃食得残缺不全。

园丁轻轻掀开叶片，一只珊瑚红色的甲虫从叶片背部掉落下来，晕了过去。园丁想，也许它就是破坏百合花的坏虫子。他再看向叶片背面，发现上面排列着一些圆柱形的卵，这些橙黄色的卵被一层黏液紧紧地固定在叶子上，在阳光的照射下闪闪发光。“哦，你们这些坏家伙！”正当园丁准备把这些卵和甲虫装进玻璃罐中时，残缺的叶片上，一团墨绿色的污物又吸引了他的目光。

“这些肯定是小甲虫排出来的粪便，真是恶心啊！我这纯洁美丽的百合花，就是被你们这些小虫子玷污的！”园丁看着那一团团暗绿色的污物，气愤地说。

咦，那团污物怎么在慢慢移动？园丁忍着恶心，用枝条将污物拨开，发现里面竟然躲藏着一只圆鼓鼓的小虫子。

**百合负泥虫的卵**

卵呈圆柱形，橙黄色，两端较圆，且覆盖黏性物质，光照下发亮。

## 百合负泥虫的三种形态

这难看的小虫子又是什么？难道它才是啃食百合花的罪魁祸首？园丁看看罐子中的甲虫，又看看污物里的胖虫子，决定找出答案。之后的一周多，园丁每天都会来到花园观察他的百合花和芦笋。百合花和芦笋上的昆虫还不知道自己已经暴露了，依旧每天过着无忧无虑的生活。

经过观察，园丁终于搞清楚了这些小虫子的关系。原来，芦笋上的虫子叫芦笋负泥虫，专门啃食幼苗期的芦笋；而百合花上的小甲虫是百合负泥虫成虫，叶背上的卵是它产的，那些藏在污物里的胖虫子则是生长了几天的百合负泥虫幼虫。这些甲虫的卵经过十天左右就会孵化，初生的幼虫特别小，怪不得园丁之前没有发现呢！

## 聪明的百合负泥虫

这些小害虫已经彻底暴露，但它们一无所知，依旧每天逍遥快活，破坏植物。

“百合负泥虫我胆子大，遇到困难不害怕！”这会儿工夫，几只刚孵化出的百合负泥虫宝宝喊着口号，以臀部为杠杆，支撑并推动着身体在百合花叶片上前进着。

还没走几步，有只百合负泥虫宝宝的肚子便“咕咕”叫了起来，它看到身下嫩绿的百合花叶片，二话不说便埋头吃起来，不一会儿就把叶片吃了一个大洞。就在这时，它突然不小心从洞里跌了下去，一旁的兄弟姐妹见状惊呼。幸运的是，它掉在了另一片百合花叶子上。为了不重蹈覆辙，小家伙们想出了一个两全其美的办法。它们先在叶片上咬出一个小圆洞，再围着小洞啃食圆洞内壁的叶肉，留下两层透明的叶片表皮，这样既能吃到食物，又不会掉落下去。

吃饱了的百合负泥虫宝宝用排泄出来的粪便包裹全身，为自己缝制了一件粪便外衣，湿润的粪便堆积在幼虫的背上可舒服啦！

百合负泥虫幼虫身上覆盖的是它的粪便。

百合负泥虫幼虫头和足为黑色，其余呈暗琥珀色。

百合负泥虫幼虫的肛门在它靠近尾部的背部上端。

**法布尔爷爷的文学小天地**

酷暑时，春天里的那株枝繁叶茂、华丽无比的百合花已经凋零，茎叶不复。但是，它的鳞茎还孕育着生机，它只是暂停了生长，等待着那场再次将它唤醒的绵绵秋雨。

# 粪便外衣好处多

“你们用粪便做衣服，还搞得到处都是，真是太恶心了！”芦笋负泥虫宝宝看到穿着粪便外衣的百合负泥虫宝宝嫌弃地说。

“虽然我的外衣是用粪便做的，但是它比任何华丽的衣服都要好！有了它，我们娇嫩的皮肤就不会因为强烈的阳光照射而干瘪开裂，身体还可以时刻保持湿润凉爽，而且粪便外衣将我的身体遮盖住，捕食者很难发现我。最重要的是……”

还没等百合负泥虫宝宝说完，一群四处寻找寄生对象的寄蝇闻声飞来。芦笋负泥虫宝宝见状慌忙逃跑，但是它哪里跑得过会飞的寄蝇，不一会儿身上就布满了寄蝇的卵。而百合负泥虫宝宝十分淡定，任凭寄蝇在它的粪便外衣上产卵。

“你难道不怕被寄蝇寄生吗？”等寄蝇飞走后，芦笋负泥虫宝宝绝望地看着身上的寄生卵，恹恹地问百合负泥虫宝宝。

“有粪便外衣为我遮挡，我当然不害怕啦！但是，一旦我们为了化蛹脱掉粪便外衣，那就不一定了。”百合负泥虫宝宝正在为自己有粪便外衣而高兴时，不知道最大的危险即将来临。不远处，手拿除虫剂的园丁一步步地朝它们走来……

百合负泥虫的胆子很小，受到惊吓时会从枝叶上掉落。

锹甲老师的冷知识补给站

会给叶子排毒的叶甲

锚阿波萤叶甲喜欢吃海芋叶子，但是叶子有毒怎么办？这可难不倒它。它用颚在海芋叶子上画圈圈，有毒分泌物就会顺着切口排出，这下就可以安心地吃圈圈里的叶子啦！

头顶冒绿光的摇头虫

头上会闪绿光的萤叩甲幼虫守在白蚁的巢穴外面，摇头晃脑地为出洞交配的白蚁打光。但灯光可不是白打的哦，当白蚁出洞时，萤叩甲幼虫会用大颚咬住白蚁美餐一顿。

锹甲老师的知识小问答

小朋友们，你们知道百合负泥虫幼虫为什么不怕寄蝇吗？

**图书在版编目（CIP）数据**

这才是孩子爱读的昆虫记：全15册 / (法) 法布尔著；陆杨等改编、绘. -- 北京：北京理工大学出版社，2023.6

ISBN 978-7-5763-1998-9

Ⅰ. ①这… Ⅱ. ①法… ②陆… Ⅲ. ①昆虫–儿童读物 Ⅳ. ①Q96-49

中国国家版本馆CIP数据核字(2023)第003936号

出版发行 / 北京理工大学出版社有限责任公司
社　　址 / 北京市海淀区中关村南大街 5 号
邮　　编 / 100081
电　　话 / （010）68914775（总编室）
（010）82562903（教材售后服务热线）
（010）68944723（其他图书服务热线）
网　　址 / http: //www.bitpress.com.cn
经　　销 / 全国各地新华书店
印　　刷 / 三河市九洲财鑫印刷有限公司
开　　本 / 787 毫米 × 1092 毫米　1/12
印　　张 / 43.5
字　　数 / 870千字
版　　次 / 2023 年 6 月第 1 版　2023 年 6 月第 1 次印刷
定　　价 / 299.00元（全 15 册）

责任编辑 / 申玉琴
文案编辑 / 申玉琴
责任校对 / 刘亚男
责任印制 / 施胜娟

图书出现印装质量问题，请拨打售后服务热线，本社负责调换

根据　法布尔《昆虫记》改编

# 这才是孩子爱读的昆虫记

5

［法］法布尔 著　陆杨 改编　董晓慧 绘

北京理工大学出版社
BEIJING INSTITUTE OF TECHNOLOGY PRESS

北京昆虫学会　中国昆虫学专家　审订

（排名不分先后）

彩万志教授　　张志勇教授

李姝博士　　徐庆宣博士

# 目录

contents

# 在豌豆上开天窗的豌豆象甲 鞘翅目

五月到了，豌豆秧开出的美丽花朵像白蝴蝶一样随风起舞。守时的豌豆象甲从附近大树的枯皮底下走了出来，熬过了一个寒冬，是时候活动活动筋骨了。春天多么美好啊！它们拍了拍身上的灰尘，整理好自己的鞘翅，享受着春日的阳光。

这是它们获取快乐的时候，也是繁衍生息的时候。它们成群结队地来到田野里的豌豆地，爬到豌豆枝上采食花粉、花蜜和嫩叶。灿烂的阳光下，它们成双成对地躲在花瓣下，甜蜜地过着美好的婚姻生活，直到豌豆果实长了出来。

锹甲老师的童谣广播站
豌豆开花结豆荚，豌豆象甲来成家。
豆荚少来宝宝多，挨挨挤挤动不了。
一颗豆粒一个家，虫宝太多容不下。
虫宝豆里把家安，开个天窗保平安。
寄生蜂识破这招，豆象甲们跑不了。
春天多么美好啊！
嫁给我吧！
豌豆花
等豆荚长出豆粒，就可以生卵宝宝啦！
蒲公英

## 大大咧咧的产妇

长出来的豌豆荚，提醒着豌豆象甲母亲是时候该产卵了。产妇们急急忙忙地爬上爬下，寻找产卵的豌豆荚。

“我们豌豆象甲不像其他象甲那样，有着长长的喙，可以钻孔产卵，这可怎么办呢？”一位豌豆象甲产妇无助地说。

另外一位豌豆象甲产妇劝解道：“儿孙自有儿孙福，把它们生下来，任由它们自己发展吧！”

于是，豌豆象甲母亲采用粗犷的产卵方式，将大量的卵产到露天的豆荚两侧后，便不管不顾了。

## 生活不易

“能够活下来真是不容易！”刚孵化出来的幼虫宝宝感叹着。它看了看身边一同孵出来的兄弟姐妹，知道要想继续活下去，此刻还不能放松。虽然它全身苍白，弱小无力，但它不敢停歇，要赶快找到食物和住所才行。

它头戴黑色防护帽，使出全身力气将豆荚表皮咬破，并在表皮下钻出一个直达豆荚内部的通道。进入豆荚里的幼虫宝宝感到安全多了，接着，它就近选择了一粒豌豆，在这粒豌豆上最容易挖洞的地方开始了挖掘工作，它就像电钻一样不断地摇动下半身，直到自己全部进入豌豆粒内部。这下，它的住所彻底打造好了，可以高枕无忧了！

**法布尔爷爷的文学小天地**

它们不用在田间辛苦地劳作，却仍然来到我们的粮仓安家落户，它们不光吃我们的粮食，还将粮食咬碎成糠。

## 福祸相依的天窗

盛夏即将来临，豌豆粒变得越来越硬。住在豌豆粒里的幼虫宝宝心想：“如果我现在不准备一个逃生窗，等到豌豆成熟我就再也出不去啦！”于是，小家伙开始提前为“逃生”做准备，它为自己啃食出一个带有半透明薄膜的天窗。这真是一个完美的“逃生窗”，幼虫宝宝既能随时冲破薄膜安全逃离，又能阻挡不怀好意之徒的闯入。

八月上旬，豌豆象甲宝宝准备化蛹了。就在这个重要的时刻，豌豆象甲的克星——寄生蜂趁机而入，它们找到豌豆粒上最薄弱的“逃生窗”，将细细长长的产卵器对准豌豆象甲幼虫宝宝细嫩的肉，产下一枚卵。半睡眠状态的幼虫宝宝根本无法反抗，不到几日，豌豆象甲幼虫胖胖的身体就被寄生蜂的幼虫吸干，只剩下了一层皮。

九月到来了，从逃生窗里飞出来的不光有那些没被克星寄生，有幸逃过一劫的豌豆象甲，还有那无数新生的寄生蜂。

孵化出的幼虫咬破豆荚，在豆粒上打孔并在豆粒内生活。

栉齿状触角

椭圆形的身体

身体上有黑色和灰白色毛。

寄生蜂将产卵管通过豆粒上的洞口，把蜂卵产在豌豆象甲幼虫身上。

**象甲中体积最小的米象甲**

你知道大米里住着“象”吗？注意，这里说的象可不是大象哦！它是一种象甲科的小昆虫，虽然它很小，还没有米粒大，但是它对粮食的危害可不容小觑哦！

**身上长字的米字长盾蝽**

昆虫界有一种昆虫会把文字“刻”在身上，那就是米字长盾蝽。它彩色鞘翅上黑色斑点的排列就像是汉字“米”，米字长盾蝽也正是因此得名的哦！

小朋友们，你们知道豌豆象甲宝宝的克星是谁吗？它被敌人用什么方法消灭的呢？

# 在菜豆上安家落户的菜豆象甲

鞘翅目

秋天到了，菜园里一片成熟的景象。黄灿灿的大南瓜、身披白霜的冬瓜、从地下探出头的各色萝卜，还有那挂满藤蔓的各色菜豆、扁豆……这些五颜六色的蔬菜，使阴霾的秋天看上去格外亮眼。

一群菜豆象甲妈妈为了寻找产卵地点，已经飞得筋疲力尽了，当它们飞到这个菜园，看到眼前高大的菜豆藤上挂满成熟的菜豆时，欢呼雀跃起来："我们终于为快要出生的孩子们找到食物和住所啦！"菜豆象甲妈妈们激动地奔向它们梦寐以求的地方——成熟的菜豆荚。

前面有成熟的菜豆可以产卵，后面有粮仓可以过冬，真是太好啦！
锹甲老师的童谣广播站
菜豆象甲真奇怪，鲜嫩菜豆它不爱。
成熟干燥菜豆香，宝宝生在菜豆上。
豆上打孔开天窗，羽化破窗飞田野。
各种菜豆它都爱，唯独扁豆不喜爱。
菜园
菜豆有很多种颜色，红的、白的、黑的、紫的，不管哪种颜色的成熟菜豆，菜豆象甲都爱吃。
南瓜

## 越冬前的准备

几位要产卵的菜豆象甲妈妈，看到挂满豆藤的菜豆荚，终于安了心。它们慢悠悠地爬到选好的菜豆荚上开始产卵。有的妈妈将卵直接产在豆荚上，有的妈妈找到裂开的豆荚，从豆荚的内腹线位置，将产卵器伸进豆荚内部产卵。

生产完，菜豆象甲妈妈们开始讨论起了自己该怎么生存。一位菜豆象甲妈妈担忧起来：“眼看冬天就要来了，我们还没有找到越冬的场所，我们会被冻死的，这该如何是好？”

“大家别担心，我们可以寻找温暖的粮仓过冬啊！只要我们坚持寻找，就一定能找到的。”另一位菜豆象甲妈妈肯定地回答。此刻，菜豆象甲妈妈们的心中又燃起了希望。

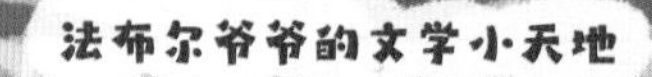


如果仁慈善良的神在尘世播下一种豆子，这种豆子一定就是菜豆。它是鼓起穷人肚子的豆子。

# 菜豆上安家落户

菜豆象甲妈妈们飞走后的一两个星期，幼虫孵化了，一出卵壳，这些小家伙们就嚷嚷着要吃东西。它们四处爬散，寻找成熟的菜豆。

一只当初被产在豆荚上的幼虫爬到一个扁豆上，凑近闻了闻：“咦，这是什么豆子，这么难闻？肯定不好吃！”说罢，它转头向别的方向爬去。

而在菜豆荚里出生的幼虫就不用那么费力了，它们的身旁就是好吃的菜豆。它们找到菜豆种子后，便用大颚在坚硬的种子上挖掘，很快就钻进了种子里。

农夫将所有成熟的菜豆都采摘下来，而菜豆里居住的幼虫也有幸落户在农夫的谷仓。几个星期之后，它们和自己的妈妈相见了。此时的孩子已经长成了父母的样子，而菜豆也被吃得只剩下一层皮。望着食物充足又温暖的谷仓，它们希望能一直住在这里，而不仅仅只是这个冬天。

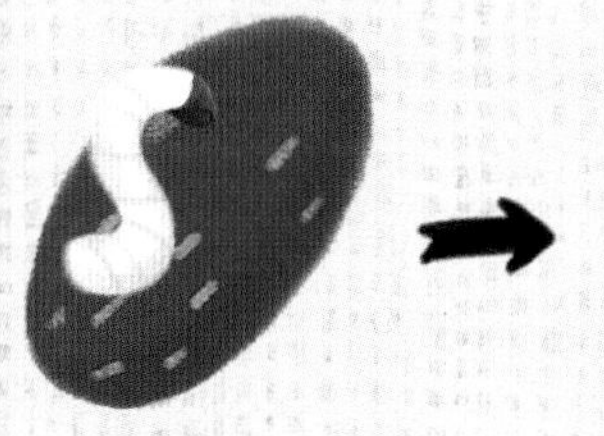

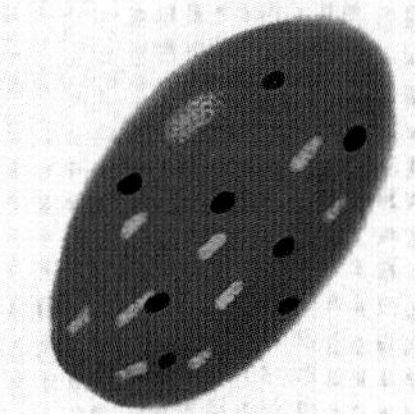

一个菜豆粒可以同时住多个菜豆象甲，因此被破坏的菜豆粒上散布着很多黑色洞眼。

孵化后的幼虫在菜豆粒上打孔。

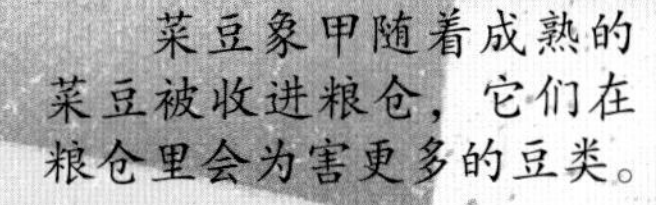

菜豆象甲随着成熟的菜豆被收进粮仓，它们在粮仓里会为害更多的豆类。

锹甲老师的冷知识补给站

**神似蜻蜓的细长盗虻（méng）**

长着苍蝇面容的细长盗虻不仅在外表上神似蜻蜓，也和蜻蜓一样会捕食害虫。它们可以用细长带毛刺的足在飞行时捕食，就像在空中掳掠小虫的强盗一样。

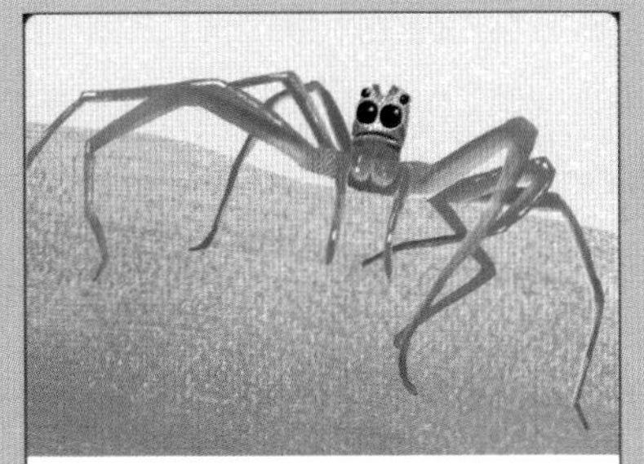

**通透碧绿的木兰绿跳蛛**

木兰绿跳蛛身体碧绿，如同翡翠一般通透，不仅如此，它和动画《千与千寻》里的锅炉爷爷长得也很像，真是太有趣了！

锹甲老师的知识小问答

小朋友们，你们知道菜豆象甲最喜欢吃的食物是什么吗？它们不喜欢哪种豆子呢？

# 凶猛的昆虫猎手大头黑步甲 鞘翅目

七月的海滩上，海浪拍打着礁石，海岸上玫瑰红的高山钟花随着海浪的摇摆起舞。海鸟在寻找潮水退去后搁浅的小鱼小虾；靠近海岸的草丛里，蜗牛在悠闲地吃着植物；海岸上的灌木枝里，憩息着乌黑发亮的金龟甲。多么闲适的海滩啊！

可一到晚上，这片海滩就成了昆虫猎手大头黑步甲的捕猎场。你发现沙滩上那一排排的痕迹了吗？那就是昆虫猎手昨晚寻猎的足迹，顺着它的足迹，我们就能找到它的巢穴。一起来看看这只凶猛的昆虫猎手一天都干了哪些事吧！

INSECTS NO.18××
锹甲老师的童谣广播站
大头黑步甲，大颚似钳子。
最爱吃蜗牛，性残如海盗。
白天不出门，洞中等猎物。
晚上去寻猎，进攻架势猛。
“假死”不是哄骗术，神经脆弱真休克。
虽是食肉大魔王，控制害虫数它强。
可恶的大头黑步甲
又在挖陷阱了。
光滑黑步甲
漏斗形洞口可以使猎物滑落陷阱，而且敞开的大洞口适合拖入体型较大的猎物。
把餐厅修理平整，
等待猎物的到来。
贝壳
狭窄的斜坡
前厅
餐厅

# 昆虫猎手的巢穴

沿着昆虫猎手的足迹，我们找到了它的家，那是一个洞口像漏斗一样张开的洞穴。洞口旁边是像鼹鼠丘一样的沙堆，应该是它挖建洞穴时留下的。从宽阔的洞口进去，经过一段狭窄的斜坡，便来到了平坦的前厅。这里就是昆虫猎手等候猎物的地方，而再往里，是昆虫猎手享受猎物的餐厅。

“哈哈，有了这个洞穴，即使白天不出去捕猎，我也能在家门口捕捉猎物了！”刚挖好洞穴的大头黑步甲看着自己的劳动成果得意地说。凶猛的大头黑步甲也有害怕的敌人——爱吃昆虫的鸟儿。小鸟那尖尖的喙，对大头黑步甲来说恐怖至极。所以它只敢晚上出去寻猎，白天在洞穴里等候时机。

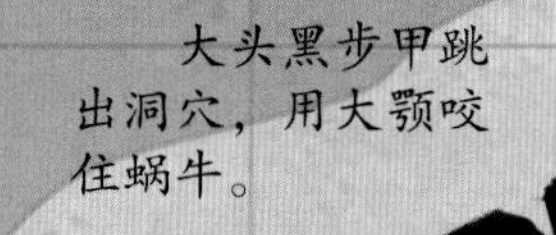

# 昆虫猎手白天蜗居

不知过了几个钟头，太阳快下山了，饥饿难耐的大头黑步甲依旧耐心地等着夜晚的到来。这时，一只因为身上的黏液而裹了一身沙砾的蜗牛，慢吞吞地从这里路过。在前厅等候猎物的大头黑步甲看到蜗牛喜出望外，那可是它最喜爱的食物！它猛地跳出洞口，用大颚将蜗牛咬住，并释放出酸性物质去腐蚀蜗牛。可怜的蜗牛还没来得及将身体缩回壳里，就一命呜呼了。

蜗牛比大头黑步甲的身体要宽，这时漏斗状的洞口就发挥了作用。大头黑步甲轻而易举地就将蜗牛拖到了餐厅。虽然很饿，但它并没有立刻享用美食，而是回到洞口将洞口封上，保证自己安全后才慢慢享用食物。它可真是个凶猛又谨慎的昆虫猎手啊！

在餐厅享用猎物前，大头黑步甲会把洞口堵上，安心在家吃美食。

软嫩的蜗牛可是我的最爱哦！

大头黑步甲大都会把捕到的猎物拖到家中食用。

## 昆虫猎手夜晚寻猎

等大头黑步甲吃饱后已是晚上。它趴在前厅休息了片刻，便去修补被蜗牛损坏的洞口。之后，昆虫猎手开始了寻猎活动。

月光下，昆虫猎手的足迹像一根深色的麻绳，弯弯曲曲地顺着海岸不断延伸。昆虫猎手在沙滩上没有找到猎物，又向植物茂盛的岩石爬去。在干湿交界的岩石缝里它找到了一只正在睡觉的黑绒金龟甲。

凶猛的昆虫猎手一把抓住黑绒金龟甲，想要将它从石缝里拉出来。黑绒金龟甲被它这么一拉，突然从梦中惊醒，六只带钩刺的足猛地用力将昆虫猎手蹬开。昆虫猎手立刻调整姿势：身体弯向前足，呈弓形，胸部和腹部的连接处好像分裂开来，它尽量张开那吓人的大颚。黑绒金龟甲想要逃走，却被摆好进攻姿势的昆虫猎手扑倒。两只昆虫就这样扭打在一起，滚下了岩石。

大头黑步甲将身体弯向前足，呈弓形，张开大颚，摆出进攻的架势。

哈哈，你逃不掉了！

可恶的大头黑步甲，扰我清梦！

一个真正满怀激情的人，终生都是个小学生，是具有无穷知识的世间万物这所大学校的小学生。

# 昆虫猎手的“假死”

从岩石高处一同摔下来的大头黑步甲和黑绒金龟甲仰面朝天，一动不动。它们是摔死了吗？并没有。在柔软的沙滩上，两只甲虫从半米高的岩石上掉下来是不会摔死的。它们这是出现了类似“假死”的休克现象。此时，它们并不是为了哄骗敌人，而是真的出现了短暂性的休克。虽然大头黑步甲十分凶猛好斗，但也是神经敏感的甲虫，经不起大的刺激。

过了快一个小时，黑绒金龟甲苏醒了，它看了一眼身边昏迷的大头黑步甲后，赶紧逃命。而这位凶猛的昆虫猎手，一直昏迷到清晨。当日出的第一缕光线照射在它身上时，它的跗节微抖，唇须颤动，触角左右摇摆，慢慢地苏醒了过来。昆虫猎手刚睁开眼睛就听到了海鸟的叫声，它吓得一分钟都不敢停留，没命似的逃回家中躲了起来。

**锹甲老师的冷知识补给站**

**拥有超薄身体的小提琴步甲**

长得很像小提琴的小提琴步甲是身体最薄的甲虫，身体薄得几乎透明，连藏在下面的足都能看得一清二楚呢！

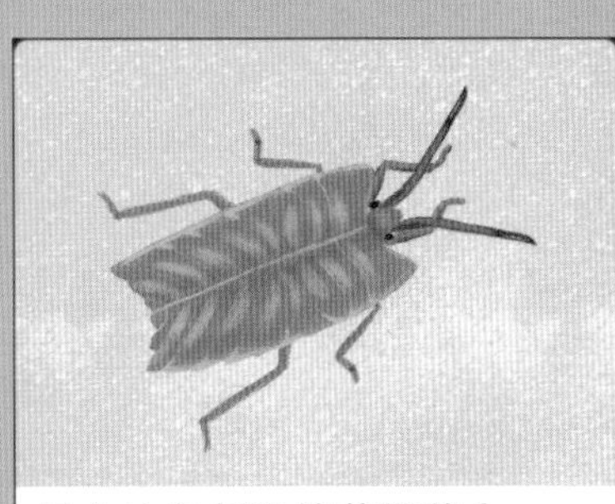

**如金枪鱼刺身的荔蝽若虫**

看，这儿有一片金枪鱼刺身！才不是呢，这是一只荔蝽的若虫啦，它长大后就是另一种样貌了，快去找找看吧。

受到惊吓的黑绒金龟甲和大头黑步甲会短暂性休克，并不是装死。

暂时性休克的大头黑步甲受到光线刺激后会快速苏醒。

**锹甲老师的知识小问答**

小朋友，你知道大头黑步甲最爱吃的食物是什么吗？

# 做安葬工作的埋葬甲

鞘翅目

四月的早晨，阳光明媚，微风习习，草地一片嫩绿。一只破蛹不久的雄性埋葬甲与一只同样破蛹不久的雌性埋葬甲在牡丹花下相遇了。在牡丹花的见证下，它们结成了忠实的伴侣。它们慢悠悠地散步在田埂上，憧憬着美好的未来……柔和的春风、初生的喜悦、甜甜的幸福，这是一个多么美好的季节啊！然而在这祥和宁静之中，有一些小动物却是不幸的。

我可怜的雏鸟宝宝啊！
锹甲老师的童谣广播站
埋葬甲穿黑褐衣，橙色横斑两侧分。
最爱动物的腐尸，就地挖坑做掩埋。
动物尸体上产卵，幼虫孵化食腐尸。
虽然环境脏乱差，处理腐尸全靠它。
死去的雏鸟
埋葬甲将动物尸体埋葬。
我们要为即将出生的孩子多准备一些肉团。
来吃蛆虫的
光泽腐阎甲
埋葬甲
皮蠹
埋葬甲

## 寻味追源

一天，埋葬甲夫妻正在田野里散步。突然一阵微风吹过，嗅觉灵敏的它们闻到了一股熟悉的味道，这味道十分浓郁。

“是死去的田鼠的腐烂气味，”它们不约而同地说，“真是太好了，正好赶上产卵期。”它们追寻着气味的方向，一路奔跑着，终于在一条小路边发现了一只死去的田鼠。田鼠的尸体已经被其他昆虫啃食了一小半，即使这样，埋葬甲夫妻也很满足，这些食物足够它们过完下半生并养育它们的子女。

夫妻俩望着眼前的田鼠尸体，迅速行动起来。首先，它们快速地钻进田鼠尸体的下方，然后再爬出来围着尸体转圈，这是工作前夫妻俩对施工对象进行的仔细勘探。之后，夫妻俩又钻进尸体下方，开始挖土。就这样，夫妻俩一会儿钻进田鼠尸体的底部挖土，一会儿又钻出来查看情况，循环往复。

“处理这只田鼠对于我们来说工程量有点儿大，看样子今天无法完工了。”妻子对观察尸体的丈夫说。

“没关系，今天做不完，明天再继续，咱们一起努力。”

# 团结就是力量

就在夫妻俩紧张忙碌时，两只雄性埋葬甲恰巧经过这里。它们二话不说，加入了夫妻俩的工作团队。真是虫多力量大！不一会儿的工夫，田鼠身下的泥土就被埋葬甲们挖了个坑。田鼠的尸体因为失去了地面的支撑，又加上四位掘墓工的拖曳摇晃，很快就陷入了埋葬甲为它准备的“墓穴”里。

但是这四位掘墓工没有立刻爬上来，而是在尸体的下面继续进行着挖土工作。田鼠的尸体就像是陷入沼泽一般，很快就被沙土吞没了。被尸体和沙土掩埋的四位掘墓工，一边挖洞，一边摇动和拖曳尸体，直到尸体下降到它们满意的深度。

在它们的相互配合下，掩埋田鼠的工作完成了。埋葬甲夫妻还没来得及感谢两位朋友的帮助，那两只雄性埋葬甲就默默地离开了。而之前那块有田鼠尸体的地方就像什么都没发生过一样，只留下一个微微的浅坑。

前来帮忙的两位雄性埋葬甲。

## 为孩子准备以后的食物

“真是多亏了那两位路过的朋友的帮助，要不然我们干到天黑也完不成掩埋工作。”埋葬甲先生一边擦汗一边说。

“是的，还没来得及请它们吃顿饭，它们就走了，真是好同胞啊！”埋葬甲妈妈一边坐在一旁歇息一边说，“接下来还有更重要的任务等着我们呢！先吃些食物补充体力，等会儿就要为孩子们准备食物了。”

夫妻俩吃饱后休息片刻，又开始忙碌起来。它们仔细地将死田鼠的毛皮剥掉，再将田鼠的肉加工成适合孩子吃的肉团。肉团做好后，埋葬甲妈妈已经很累了，但它还是强撑着爬到了肉团上，将卵产在肉团上面。一切完毕，只等孵化后的小宝宝尽情享用啦！

埋葬甲夫妻会把动物尸体的皮毛剥掉，再用消化液将尸体肉块做成肉团，供孵化后的幼虫食用。

已经产好卵的肉团。

**法布尔爷爷的文学小天地**

四月，万物复苏，鲜花竞相盛开，柳树在春风柔和的呢喃中冒出嫩黄的芽儿，这是一个多么令人陶醉的时节啊！

## 守护孩子快乐成长

产完卵后，埋葬甲妈妈沉沉地睡去，等它醒来时已经是第二天了。它一睁眼就急切地想要查看卵宝宝的情况。埋葬甲爸爸赶忙说：“不要担心，你好好休息，有我在呢，我会守护好我们的孩子。”就这样，夫妻俩一直在洞穴里陪着孩子们。

不知过了几天，卵宝宝们孵化了。由于刚出生的它们还不能吃肉团，所以夫妻俩便将自己消化后的营养物吐出来给孩子们吃。

几天后，小宝宝们由原来半透明的模样变成了白胖胖的肉虫子。为了弥补六只短足的不足，它们的每个腹节连接处的上方，都长有一块小小的棕红色斑，上面还排列着四个小刺突。有了这些小刺突，幼虫宝宝们就可以更好地在肉团里爬行了。

埋葬甲夫妻看着孩子们自由自在、衣食无忧地玩耍，幸福地笑了。它们将会一直在这里陪伴孩子们，直到食物被吃光，孩子们变得结实，能够离家化蛹。

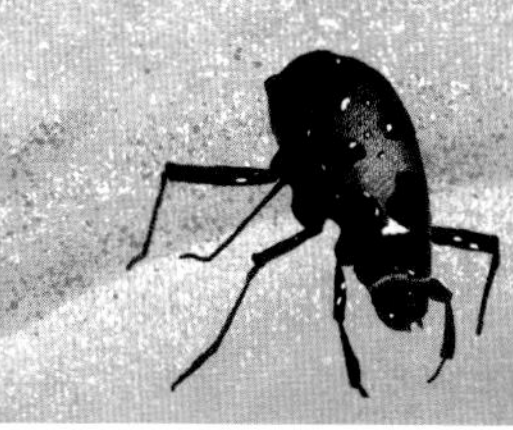

**收集水蒸气的雾姥甲虫**

沙漠里，水是非常难得的。雾姥甲虫利用身体的独特构造，将空气中的水蒸气聚集在背板上，形成小水珠，再沿着特殊渠道滚落到口器里。

**速度赛猎豹的虎甲**

虎甲有着靓丽的外形、夺目的色彩，别看它是只长得像天牛的小昆虫，但它奔跑的速度可以秒杀猎豹，千万不要小瞧它哟！

幼虫白色，无视力。

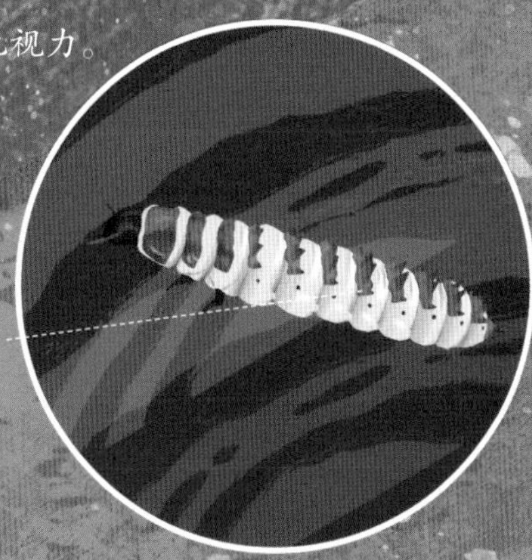

腹部体节连接处的上方长着四个小刺突，用来辅助短小的足在食物中爬行。

埋葬甲会在幼虫还不能独自进食时，将自己消化后的食物通过口器喂给幼虫。幼虫独立进食一周后会离开巢穴，成虫的保护工作结束。

**锹甲老师的知识小问答**

小朋友们，你们知道埋葬甲为什么要把动物尸体掩埋吗？

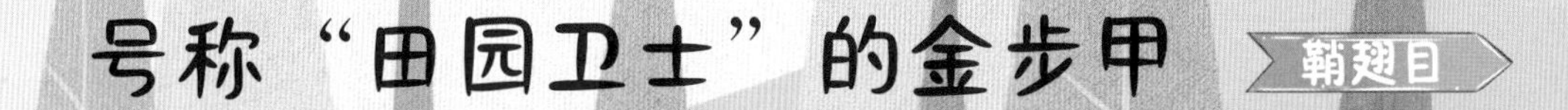

# 号称“田园卫士”的金步甲

鞘翅目

户外，阳光正好，金步甲们这会儿正慵懒地享受着温暖的日光浴。它们把肚子埋在潮湿的沙土里，一边打着瞌睡，一边消化着肠胃里的食物。然而，一群从松树上爬下来，准备在地上挖洞结茧的松毛虫打破了这安静祥和的氛围。

领队的松毛虫并没有发现它们已身入险境，带领着身后的队员，整齐地排成一列，朝前方爬行。金步甲们闻到了猎物的气味，瞬间从小憩中清醒过来，虎视眈眈地盯着松毛虫队伍。领队的松毛虫这才发现自己的队伍已经身处“虎穴”，它想掉转方向但已经来不及了，于是告诉队员做好防备。

惊慌失措的松毛虫被一群金步甲包围住，等待它们的会是什么呢？

嘻嘻，这么多送上门的美食！

金步甲之间存在抢食行为，没有得到食物的金步甲会去抢夺其他金步甲的食物，直到吃到食物为止。

哈哈，还想钻进土里，被我抓住了吧！

列队的松毛虫

金步甲

糟糕，走错路了！请大家做好防备。

队伍中的每一只松毛虫在爬行时都会吐出丝，这样身后的松毛虫就能踩着“丝轨”，紧跟着队伍了。

松毛虫领队

锹甲老师的童谣广播站
田园卫士金步甲，保护植物顶呱呱。
只要是肉它都爱，害虫都是下饭菜。
雌性婚前正常态，孕后性情就变怪。
步甲受伤危险多，昔日队友把它害。
刚在温暖的沙地中睡醒，就有好吃的来了。
快醒醒，有好吃的。

# “田园卫士”的食物

看到美味的食物就在面前，再美的梦也必须立刻结束！一只勇敢的金步甲先生率先对自投罗网的松毛虫发起攻击，其他的兄弟姐妹也跟着行动起来，战斗开始了！松毛虫被金布甲以相当快的速度抓住并吃掉，只剩下了一地零碎的松毛虫皮毛。

“大获全胜！”一只金步甲先生高兴地说，“还是这些没有鞘翅保护的害虫好消灭，而那些有着坚硬盔甲并且体型巨大的家伙，我们还真不是它们的对手。”

一只看上去像是长辈的金步甲听到这里，一本正经地说：“我们田园卫士是负责消灭害虫的，不能因为那些害虫有鞘翅保护或比我们强大就畏缩不前，我们要以智取胜，找准时机，攻其不备。上次那只鞘翅受伤的花金龟甲暴露了弱点，一个成员就将它消灭了。我们要总结经验，将害虫各个歼灭！”

成虫鞘翅上有成列的细微刻点，全身有金属光泽。

金步甲在遇到难对付的对手时，是不会主动进攻的，只会在对手受伤时乘虚而入。

**法布尔爷爷的文学小天地**

只要世界上有狼的存在，就需要有牧羊犬来保护羊群。

# “田园卫士”不为人知的一面

吃饱后的金步甲们来到阴凉的小水坑边喝水并清洗身体。一只金步甲姑娘经过这里时，吸引了那只先前说话的金步甲先生的注意。金步甲先生立刻上前表达心意，金步甲姑娘有些害羞，但同样被金步甲先生吸引。它们彼此倾心，很快就成了家。

新婚期的甜蜜是非常短暂的，受孕后的金步甲姑娘性情大变，它一口咬住金步甲先生的腹部撕扯，金步甲先生虽拼命挣脱，却并不与妻子打斗。在挣扎过程中，金步甲先生的鞘翅断了一截，但幸运的是，它挣脱成功，没有被妻子吃掉。

受伤后的金步甲先生回到族群，十分自卑，裸露在外的柔软腹部吸引了其他金步甲的注意。不知道是食欲战胜了它们的理智，还是为了结束断了翅的金步甲先生的痛苦，其他成员一拥而上，结束了这只可怜的金步甲先生的生命。

一段时间后，已经受孕的金步甲姑娘将卵产下，金步甲先生的生命又因孩子的出生得以延续，生生不息。

锹甲老师的冷知识补给站

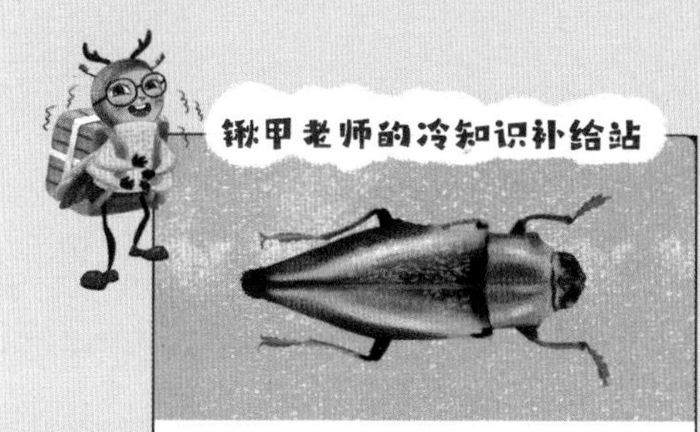

**珠光宝气的吉丁甲**

吉丁甲因为鞘翅鲜艳多彩且具有金属般的光泽，被称为“彩虹的眼睛”。也有人因为它的美丽，将它们制成饰品，所以吉丁甲也叫“珠宝甲虫”。昆虫虽美，但不要随意伤害哦！

**厄瓜多尔变形金龟甲**

昆虫界的变形金刚你见过吗？厄瓜多尔变形金龟甲遇到危险时，会把头和足缩起来，如同一粒外形坚硬的大花椒。这样小巧可爱的变形金龟甲有没有萌到你呢？

雌性金步甲婚配前性情温柔，婚配后性情大变，会吃自己的配偶，以获得营养，满足后代发育需要。

被妻子咬伤的金步甲先生寡不敌众。

在金步甲族群中，如果遇到有成员受伤，其他金步甲会群起而攻之，这就是食肉昆虫间的同类相残。

锹甲老师的知识小问答

小朋友们，你们知道金步甲成婚后，会有什么可怕的事情发生吗？

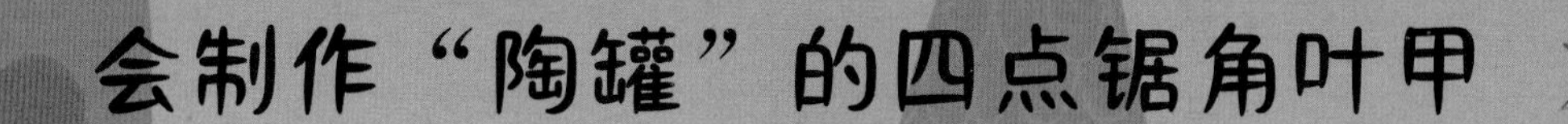

# 会制作“陶罐”的四点锯角叶甲

鞘翅目

相传在神奇的昆虫江湖里流传着一个“昆虫江湖奇闻趣事排行榜”，有些昆虫因为其“特立独行”的气质被记载于此榜中，比如推着粪球到处跑的蜣螂，用自己的粪便做衣服的负泥虫，还有用泡泡做城堡的沫蝉等。

近日，又有一种昆虫有幸上榜，它就是四点锯角叶甲的幼虫，因为它专业制作“陶罐”的技艺和以“罐”为家、以“罐”为衣的生活习惯，收获了许多昆虫粉丝。让我们来偷偷地瞧一瞧这位上榜者吧！

四点锯角叶甲

四点锯角叶甲妈妈用分泌物和粪便将卵包裹住，扔在蚁穴附近。

蚂蚁收集带有卵的粪壳。

蚁穴中，蚂蚁用四点锯角叶甲带有卵的粪壳当建筑材料，修建蚁穴。

我要照顾好蚁卵，可不能让它们被别的虫子偷吃了。

# 昆虫江湖

蜣螂

沫蝉

负泥虫

锹甲老师的童谣广播站

锯角叶甲有四点，橘色外衣黑色斑。
把卵产在粪包里，蚂蚁捡来建巢穴。
叶甲幼虫孵化后，蚁卵变成它美餐。
粪壳不断再扩建，驮着“陶罐”行缓慢。
若有蚂蚁来捣乱，缩进房间真安全。

刚孵化的四点锯角叶甲
幼虫

蚁卵

想要吃蚁卵的四点锯角叶甲幼虫遇到了兵蚁。

四点锯角叶甲幼虫遇到危险时，会把身体缩回粪壳中，用坚硬的头堵住出口。

# 胆小的蜗居者

一大早，雨过天晴的森林里空气清新。

“好舒服的天气啊！在‘陶罐’里待久了，感觉身体都快僵硬了。”一处蚁穴附近，一只小虫子从一个黑灰色、如陶罐形状的外壳里伸出小脑袋。它趴在“罐口”东张西望，阳光温柔地洒在它的身上，它幸福地眯着眼睛，享受着早晨的清静。突然，乌鸦的叫声打破了周围的宁静。小虫子吓得赶忙钻进“陶罐”里，用自己那颗扁平的脑袋把“罐口”封上。等一切恢复平静后，小虫子才慢慢探出小脑袋。

“好险，还好我反应够快。”小虫子轻轻呼了口气，“幸亏有‘陶罐’，不然我就成乌鸦的美餐了，也多亏‘陶罐’，昨晚我才不会被淋成落汤鸡！”小虫子说着说着，想起了自己的妈妈。听说它的妈妈为了保护还是卵宝宝的它，用自己的粪便和分泌物为它做了一个松果状的粪壳。因为幼虫靠吃蚁卵为生，所以妈妈便把带有粪壳的它放到了蚁穴附近。

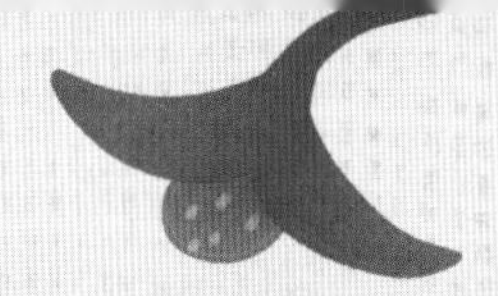

## “陶罐”的制作工艺

之后，它就被蚂蚁误当作建筑材料运回了蚁穴。不久后，它在蚁穴里孵化了，并以粪壳为原型，为自己制作了一个“陶罐”。

到饭点了，小幼虫肚子“咕噜咕噜”地叫起来，于是它收回思绪，驮着“陶罐”前往蚁穴觅食，白嫩的蚁卵可是它的最爱呀！“不好，兵蚁来了，快躲起来！”小幼虫立刻像乌龟一样，缩进坚硬的“陶罐”外壳里。待兵蚁走后，它才出来饱餐一顿。

吃完后，小幼虫看了看自己的身材，觉得自己最近长胖了不少，“陶罐”都快装不下它了，于是开始准备扩建“陶罐”。平日里，小幼虫会特意把排出的粪便用臀部涂抹在“陶罐”内壁上，这样不仅可以使“陶罐”内壁光滑，还可以加固“陶罐”。

现在，这层厚厚的“陶罐”内壁终于派上用场了。只见小幼虫用大颚在“陶罐”的内壁上削刮碎料，并和新排泄出来的粪便混合在一起，涂抹在“陶罐”外面。这样内部空间变大了，陶罐也没有变薄，而且随时随地都可以增大“陶罐”。小幼虫可真是聪明啊！

锹甲老师的冷知识补给站

**金属矿石般的瘤叶甲**

瘤叶甲亚科昆虫都有瘤状的鞘翅，就像一块凹凸不平的黑黢黢的小石头。不过，其中有些成员颜色夺目，你看，这只拥有蓝色金属矿石般外表的瘤叶甲就十分好看。

**认真伪装的刺哑铃带钩蛾**

昆虫界中，伪装高手云集。但用伪装手段来恶心敌人的昆虫并不多，刺哑铃带钩蛾算是其一。你看它的前翅上是不是有两只红眼苍蝇在吮舐着后翅上的粪便呢？

四点锯角叶甲幼虫平时将排泄物涂抹在“陶罐”内壁上，等到要扩建“陶罐”空间时，再用臀部将内壁上的材料刮削下来，和分泌的黏性物质混合后，涂抹在“陶罐”外面。

锹甲老师的知识小问答

小朋友，你知道四点锯角叶甲幼虫制作的“陶罐”有什么作用吗？

# 屁股上挂灯笼的萤火虫 鞘翅目

宁静的夏夜，一颗星星好像从天上掉了下来，落在草丛里。小蜗牛缓慢地爬过去想把星星找出来。它刚进入草丛，草丛里就忽然飞出来了许多“小星星”，一闪一闪的，美丽极了。这时，蜗牛妈妈在小蜗牛身后焦急地叫喊：“那里危险，快离开！”

小蜗牛听到妈妈的叫喊，这才惊醒，连忙掉转身体向妈妈的方向爬去。它的脑海里浮现出了妈妈平时对它的告诫：“千万不要相信会发光的虫子，它们虽然很美，但对我们来说很危险。那些闪着荧光的是萤火虫，一旦碰上它们就要赶紧逃跑或是做好防护。”

幸亏蜗牛妈妈喊得及时，因为在草丛里，有一双眼睛正在窥视着小蜗牛。

锹甲老师的童谣广播站
萤火虫呀萤火虫，屁股上面挂灯笼。
雄虫有翅天上飞，好似天上小星星。
雌虫喜爱草中藏，一闪一闪放光明。
雄萤雌萤貌不同，食性也是不相同。
成虫寿命不过月，幼虫冬季把身藏。
生存环境要求高，保护环境很重要。
成年雄性萤火虫基本不吃东西，偶尔会吃花蜜和汁液。
雄性萤火虫
虽然我外表上看似弱小无害，但我可是食肉动物！我最爱吃鲜美的蜗牛酱了。
我要让自己最闪亮！

## 雌雄各异的造型

“送上嘴的肉没了，”一只藏在草丛里的萤火虫姑娘失望地说，“要是我有翅，就能立刻飞过去抓住那只小蜗牛了，只可惜我没有翅。”

正当萤火虫姑娘伤心之时，耳边传来了一个孩子稚嫩的歌谣：“萤火虫，挂灯笼，飞来飞去找乐趣，就像一颗小星星。”

萤火虫姑娘听完更加郁闷了：“这首歌谣唱的是雄性萤火虫吧？真搞不明白，都是一个家族，为什么那些雄性能长出鞘翅和后翅，享受飞翔的欢乐，我们雌性却是一副幼虫的模样，什么都不能做。”

萤火虫姑娘的抱怨引起了萤火虫妈妈的注意，她过来拥抱萤火虫姑娘，安慰道：“别丧气，虽然我们对广袤的天空一无所知，但是我们身上有着最耀眼的腰带！要相信，你是独一无二的。”

## 雌雄不同的食性

听了妈妈的话，萤火虫姑娘豁然开朗。有翅又怎么样？它现在唯一想的就是填饱肚子。萤火虫姑娘最喜欢吃自制的蜗牛肉酱，身材小巧的变形蜗牛是它们首选的食材。

于是，萤火虫姑娘继续藏在湿润的草丛里，等待着猎物的到来。又一只小蜗牛出于好奇，来到草丛里，它将触角伸出来，左晃右晃。食物来了！萤火虫姑娘按捺住内心的兴奋，想等小蜗牛爬过来。不过，小蜗牛还是发现了它，迅速地把身子缩回了壳里。

成年雌性萤火虫保留了幼虫时期的形态，腹部具有发光器官，并具有幼虫时期没有的复眼。多数萤火虫种类雌性成虫无翅，或仅保留短小的翅芽。

我才不要吃黏黏的蜗牛，我还是最喜欢甜甜的花蜜。

等待捕猎的雌性萤火虫。

雌性萤火虫会用口器里细如发丝、带槽弯曲的上颚给猎物注射麻醉药。

猎物体内被注入具有麻醉作用的消化液后，软组织便被液化，很快就被雌性萤火虫吸食了。

## 萤火虫姑娘的捕食利器

萤火虫姑娘可不会轻易放弃面前的美味，它耐心地等待着，只要蜗牛一露出它柔软的身体，萤火虫姑娘就会伸出口器里的弯钩上颚，刺向蜗牛。别看这个钩子又尖又小，像一根毛发似的，可对于萤火虫姑娘来说，却是极其重要的生存工具，捕捉猎物全靠它。

一个小时过去了，萤火虫姑娘仍然按兵不动。小蜗牛显然是低估了这位宿敌的耐心，忍不住将头探出壳外试探。机会总是留给有准备的人，萤火虫姑娘立刻用口器中的弯钩刺了小蜗牛一下，动作轻柔极了。小蜗牛在被萤火虫姑娘连续刺了几下之后，触角渐渐软了下来，趴在那里不动了。

“哈哈，大餐到手了！”大获全胜的萤火虫姑娘叫来妈妈和姐妹们，一起制作起了美味大餐。很快，一场盛大的“蜗牛肉酱”宴就开始了！雌性萤火虫们像“喝汤”一样，把食物吃得干干净净。

我要在高高的枝头，发出耀眼的荧光，向异性传递信息。

**法布尔爷爷的文学小天地**

蜗牛乱动了几下，流露出不安的情绪，接着一切都停止了，足不爬行了，身体的前部也失去了像天鹅脖子那种优美的弯曲形状，触角软塌塌地垂下来，弯曲得像断掉的手杖。

## 萤火虫的后半生

几天后的一个晚上，到了婚配年龄的萤火虫姑娘一反常态，由之前的沉着冷静变得焦躁不安。它不再隐藏在低矮的草丛里，而是爬到显眼的细枝上做起了激烈的广播体操。随着身体的左右扭动，黄色、橙色、红色、黄绿色的荧光散射向四周。很快，一只萤火虫小伙子注意到了它。

婚配后的萤火虫小伙子过了两天的幸福生活后便去世了，而此时，萤火虫姑娘的肚子里已经有了卵宝宝。之后，它可能会把卵产在地上，也可能是草叶上，或者是小水沟里。产完卵的萤火虫姑娘也会死去。萤火虫宝宝能不能活下来，只能靠运气了。当寒冷的冬天到来的时候，幸运存活的萤火虫宝宝便会钻到不太深的地下，等待着春天的到来。它们身上的小灯仍然亮着！

锹甲老师的冷知识补给站

**行走的灯带巨凹眼萤**

要说飞舞的萤火虫是一颗颗小星星，那么雌性巨凹眼萤就是一个行走的“强光灯带”。但是它一旦把“灯”关掉后，就变成了一只有着短足的肉虫子。

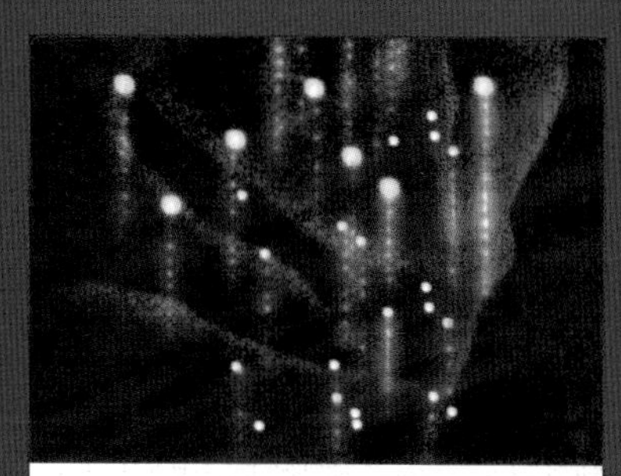

**点亮溶洞的发光蕈（xùn）蚊**

新西兰发光蕈蚊虽是蚊子的近亲，但是它不吸血，只吃肉。幼虫为了诱捕猎物将自己挂在黏性丝上，并发出荧光，将黑漆漆的溶洞装饰成蓝色的璀璨星河，十分梦幻。

锹甲老师的知识小问答

小朋友们，你们知道成年的雌性萤火虫跟雄性萤火虫有什么区别吗？

图书在版编目（CIP）数据

这才是孩子爱读的昆虫记 : 全15册 / (法) 法布尔著 ; 陆杨等改编、绘. -- 北京 : 北京理工大学出版社, 2023.6

ISBN 978-7-5763-1998-9

Ⅰ. ①这… Ⅱ. ①法… ②陆… Ⅲ. ①昆虫－儿童读物 Ⅳ. ①Q96-49

中国国家版本馆CIP数据核字(2023)第003936号

出版发行 / 北京理工大学出版社有限责任公司
社　　址 / 北京市海淀区中关村南大街 5 号
邮　　编 / 100081
电　　话 / （010）68914775（总编室）
（010）82562903（教材售后服务热线）
（010）68944723（其他图书服务热线）
网　　址 / http: //www.bitpress.com.cn
经　　销 / 全国各地新华书店
印　　刷 / 三河市九洲财鑫印刷有限公司
开　　本 / 787 毫米 × 1092 毫米　1/12
印　　张 / 43.5
字　　数 / 870千字
版　　次 / 2023 年 6 月第 1 版　2023 年 6 月第 1 次印刷
定　　价 / 299.00元（全 15 册）

责任编辑 / 申玉琴
文案编辑 / 申玉琴
责任校对 / 刘亚男
责任印制 / 施胜娟

北京理工大学出版社
BEIJING INSTITUTE OF TECHNOLOGY PRESS

北京昆虫学会　中国昆虫学专家　审订

（排名不分先后）

彩万志教授　　张志勇教授

李姝博士　　徐庆宣博士

# 目录

contents

# 遨游蜜湖的西芫（yuán）菁 鞘翅目

夏天似乎还没有做好离开的准备，金秋九月就已经到来。秋天是个收获的季节，山坡上花果飘香，昆虫鸟兽繁忙。甲虫也着急忙慌地飞到已经熟透了的果树上啃咬甜蜜的果肉……

在一处斜坡上，居住着一群条蜂，坡面上一个个小洞就是条蜂的巢穴入口，蜘蛛网从入口延伸至巢穴的通道里，网上还粘着密密麻麻的昆虫鞘翅和躯壳，而这些尸体残骸大都来自西芫菁。这是怎么一回事呢？让我们一起来看看吧！

锹甲老师的童谣广播站
西芫菁有目标，成虫争分又夺秒。
寻找真爱为繁衍，不怕牺牲去产卵。
把卵产在条蜂穴，幼虫孵化占蜂房。
蜂卵花蜜吃光时，幼虫变态又开始。
直到来年六七月，三龄幼虫化蛹时。
蛹虫再睡一个月，咬破蜂盖寻光明。
蜘蛛将蜘蛛网伸进敞开的条蜂洞口。
条蜂蛹
紧身蛹衣脱掉后，我就自由啦！
羽化后的西芫菁向洞口爬去，会在洞口处进行婚配。
芙蓉花
条蜂

西芫菁的卵松散地堆在条蜂巢穴的通道里。

产卵

一龄幼虫淡墨绿色，身体上半部隆起，下半部扁平；头部至后胸渐宽，其后宽度逐渐缩小至最后体节；其足灵活，带有爪钩，可以轻易抓住物体，幼虫肛门可以分泌黏性物质，可帮助幼虫固定住身体，不会掉落。

西芫菁一龄幼虫

## 成虫短暂的幸福生活

一个条蜂巢穴里，一群刚羽化不久的西芫菁正努力向洞口爬去。它们知道自己的生命很短暂，所以在巢穴的通道里就要寻找自己的另一半，完成婚配。

“小心前面的蜘蛛网！”西芫菁先生话音刚落，就有同伴撞了上去。原来，蜘蛛网上的西芫菁尸体残骸都是这样来的。

有幸躲过蜘蛛网的西芫菁先生，在地洞口找到了它一生的挚爱。不过，它们的婚姻十分短暂，刚刚婚配完，西芫菁先生就要和妻子诀别，独自去一个隐蔽的地方度过自己的最后时光。

没有了丈夫的西芫菁姑娘来不及悲伤，因为它同样时日无多，它一刻也没有耽误，重新退到条蜂巢穴的通道中，赶紧将腹中的卵宝宝产在里面。现在已经过了采蜜的季节，所以条蜂全都窝在蜂巢里，不会从通道里进进出出，此时产卵是比较安全的。

## 幼虫的计谋

白色的卵宝宝一粒粒堆积在条蜂巢穴的通道里，而生产后的西芫菁妈妈十分虚弱，它无力飞翔，只能爬行到隐蔽的地方等待着生命的最后一刻。

小小的卵宝宝丝毫未引起条蜂的注意，半个月后，这些卵宝宝孵化了，此刻的它们叫作西芫菁一龄幼虫。它们十分安静，也不乱跑，只是藏在卵壳间一动不动地等待着，就这样不吃不喝地度过秋冬，直到春天到来。

四月，鲜花绽放，到了条蜂出巢的时节。时机成熟了，不知是哪只西芫菁一龄幼虫宝宝喊了一声："兄弟姐妹们，赶快找到有利位置，等雄性条蜂经过这里时，咱们就趁机爬到它们的身上！"瞬间，西芫菁一龄幼虫宝宝们全都行动了起来。

西芫菁一龄幼虫攀附在雄性条蜂的胸毛中。

来年四月，条蜂率先孵化，雄性条蜂出巢求偶，在经过通道时，西芫菁一龄幼虫趁机爬到雄性条蜂身上躲藏。

# 蜜罐中成长

雄性条蜂对吸附在自己胸毛上的小家伙们毫无察觉，还是像往常一样飞进飞出。但那些小家伙们就不一样了，它们瞅准了时机，趁条蜂交配时神不知鬼不觉地从雄性条蜂身上转移到了雌性条蜂身上，因为它们的最终目标是蜂房！瞧，一只机灵的西芫菁一龄幼虫宝宝顺着雌性条蜂的产卵管与条蜂卵一起进入了蜂房。产完卵，雌性条蜂便为蜂房盖上封盖，头也不回地走了。

那只趴在条蜂卵上的西芫菁一龄幼虫宝宝为自己能够顺利地进入蜂房高兴不已。紧接着，它用大颚咬破条蜂卵的表皮，吸食着卵的营养。半个月后，条蜂卵就剩下了一层皮，像只小舟漂在蜜湖上。这时的西芫菁一龄幼虫宝宝扯掉外衣，变成了西芫菁二龄幼虫宝宝。它下到蜜湖里，像只小船沉浮其中，开始了以蜜为食的生活。

“太好啦！现在这个蜂房里的蜜都是我的啦！”西芫菁二龄幼虫宝宝一边大口喝着蜜一边激动地说。

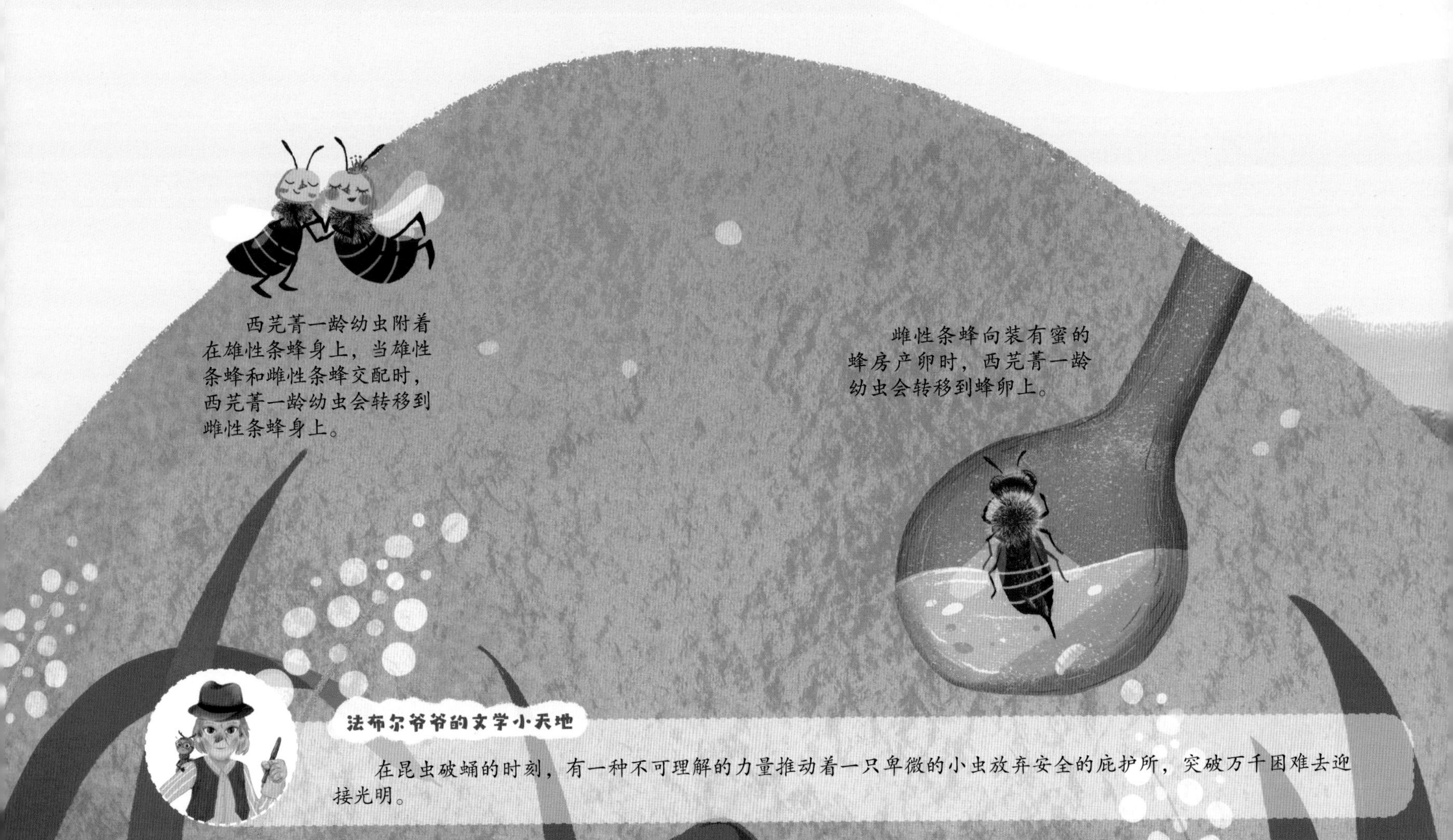

西芫菁一龄幼虫附着在雄性条蜂身上，当雄性条蜂和雌性条蜂交配时，西芫菁一龄幼虫会转移到雌性条蜂身上。

雌性条蜂向装有蜜的蜂房产卵时，西芫菁一龄幼虫会转移到蜂卵上。

**法布尔爷爷的文学小天地**

在昆虫破蛹的时刻，有一种不可理解的力量推动着一只卑微的小虫放弃安全的庇护所，突破万千困难去迎接光明。

## 漫长的等待只为迎来光明的一刻

一个月后，蜂房里的蜜被西芫菁二龄幼虫宝宝吃光了。它一股脑儿地将身体里的所有粪便全都排了出来，之后便睡着了。这是它的拟蛹状态，它将在蜂房里睡上一个冬天，等到来年六月才会苏醒，之后它会脱掉冬装，变身为西芫菁三龄幼虫宝宝。

七月是条蜂忙碌的季节，它们根本不知道蜂房的封盖下是西芫菁的蛹。只要再耐心地等上一个月，西芫菁的宝宝们就会羽化，到那时，刚出蛹的成虫会用大颚咬破蜂房的盖子，再悄悄地爬向蜂巢的入口，享受片刻的阳光和短暂的幸福。

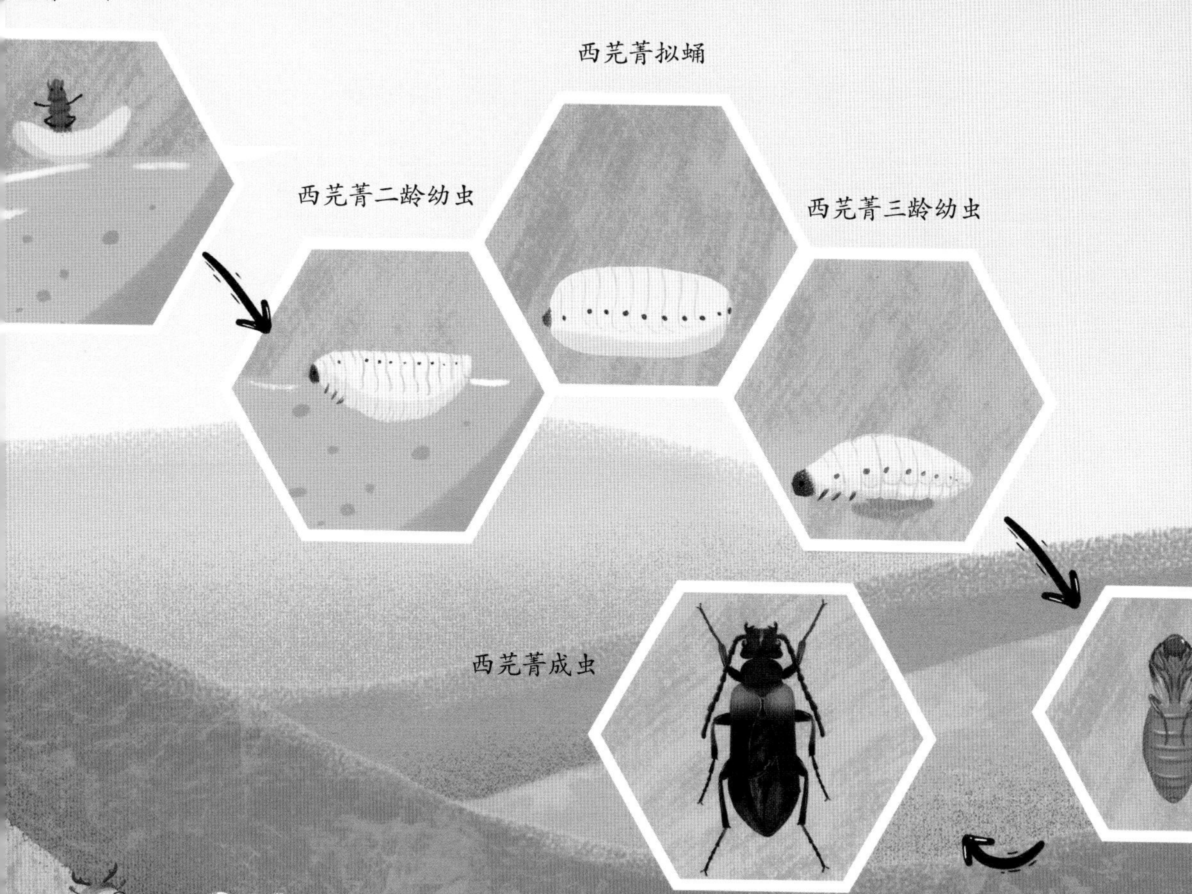


锹甲老师的知识小问答

小朋友，你知道西芫菁的幼虫宝宝是在哪里生活的吗？

锹甲老师的冷知识补给站

**像爆米花一样的飞虱若虫**

呀，一颗爆米花长腿逃跑了！不，它是飞虱的若虫。它是在利用自己分泌出的蜡质外衣躲避掠食者，不过搞笑的是，它应该也没想到自己的伪装更像是一颗诱人的爆米花吧！

**真正的“隐士”枯叶螳螂**

你相信隐身术吗？枯叶螳螂就有隐藏自己的本领，它可以藏在有落叶的地方，让你难以发现，就像是拥有隐身术一般。其实它们不是真的隐身了，而是让自己的身体融入环境，使人们分辨不出它和枯叶。

# “撑破”短上衣的短翅芫菁 鞘翅目

芫菁中有一类短翅芫菁，新婚的短翅芫菁新郎和新娘在短暂的蜜月后也会分别，分别后的新娘会来到条蜂巢穴附近的草地挖洞，那是它为未来的卵宝宝们准备的家。伴着四月的微风，数千只卵宝宝出生了，短翅芫菁妈妈将小洞盖好后便头也不回地离开了。短翅芫菁妈妈知道幼虫宝宝的生存能力不足，因此，为了保证下一代的存活数量，随后几天它还要产卵。

暗无天日的洞穴里，卵宝宝们储蓄着力量，等待着破壳而出。一个月后，在大自然母亲的召唤下，这些卵宝宝们陆续孵化了。

好难闻的味道啊！

我要把卵产在条蜂巢穴附近。

短翅芫菁遇到危险时，身体会渗出含有毒性的斑蝥（máo）素液体，具有刺激气味和腐蚀作用。

短翅芫菁的幼虫孵化后，会钻出地洞往菊科植物上爬。

短翅芫菁一龄幼虫倒挂在花瓣上，伸出足要抓住什么。

雌性短翅芫菁会挖掘地洞产卵，而且数量很多，产卵后，它会把地洞盖上。

锹甲老师的童谣广播站
短翅芫菁一身黑，鞘翅短短紧身衣。
露出笨重大肚子，好像吃饱撑破衣。
为了保证存活量，虫卵可产数千枚。
新生幼虫为生计，全往菊科植物去。
搭乘“条蜂运输机”，飞往蜂巢去定居。
吃完蜂卵吃蜂蜜，甜蜜度过幼虫期。
蜂蜜吃光不用怕，化成蛹后等羽化。
短翅芫菁一龄幼虫以为“坐”上了正确的“运输机”，并牢牢攀附在长尾管蚜蝇的胸毛间。
长尾管蚜蝇
肉食性沙泥蜂的巢穴里是没有蜜的，所以搭乘错误“运输机”的短翅芫菁一龄幼虫将会饿死。
沙泥蜂
条蜂巢穴入口
条蜂在菊科植物上采蜜，短翅芫菁一龄幼虫趁机爬到条蜂身上。
正在向蜂房产卵的条蜂。
被封盖住的蜂房里，短翅芫菁一龄幼虫在吃条蜂卵。
没有被短翅芫菁寄生的条蜂蜂房。
短翅芫菁一龄幼虫将头插进花蕊，躲藏其中。

藏在花蕊里的短翅芫菁一龄幼虫，稍微感受到花茎的震动，就以为是“条蜂运输机”来了，便离开花蕊，努力爬到来者的身上。所以，它们经常爬到除条蜂以外的其他动物身上。

## 在花蕊里等待“运输机”

短翅芫菁身体呈蓝黑色，具有光泽；鞘翅软且短，腹部肥大，且大部分裸露在外。

短翅芫菁写实图

“冲啊，向着菊科植物前进！”成百上千只短翅芫菁一龄幼虫宝宝如同脱缰的野马，纷纷往就近的小花小草上爬去。它们可不是到菊科植物上找吃的，而是想要搭乘“条蜂运输机”到条蜂的蜂房里，但是只有一小部分幼虫宝宝成功找到了花朵。爬到花朵上的短翅芫菁一龄幼虫宝宝一头扎进它们认为最有利的地方——花蕊里，静静等待着“条蜂运输机”的到来。

突然，一阵风吹草动，小家伙们误以为是“条蜂运输机”来了，立刻来了精神。它们从花蕊里跑到花瓣边缘，用尾部分泌的黏性物质将自己的尾部固定在花瓣上，让自己的身体和六只足悬挂在外面，然后使劲地扭动身体，并伸出六只足，想要努力地抓住什么。

**法布尔爷爷的文学小天地**

短翅芫菁有着笨重的大肚子，它软弱无力的短鞘翅在背上大开着，好像是大胖子因为穿着过窄的衣服而把下摆撑开了似的。

## 乘坐不同的“运输机”，有着不同的结局

“唉，什么都没有，空欢喜一场。”没有抓住任何物体的短翅芫菁一龄幼虫宝宝们失望地回到花蕊里继续藏起来。

“嗡嗡嗡……”一批膜翅目昆虫扇动着翅降落在花瓣上。

“好像是‘运输机’来了！”感受到震动的短翅芫菁一龄幼虫宝宝们热情又高涨起来，像之前那样跑到花瓣上胡乱去抓，有幸抓到条蜂的幼虫宝宝会顺势爬到条蜂的胸毛中落座，而大部分幼虫宝宝都乘错了“运输机”，有的爬到了蝴蝶身上，有的爬到了食肉蜂的身上，还有的竟然爬到了蜘蛛身上。

可想而知，那些乘对“运输机”的短翅芫菁一龄幼虫宝宝将来到充满蜂蜜的蜂房，像西芫菁的幼虫宝宝那样，在把蜂卵吃掉之后在蜜湖中遨游；而那些乘错“运输机”的短翅芫菁一龄幼虫宝宝，等待它们的，将是死亡。

锹甲老师的冷知识补给站

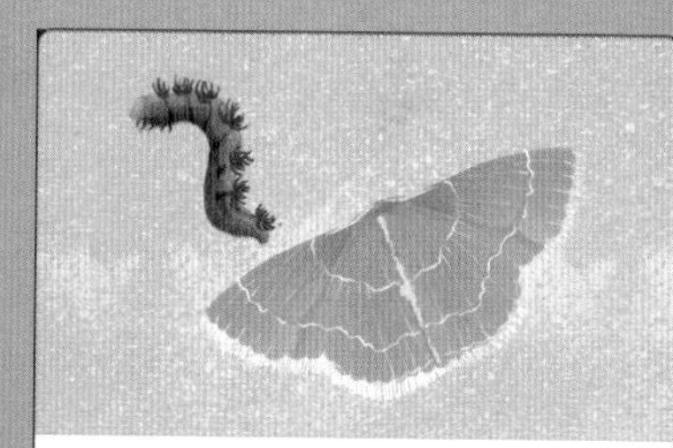

**世界上最大的螽（zhōng）斯**

巨拟叶螽斯目前是世界上最大的螽斯，体长可达15cm。其通体的翠绿色就像是一片叶子，翅上的纹路与叶脉也十分相似，在丛林里玩捉迷藏，它可是个高手。

**爱戴花的波浪翡翠蛾幼虫**

你见过身上“长”花瓣的毛毛虫吗？波浪翡翠蛾幼虫为了伪装，会把寄主植物的花瓣粘在身上，使其看起来就像是开花的植物。

锹甲老师的知识小问答

小朋友，你知道短翅芫菁幼虫宝宝是怎样到达蜂巢的吗？

# 偷食捷小唇泥蜂存粮的蜡角芫菁

一天，枯叶大刀螳、灰漠螳和带锥头螳三位妈妈结伴去寻找各自失踪的孩子。它们只顾着在地面上苦苦寻找，根本没有注意到一只捷小唇泥蜂妈妈正抓着一只虚弱的螳螂宝宝在天空中飞着。

虽然三位螳螂妈妈没有注意到，但在花朵上吃花蜜的蜡角芫菁妈妈却看见了。它一边吃着花蜜，一边留意着捷小唇泥蜂妈妈的去向。它发现捷小唇泥蜂妈妈来到了一片捷小唇泥蜂蜂群居住的沙土坡，并把螳螂宝宝拖进了其事先挖好的洞穴里。

锹甲老师的童谣广播站
蜡角芫菁穿绿甲，雌雄触角差异大。
幼虫寄生在他处，螳螂是其营养餐。
食物不够会另寻，找到多少凭运气。
成虫胖瘦差别大，食物多少是原因。
我的孩子，
你在哪儿？
带锥头螳
枯叶大刀螳
我去那边找找。
灰漠螳
雌性蜡角芫菁会把
卵产在捷小唇泥蜂的洞
穴里或洞穴附近。
蜡角芫菁幼虫侧
躺着吃螳螂若虫。

## 雌雄触角大不同

“看来，捷小唇泥蜂妈妈是在为即将出生的孩子准备食物。这个机会绝不能错过！只要把卵产在捷小唇泥蜂妈妈准备好的洞穴里，我的宝宝们就有食物了。”蜡角芫菁妈妈暗暗想道。

这时，旁边飞来了一只雄性蜡角芫菁。蜡角芫菁妈妈看了看它，它那如花蕊般好看的触角在阳光下泛着琥珀色的光，这让蜡角芫菁妈妈不禁心生羡慕，一时间有些感慨，为什么它们雌性就没有如此好看的触角？

一番交谈后，蜡角芫菁先生好心地提醒蜡角芫菁妈妈：“你去捷小唇泥蜂妈妈的洞穴那里产卵时一定要小心谨慎。”

蜡角芫菁妈妈点点头，之后小心翼翼地来到了捷小唇泥蜂妈妈的洞穴附近，趁对方再次外出捕猎时，朝洞穴里产下了一堆卵，再用沙土将洞口盖上，离开了。

**法布尔爷爷的文学小天地**

蜡角芫菁在阳光照耀下的、遍地绽放着金黄色不凋花的斜坡上，怀着喜悦的心情迅速地在一簇簇花丛间飞舞着。

# 凭运气吃饭的蜡角芫菁幼虫

捷小唇泥蜂妈妈再次带着猎物归来时，惊讶地发现洞口被沙土埋住了，不过它并没有多想，而是放下手中的猎物，把洞口清理干净，再将猎物拖进巢穴，压根没有注意到蜡角芫菁妈妈产下的卵。它准备了足够的猎物之后，便在其中一只猎物体内产下一枚卵，将洞口封上，离开了。

几天后，蜡角芫菁的小幼虫们孵化了，小小的它们一出生就找吃的。第一只发现食物的小幼虫高兴极了，它跑过去，张开大颚，咬住了一只螳螂若虫，其余的小幼虫也纷纷向其他螳螂若虫发起进攻。就这样，产在螳螂若虫体内的蜂卵不幸被小幼虫一起吃了下去。当食物不够分时，小幼虫们也会跑到临近的其他捷小唇泥蜂洞穴里寻找食物。

几个月过去了，从捷小唇泥蜂洞穴里出来的蜡角芫菁有大有小，单是从长短上看，就差别很大，这是为什么呢？原来，捷小唇泥蜂的洞穴里，有的食物少，有的食物多，吃不饱的蜡角芫菁幼虫就会长得瘦小，而吃得多的蜡角芫菁幼虫则会发育得很好，成虫也就因此有了差异。

捷小唇泥蜂会捕捉螳螂若虫给即将出生的幼虫吃，而且捷小唇泥蜂妈妈会根据卵的性别，来准备食物的量，如果是雌性卵，就会准备较多的食物；如果是雄性卵，就会准备较少的食物。

我的食物太少了，我会被饿瘦或饿死的。

**锹甲老师的知识小问答**

小朋友们，你们知道蜡角芫菁的幼虫宝宝在捷小唇泥蜂巢穴里靠吃什么生活吗？

**锹甲老师的冷知识补给站**

**忽隐忽现的幻影大蚊**

幻影大蚊是蚊类中的佼佼者，它们拥有着长足、长翅，飞翔时像蓟草的种子，还有点像飘落的雪花，忽隐忽现的身体就像是幻影一般。

**可爱萌宠玫瑰栎蚕蛾**

玫瑰栎蚕蛾有着玫瑰粉和黄色相间的毛茸茸的身体，可爱又不失优雅，超高的颜值受到大批飞蛾爱好者的青睐。虽然长得美，但它可是害虫哦。

“今年的早春可真冷啊！”一只趴在向阳的墙壁上晒太阳的反吐丽蝇姑娘说。

“可不是嘛，现在二月底，月桂树上的花才开那么几朵！咱们为什么要羽化这么早？”不知是哪只在晒太阳的反吐丽蝇应和着。

“为什么？当然是为了生存啊！一年之计在于春，早起的鸟儿有虫吃！”另一只反吐丽蝇开了腔。

“我看是早起的虫子被鸟吃才对吧，哈哈哈哈。”晒着太阳的反吐丽蝇们笑着颤动着翅。它们就这样，在说说笑笑中打发着无聊的时光，等待着天气的变暖。

终于到了三月，月桂花竞相开放，这群反吐丽蝇吹着喜悦的号角，“嗡嗡嗡”地飞到月桂树的花朵上进行联欢，在那里，它们一边喝着花汁饮料一边追寻着浪漫的爱情，整个春天，它们都过得非常惬意。

月桂树

你们都在晒太阳吗？我也来咯！

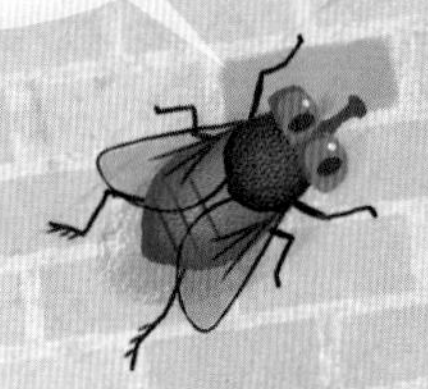

锹甲老师的童谣广播站
反吐丽蝇一身蓝，早春二月就出现。
成虫怕冷墙上趴，成群结队晒日光。
三四月里月桂开，反吐丽蝇兴趣来。
留恋花蜜喜追逐，春日生活真自在。
丽蝇妈妈真明智，选择产房有学问。
蛆虫队伍有利器，唾液、口钩有神力。
啊，啊，放开我！
刚羽化的反吐丽蝇。
反吐丽蝇在羽化时，利用复眼间的泡突，把蛹壳顶开。
反吐丽蝇的蛹
反吐丽蝇

## 产卵地点学问多

春天即将结束，一群怀有身孕的反吐丽蝇妈妈要忙着产卵事宜了。

“别着急，孩子们。”一只大腹便便的反吐丽蝇妈妈抚摸着自己的肚子，苦恼地在地上来回走动。看来，卵宝宝们似乎迫不及待地要来到这个崭新的世界，而妈妈还没有找到合适的产卵地。

就在这时，随风飘来的一阵腐肉味让反吐丽蝇妈妈看到了希望，它艰难地循着气味找到了产卵场所——一只麻雀的尸体。为了能让自己的卵宝宝一孵化就能顺利进入尸体内部，吸收最丰厚的营养液，反吐丽蝇妈妈早就做足了功课——麻雀的喙、凹陷的眼窝以及伤口处这些地方最适合产卵了。

它小心谨慎地从麻雀的头走到尾，又从尾走到头：“这只麻雀的喙闭得紧紧的，我的产卵管无缝可入，那就把我的宝宝产在它的眼眶里吧。”于是，它全神贯注地沉浸在自己的产卵大业里。之后，它离开麻雀的尸体来到不远处稍作休息，然后又回到刚才的地点继续产卵，就这样断断续续地持续了两个小时，才宣告产卵结束！

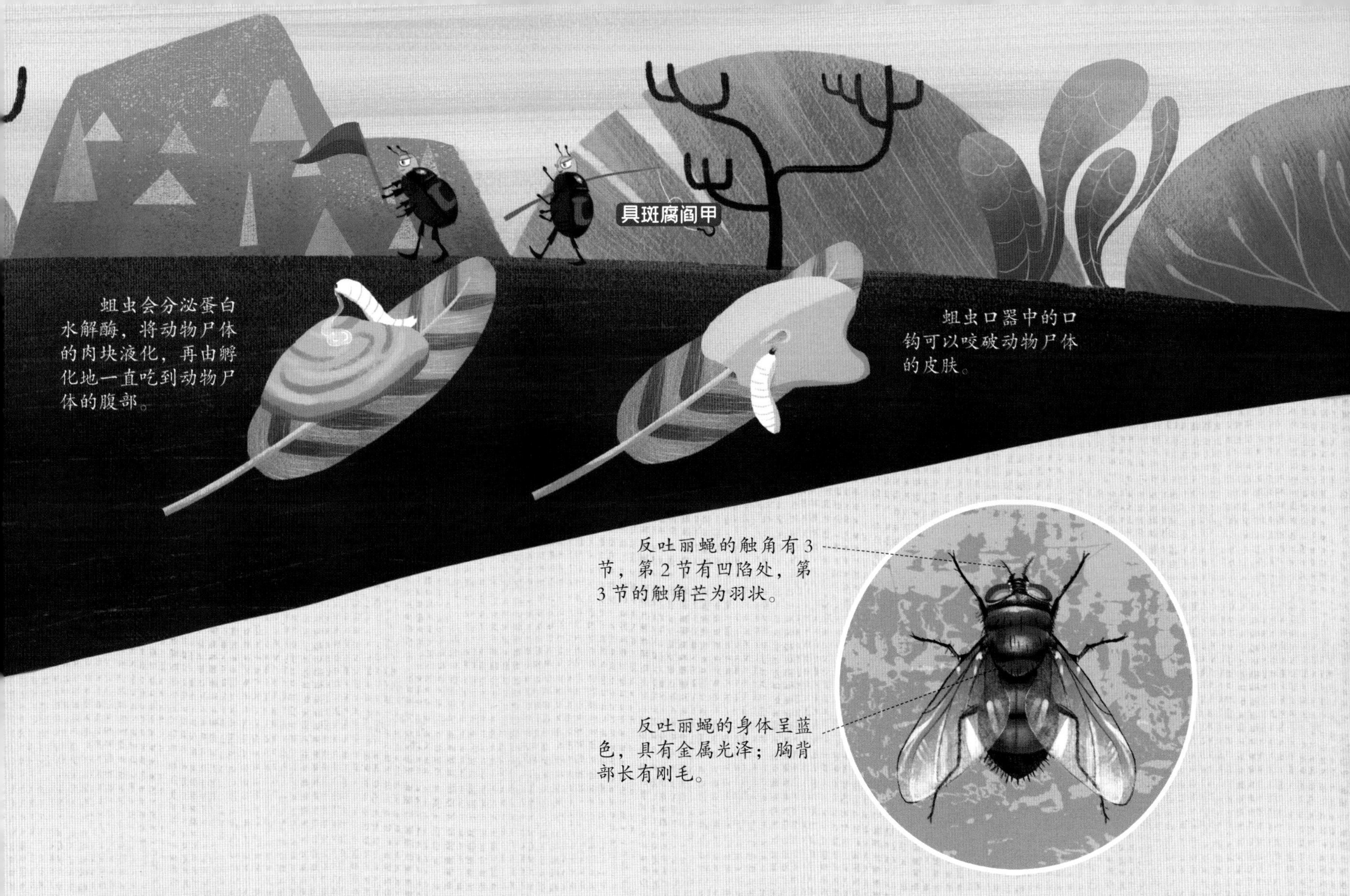


## 蛆虫的两大法宝

不到两天的时间，卵宝宝们就孵化了，变成了一条条蛆虫。

“带着我们的两大法宝，向着麻雀尸体的腹部进发！”这群有着几百条小蛆虫的队伍，兴奋地在肉上打洞，它们从口器里吐出第一件法宝——蛋白水解酶，精准地将肉变成肉汁。蛆虫们边喝肉汁边向尸体内部行进，用这种简单粗暴的方式，一路来到了麻雀的腹部。一个星期后，它们变得又大又肥。

“是时候用我们的第二件法宝——口钩了。”一条肥大的蛆虫不管蛆虫成员是否能听见，大声地说。之后，蛆虫们都张开口器，用爪状的口钩在麻雀贴近地面的那片皮肤上打孔。接着，它们钻出小孔来到地面上，再用口钩挖土，钻到浅浅的土层里。

# 识时务的蛆虫

“为什么我们不在熟悉的‘育婴房’里继续待着呢？”一只较小的蛆虫队员一边挖土一边想。

当它看到穿着黑铠甲向麻雀尸体冲来的腐阎甲时，仿佛知道了原因。腐阎甲们最爱吃白胖胖的蛆虫了，如果继续留在那里，还没等它们变成蛹就会被腐阎甲吃掉。三十六计，走为上计！于是，蛆虫们在麻雀毛皮的掩盖下陆陆续续地钻到了地下。但是也不乏有些蛆虫贪恋美味，久久不愿离开麻雀的尸体。

“美食还有许多，它们都急急忙忙地钻到地下化蛹，是不是太着急了？”贪恋肉汁的蛆虫们看到其他成员纷纷往土层里拱，十分费解。但是它们还不知道，危险正在靠近。

法布尔爷爷的文学小天地

母爱无论何时都会让母亲表现出极度的明智。

# 蛆虫的蜕变过程

腐阎甲们看到没有动静的麻雀尸体，以为蛆虫全都逃走了，但当它们通过麻雀尸体腹部的小孔进入麻雀尸体的内部时，发现竟然还有蛆虫没有撤离，腐阎甲们顿时两眼发亮，立刻像恶狼一样向剩下的蛆虫扑去。

而那些早早钻进土层里的蛆虫，此时正准备开启最重要的变态程序。它们躺在浅土下，白嫩的皮肤随着时间不断变红，不到一周它们就变成了外壳坚硬的棕红色蛹。

“我的头快要裂开啦！”只听一声轻微的“咔嚓”声，一只蛹的一端被顶开，仔细一看，一只有着一双大大的复眼、脑袋像个半透明气泡的反吐丽蝇，正努力地想要挣脱蛹壳。紧接着，越来越多的“咔嚓”声响起，一只只反吐丽蝇羽化而出。它们的身体湿漉漉的，褶皱的小翅缩在身上，像极了淋了雨的落汤鸡。

锹甲老师的知识小问答

小朋友，你知道反吐丽蝇妈妈会把卵产在动物尸体的什么部位吗？

锹甲老师的冷知识补给站

**外形酷酷的寄蝇**

这只寄蝇有一双金属色的大复眼，带有两条黄色环带的腹部长着凌乱的刚毛，看起来酷酷的。虽然它外表冷酷，但成年的它喜欢吃素，不过，幼虫时期的它却爱吃荤。

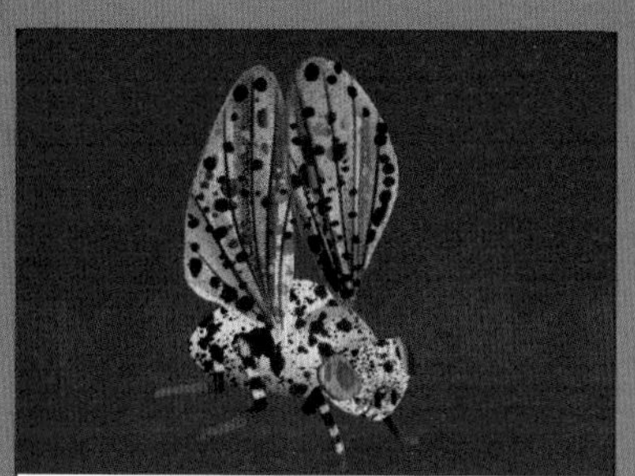

**会“开屏”的孔雀蝇**

孔雀开屏特别美丽，那苍蝇开屏会不会好看呢？孔雀蝇就是一种会“开屏”的苍蝇，它展开双翅向内靠拢在一起，翅上闪动着蓝绿色的光泽，还真的和孔雀开屏有异曲同工之妙呢！

# 与胡蜂情同手足的蜂蚜蝇 双翅目

全副武装的胡蜂巢外，几只和胡蜂很像的小飞虫盘旋在胡蜂巢穴的周围，不知道在做些什么。几只楔天牛看到后便议论起来，说那几只披着黑黄外衣、胖乎乎的家伙，居然敢冒充胡蜂，闯进胡蜂家掠夺幼蜂！要知道，它们可是不敢踏进胡蜂巢半步的。其中一只楔天牛还胆战心惊地向同伴描述起了自己是如何从蜂口逃生的，到现在它还心有余悸。这时，叶蜂也飞过来凑热闹，询问它们这些胖家伙是谁，胆子为什么这么大。要知道叶蜂可从来不敢深入胡蜂巢穴，否则会丧命。

一只迷蚜蝇恰巧路过这里，它对这些看客说："它们是蜂蚜蝇，是我的表亲，蜂蚜蝇是胡蜂的朋友，很厉害吧？"在楔天牛和叶蜂羡慕的目光下，迷蚜蝇露出了一副骄傲的神情。谁料刚说完，一只夜莺就快速地飞了过来，将迷蚜蝇抓走了，而那些看客则一脸错愕地愣在了原地。

锹甲老师的童谣广播站
蜂蚜蝇呀花中飞，香甜蜜汁促生育。
黄黑条纹身上穿，模仿胡蜂吓敌人。
胡蜂巢上去产卵，幼虫孵化带“尾巴”。
幼虫饮食真奇怪，腐烂尸体最喜爱。
不添乱来不破坏，得力助手胡蜂爱！
蚜蝇可是
的表亲！
夜莺
迷蚜蝇
来胡蜂巢的外壳上产卵的
蜂蚜蝇
工蜂已经把它们死去的
幼虫扔到巢穴底部了，
我们的幼虫宝宝孵化后
就能去饱餐一顿啦！
胡蜂巢
蜂蚜蝇的卵
蜂蚜蝇是我们的清洁好
帮手，除了它们之外，
其他昆虫一律不允许进
入我们的领地！
胡蜂
蜂房里的胡蜂幼虫

# 与胡蜂和平共处的蜂蚜蝇

正在胡蜂巢外产卵的蜂蚜蝇看到迷蚜蝇被夜莺抓走，爱莫能助，虽然它们有与胡蜂相似的外形，可以骗过天敌，但现在正是它们产卵的重要时刻，不能松懈。胡蜂家族的工蜂出来查看情况，它们看到蜂蚜蝇后并没有表现出厌恶之情，反而对蜂蚜蝇表现出了些许尊重。

“胡蜂大哥，十分感谢你们家族给了我们这样一个育儿场所，能让我们的孩子安全长大。我们蜂蚜蝇没有尾针，不能蜇刺，所以只能模仿你们的模样来威慑敌人。非常感谢你们对我们的宽容。”一只蜂蚜蝇妈妈产卵后虚弱地说。

工蜂有点儿不好意思地回答：“我们的蜂王说了，你们蜂蚜蝇不伤害我们，并且为我们的幼虫宝宝清理粪便，替我们清理掉巢穴里的腐烂尸体，是我们的朋友。朋友之间就是要互相帮助、和平共处。”

**法布尔爷爷的文学小天地**

每到春天，就能听到夜莺啁啾的叫声，这些歌手们因吃得太饱，扯着嗓子高歌，毫无秩序的合唱变成了震耳欲聋的噪声。

胡蜂工蜂会把巢穴里死的或难以存活的胡蜂卵、虫和雄虫，扔到胡蜂巢穴部的垃圾场。

鼠尾蛆因有着长长的尾巴，形态像老鼠，所以被叫作“鼠尾蛆”。

鼠尾蛆是食蚜蝇科昆虫的幼虫。蜂蚜蝇属于食蚜蝇科。

锹甲老师的冷知识补给站

**装“蜂”最像的黄蜂蛾**

黄蜂蛾算得上是飞蛾界的伪装高手，它们有着透明的翅、带有黑黄斑纹的身体，看上去就像无人敢惹的胡蜂。其实，你看它们头上的羽状触角就知道它们是温柔的飞蛾啦！

**有“罗锅”的蚤蝇**

别看它身材小，背上还有个“小罗锅”，但是不容小觑。就连大体格、高毒性的子弹蚁都拿蚤蝇没办法，沦为蚤蝇的幼虫食物，可不要小看它哦！

## 胡蜂城堡的卫生员——鼠尾蛆

原来，胡蜂家族非常看重每个成员的身体状况，从幼虫开始就对家族成员的身体进行监测，所有身体不好并且活不了多久的成员，都会被赶到蜂巢底部的垃圾场，久而久之，那里便堆满了胡蜂的尸体。胡蜂的尸体需要清理，不然就会滋生病菌。这时，蜂蚜蝇的幼虫——鼠尾蛆就派上用场了。它们以腐烂的胡蜂尸体为食，还会帮助健康的幼蜂清理化蛹前排出的粪便，这种“得力助手”，当然是胡蜂求之不得的啊！

听了胡蜂工蜂的回答，蜂蚜蝇妈妈不再为其他昆虫的议论烦心了，产好卵后便安心地飞走了。不久后，蜂蚜蝇的卵宝宝们孵化了，刚出生的蜂蚜蝇幼虫们看上去非常优雅，像一片片雪花，晶莹剔透。它们看看身处的胡蜂巢，发现这里有很多可口的食物，足够维持到它们羽化前。于是，它们高兴地拖着“小尾巴”没头没脑地四处乱爬，开始为生计忙活喽！

锹甲老师的知识小问答

小朋友们，你们知道蜂蚜蝇为什么能随心所欲地出入胡蜂的蜂巢吗？

# 身披丝光外衣的丝光绿蝇 双翅目

人们会把不太新鲜的鱼、虾、肉等食物丢掉，而这些食物在合适的温度下会滋生细菌，腐坏变质，从而产生难闻的气味。当我们经过垃圾堆时会表现出厌恶，掩着口鼻绕道而行，可是那些尸食性和杂食性的小动物却十分热爱垃圾堆。因为那里是它们的食物来源地，是它们繁衍生息的重要场所。尽管人类不喜欢它们，但是不能抹掉它们在世界环保工作中的重要作用。

这个世界上，有许多低调的小动物都在从事着极有价值和意义的工作，虽然它们从来没有因此得到相应的报酬和别人的尊重，但它们仍然坚持不懈、乐此不疲地解决着各种难题。

SALE
EXPRESSAGE
锹甲老师的童谣广播站
丝光绿蝇真多彩，丝光蓝绿身上带。
不仅爱吃腥臭鱼，各种肉类也喜爱。
卵生幼虫肉上产，温度适宜孵化快。
幼虫多吃少排泄，化蛹要往土下钻。
羽化成虫爬地面，展翅高飞寻食欢。
哼，这些苍蝇“嗡嗡嗡”地乱飞，真烦人！
丝光绿蝇

雄性丝光绿蝇喜欢吃腥臭的鱼。

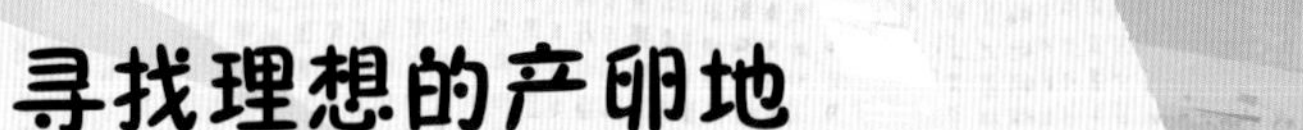

## 寻找理想的产卵地

农贸市场里偏僻的一角，放着一个还未清理的垃圾箱，里面堆满了垃圾，有死掉的鱼、牲畜的肉、家禽的内脏，旁边的地上还散落着一些垃圾，脏乱不堪。一只小野猫叼起一条鱼就跑到一旁津津有味地吃起来。麻蝇、丝光绿蝇闻着味，哼着歌前来赴宴，训练有素的蚂蚁军队也赶到这里，大家各自忙碌着。

雄性丝光绿蝇最爱那些腥臭的鱼，那条流淌着血水的小鱼被雄性丝光绿蝇围得水泄不通。而雌性丝光绿蝇喜欢相对较为新鲜的肉类，因为那将是宝宝们的出生圣地。

麻蝇妈妈们一边将幼虫投掷到了那条小鱼上，一边窃窃私语：“瞧，那些丝光绿蝇打扮得花枝招展的，不知道的还以为它们要去参加舞会呢。”

寻找食物的 **蚂蚁**

**法布尔爷爷的文学小天地**

蛆虫是这个世界上的一种能量，它为了最大限度地将死者的遗骸归还给生命，会将尸体进行蒸馏，分解成一种提取液，之后植物的乳母——大地汲取了它，变成了沃土。

# 不起眼的掠夺者

丝光绿蝇妈妈们可不会被别人的闲言碎语打乱生产计划，不一会儿，没有腐烂的肉下面已经整齐地排列着不少白白的卵宝宝了。这时，蚂蚁大军将目光锁定在了这些刚刚出生的卵宝宝身上，这对它们来说可是美味啊！还没等丝光绿蝇妈妈反应过来，蚂蚁大军便已经跑到产卵管下面实施抢劫，速度惊人。

看着自己的孩子们被抢走，没有防御武器的丝光绿蝇妈妈一脸无奈。好在它肚子里还有不可计数的卵，保证后代能够繁衍。

没多久，丝光绿蝇的卵宝宝们孵化了。它们在肉块上大显身手，迅速把肉变成了肉汁，然后一头扎进去，大快朵颐，尽情享受起了美味的肉汤！

雌性丝光绿蝇喜欢在较新鲜的肉上产卵。

蚂蚁更喜欢新鲜的肉。

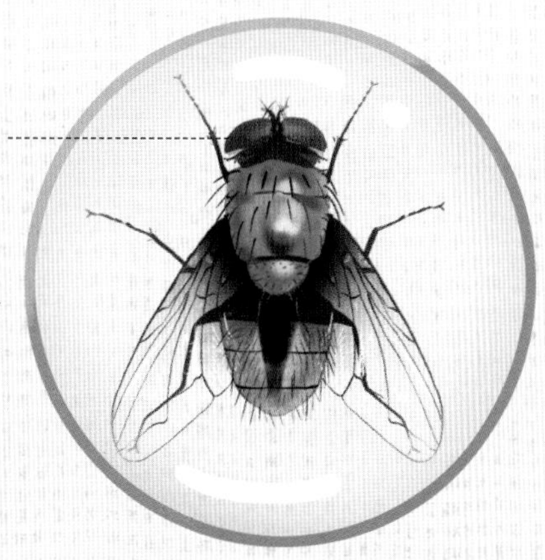

大大的红色**复眼**

丝光绿蝇身体为金属绿色，双翅为灰色半透明。

锹甲老师的冷知识补给站

**“看得开”的突眼蝇**

虫生多艰难，事事都要看得开才行。雄性突眼蝇为了能够找到配偶，一出生就追求长眼距，眼距越宽，越能吸引雌性。突眼蝇告诉我们，找配偶这件事也要“看得开”才行。

**华丽的金背鹬虻**

无论是灿烂的金色背部还是蓝灰色的眼睛，无论是琉璃般透明多彩的翅还是上翘如蝎子尾巴的腹部，金背鹬虻都会让你眼前一亮。

锹甲老师的知识小问答

小朋友们，你们知道丝光绿蝇生出来的宝宝是卵还是幼虫吗？

## 身小能力大的麻蝇 双翅目

晚上，菜园子里偷偷溜进来一只找昆虫吃的小鼹鼠，它靠着敏锐的听觉四处寻找危害蔬菜的害虫。不幸的是，它还没找到小昆虫就被捕兽夹夺去了生命。

清晨，嗅觉灵敏的蚂蚁最先发现了鼹鼠的尸体，此时的尸体还没开始变质，工蚁们像是发现了宝藏一般，十分兴奋。它们井然有序，列队运送从鼹鼠尸体上切割下来的碎肉。一群麻蝇也循味而来，它们一会儿在尸体上盘旋，一会儿停在尸体上。

锹甲老师的童谣广播站
麻麻点点灰外衣，红棕复眼两边齐。
没有牙齿爱吃肉，“吸管”进食不用愁。
产卵管里不产卵，蛆虫直接肉上产。
蛆虫最怕太阳晒，钻进食物好凉快。
口里分泌消化液，促使肉块变肉汁。
蛆虫长大要钻土，成蛹羽化变麻蝇。
麻蝇为卵胎生昆虫，卵在腹中孵化后产出。
绿蝇为卵生昆虫，会直接将卵产在幼虫需要的食物上。
蛆虫不能在液体中呼吸，所以肉液中的蛆虫会把带有呼吸孔的尾部翘起。

## 鼹鼠大餐

尸体在正午阳光的暴晒下很快就变质了，蚂蚁们嫌弃地离开了。此时，一位寻找生产场所的麻蝇妈妈闻到了这种熟悉的味道，它开心极了，在这里生产，再合适不过了！

麻蝇妈妈迅速找到那只可怜的鼹鼠，然后轻轻地用产卵管触碰鼹鼠尸体，每触碰一次就会产下一只幼虫。聪明的幼虫们感受到烈日的灼烧，飞快地钻进了鼹鼠的皮肉里躲藏起来。

“这下舒服多了！美味的大餐，我们来啦！”钻进鼹鼠尸体里的幼虫们高兴坏了，它们迫不及待地从口器里吐出消化液，将鼹鼠的肉融化成“肉汁”吸食，不一会儿，它们就幸福地深陷其中了。瞧，这些被“肉汁”包围的小家伙为了能够更好地呼吸，抬起了尾部，因为那里有它们的呼吸器官。

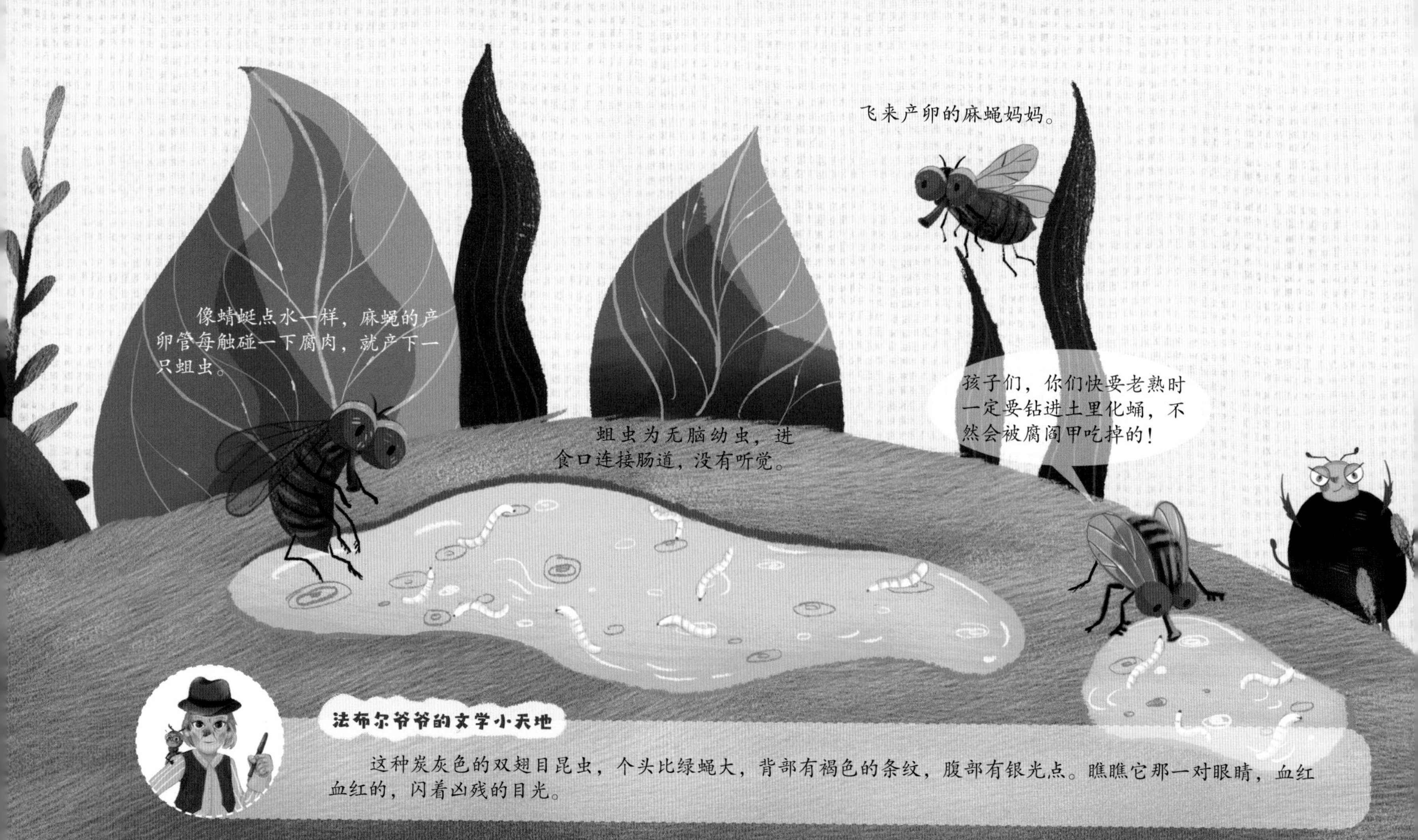


**法布尔爷爷的文学小天地**

这种炭灰色的双翅目昆虫，个头比绿蝇大，背部有褐色的条纹，腹部有银光点。瞧瞧它那一对眼睛，血红血红的，闪着凶残的目光。

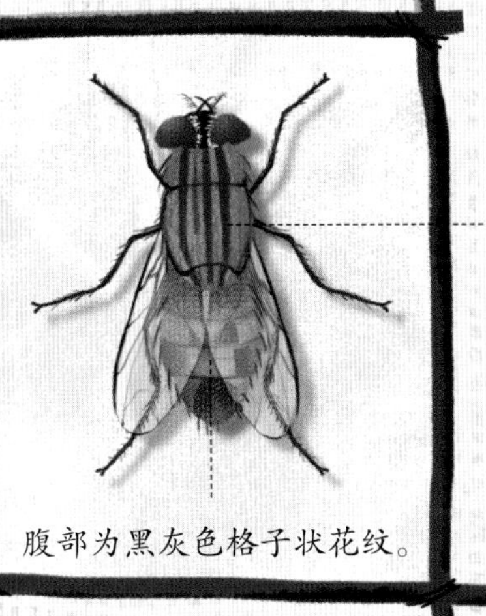

胸部灰色带有黑色条纹。

腹部为黑灰色格子状花纹。

## 危险来临

“小小的我们，大大的力量，啦啦啦！”幼虫们愉快地唱着歌谣，一边享用食物一边抬起尾巴呼吸。鼹鼠的尸体不到一个星期就被“扫荡”得干干净净。

太阳高高升起，阳光洒向那群努力进食的小家伙。

“我们赶快躲起来吧！”一只小幼虫喊道。麻蝇幼虫们纷纷向尸体的下方爬去，把自己隐藏在阳光照不到的地方。它们实在太不喜欢阳光了！

长大的幼虫们到了化蛹的时候，纷纷钻进附近柔软潮湿的沙土里，但还有一些幼虫沉浸在享用美食的快乐中不可自拔。那些沉迷美味的幼虫并不知道危险正在靠近它们，它们早已成为附近草丛里的腐阎甲眼中的“猎物”了。

锹甲老师的冷知识补给站

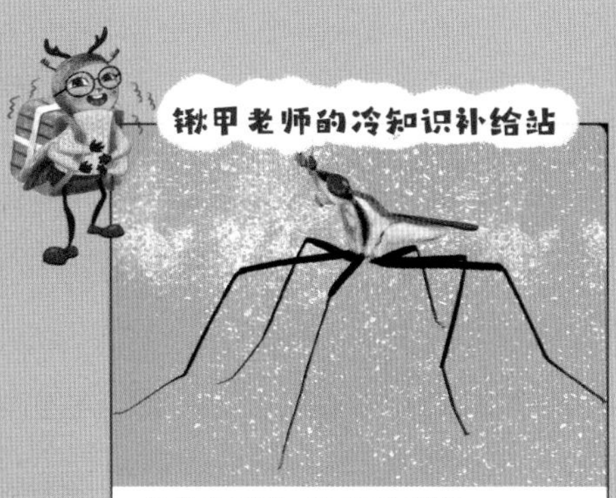

“踩高跷”的高跷腿蝇

谁不想拥有大长腿呢？就连苍蝇都有这个想法，你看有着六只长足的高跷腿蝇像不像是踩着高跷的苍蝇？所以，腿并不是越长越美，只要看起来和谐就很美。

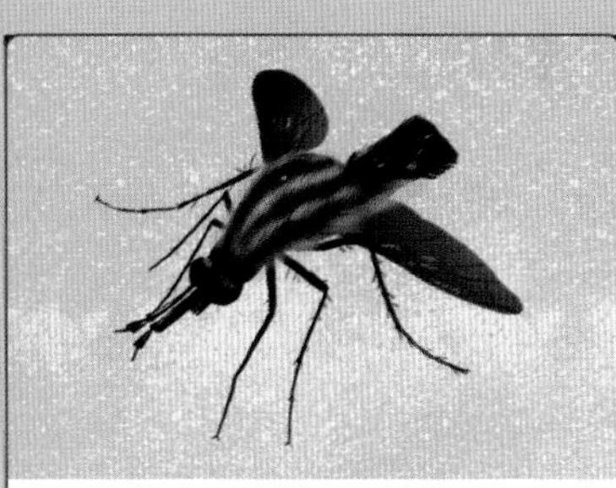

“三不像”的鳞片蜂虻

鳞片蜂虻是蜂虻的一种，它流连于花丛间，身体上的鳞片使它看起来像蜂又像蛾，但是它那一对大大的复眼又很像蝇类昆虫，真是让人难以捉摸的小蜂虻。

锹甲老师的知识小问答

小朋友们，你们知道麻蝇的宝宝蛆虫是怎么吃肉的吗？

图书在版编目（CIP）数据

这才是孩子爱读的昆虫记：全15册 / (法) 法布尔著；陆杨等改编、绘. -- 北京：北京理工大学出版社, 2023.6

ISBN 978-7-5763-1998-9

Ⅰ. ①这… Ⅱ. ①法… ②陆… Ⅲ. ①昆虫－儿童读物 Ⅳ. ①Q96-49

中国国家版本馆CIP数据核字(2023)第003936号

出版发行 / 北京理工大学出版社有限责任公司
社　　址 / 北京市海淀区中关村南大街 5 号
邮　　编 / 100081
电　　话 / （010）68914775（总编室）
（010）82562903（教材售后服务热线）
（010）68944723（其他图书服务热线）
网　　址 / http: //www.bitpress.com.cn
经　　销 / 全国各地新华书店
印　　刷 / 三河市九洲财鑫印刷有限公司
开　　本 / 787 毫米 × 1092 毫米　1/12
印　　张 / 43.5
字　　数 / 870千字
版　　次 / 2023 年 6 月第 1 版　2023 年 6 月第 1 次印刷
定　　价 / 299.00元（全 15 册）

责任编辑 / 申玉琴
文案编辑 / 申玉琴
责任校对 / 刘亚男
责任印制 / 施胜娟

[法]法布尔 著　陆杨 改编　贰月丁 绘

北京理工大学出版社
BEIJING INSTITUTE OF TECHNOLOGY PRESS

北京昆虫学会　中国昆虫学专家　审订

（排名不分先后）

彩万志教授　　张志勇教授

李姝博士　　徐庆宣博士

目录
contents

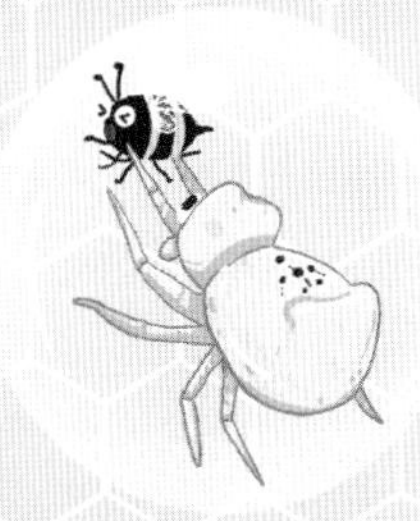

# 闪电猎手纳博讷狼蛛①

蜘蛛目

在一处砾石满地、植被稀少的荒地上，生活着这样一群蛛形纲节肢动物：它们个头不大，但是名字霸气，捕猎技法高超，是这一带鼎鼎有名的猎手——纳博讷狼蛛，也叫黑腹狼蛛。虽然这块土地贫瘠，但是这里生长着千里香。狼蛛在这里建房、安家、繁衍后代，直到老去。我们这就去看看它们的一生是如何度过的吧！

①本册内的蜘蛛、蝎子、赤马陆非昆虫。

迷宫漏斗蛛
蜗牛
挖掘洞穴
我们蜘蛛可不是昆虫哦，我们是蛛形纲的节肢动物。
锹甲老师的童谣广播站
你拍一，我拍一，黑色绒毛做围裙；
你拍二，我拍二，性格警觉又多疑；
你拍三，我拍三，捕捉猎物不手软；
你拍四，我拍四，又会用毒又吐丝；
背着子女谋生计，温柔体贴好母亲。
纳博讷狼蛛会把挖洞产生的土运得远远的。

# 流浪猎手纳博讷狼蛛

春天，万物复苏。一只年轻的纳博讷狼蛛穿着灰色的新衣服来到一片稀疏的草地上，它蹦蹦跳跳的，完全沉浸在初出洞外的喜悦中。突然，一只蝗虫闯进了它的视线，猎手的本能瞬间被激发，它快速冲向蝗虫，就在蝗虫跳到植物叶子上准备起飞时，它垂直向上一跃，瞬间抓住了将要飞走的蝗虫。嘿嘿，午餐有着落了！

吃饱喝足后，纳博讷狼蛛觉得自己充满了活力，在田地里自由地奔跑。它饿了就去捕猎，累了就躲起来休息，随遇而安，从来不为住所发愁，遇到

未成年的纳博讷狼蛛喜欢过游猎生活。

纳博讷狼蛛追逐猎物。

下雨天只需要一片落叶遮挡。

不过，自由自在的日子很快就过去了，此时的它腹部变成了黑色，就像穿上了“黑丝绒围裙”，这是成年的标志。当秋天的第一片叶子掉落时，它开始变得沉稳起来。

成年后的纳博讷狼蛛进行交配。

## 为爱献身的纳博讷狼蛛

一个月光柔美的晚上，纳博讷狼蛛先生遇到了自己的另一半。虽然它知道婚后自己有可能被妻子当作孕期的营养餐，但是为了孩子，它还是愿意勇敢地献出自己。肚子里有了宝宝的纳博讷狼蛛妈妈，虽然没有丈夫的帮忙，但它十分坚强。它挺着孕肚来到一堆灌木丛中，选择了一个能照到阳光的地方，“日光浴”是它们的最爱。纳博讷狼蛛妈妈开始不断地挖掘身边的泥土，为修建自己的住房而努力。

纳博讷狼蛛的腹面

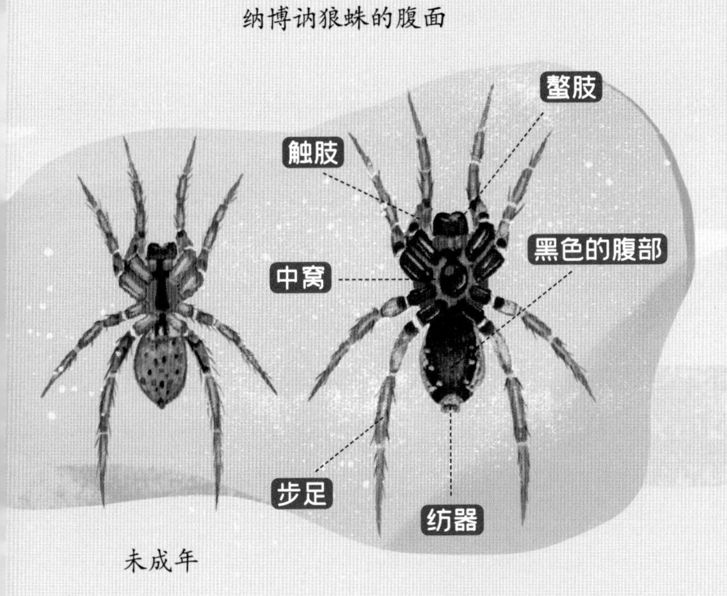


未成年

成年

纳博讷狼蛛的洞穴

## 慈母纳博讷狼蛛

在卵宝宝到来前，纳博讷狼蛛妈妈需要做好准备工作。首先，它在一块巴掌大的沙土上用较粗的蛛丝织了一张小小的网，这便是它的产床；然后，便开始产卵了，那些淡黄色的卵粘在一起，像一个个小球。

纳博讷狼蛛妈妈十分疼爱它的宝贝。为了更好地保护孩子们，它专门给它们织了一个卵袋，并小心地系在身后，从此和卵袋形影不离。

瞧，今天的阳光不错。纳博讷狼蛛妈妈将自己的上半身留在洞里，把系有卵袋的尾部放在洞外晒太阳。有了妈妈和太阳的暖暖爱意，小纳博讷狼蛛们很快就孵化了。妈妈为了时时刻刻都能照看孩子，便把它们背在身上，走到哪儿带到哪儿。一只小纳博讷狼蛛不小心从妈妈后背上摔了下来，只见它反应迅速，小跑几步攀上妈妈的步足，重新回到了原来的位置。

孵化出的小纳博讷狼蛛会爬到母亲的背上，直到自己能够独立才会离开。

**法布尔爷爷的文学小天地**

太阳是世界的生命，是高高在上的能量给予者。

## 不用吃饭的小纳博讷狼蛛

晚饭时间到了，妈妈在附近找来食物，尽情地享用，压根儿没有跟孩子们分享的意思，难道孩子们不饿吗？第二天阳光明媚，妈妈再次带着孩子们来到户外，让它们充分地受到阳光的滋养。小纳博讷狼蛛们看上去舒服极了，它们打哈欠、伸懒腰，几个小时的“日光浴”后，这些小家伙们精神百倍！原来，这些小家伙在刚出生的一周内并不需要吃东西，它们靠晒太阳就能补充自身所需要的能量啦！

不久后，小纳博讷狼蛛们就要离开妈妈了。它们要像爸爸妈妈年轻时那样去外面的世界闯荡，成为出色的流浪猎手。于是，它们从妈妈的背上爬下来，向附近的植物爬去。此时，它们突然掌握了攀高的本领，爬高，再爬高！它们给自己加油鼓劲！风来了，这些小家伙们乘着随风飘扬的丝线，开始了它们的“世界之旅”！

孩子们，你们一定要保重啊！

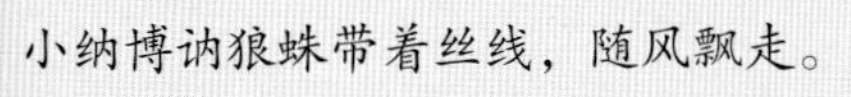
小纳博讷狼蛛带着丝线，随风飘走。

**锹甲老师的知识小问答**

小朋友们，你们知道纳博讷狼蛛成年的标志是什么吗？

**锹甲老师的冷知识补给站**

**世界上最大的蜘蛛**

亚马逊巨人食鸟蛛是目前世界上最大的蜘蛛，这种蜘蛛能长到 30cm 长，重量可达 230g，算得上是蜘蛛界的巨人。它们除了捕食昆虫，连小鸟也不放过。

**长得像蚂蚁的蜘蛛**

蚁蛛不光长得像蚂蚁，还会伸出前面一对步足，模仿蚂蚁的触角，混迹蚂蚁出没的地方。当蚂蚁以为它是同类，上前打招呼时，蚁蛛就会露出蜘蛛的本性，猛地咬住蚂蚁。

# 婉美建筑师的大腹圆蛛 蜘蛛目

公园里的一棵树上，一只大腹圆蛛离开妈妈开始了独立自主的生活。它趁着天还没黑，紧张地织网，生怕耽误了明早的捕食计划。经过一番忙碌后，一张小小的圆形蛛网形成了，大腹圆蛛满怀期待地等着第二天的到来。

清晨，大腹圆蛛在青蛙和蝉的双重奏下睁开了眼，它伸伸懒腰，打起精神，满怀信心地等待着猎物的到来。突然，两只丽蝇像战斗机一样“嗡嗡嗡”地穿过了它的蛛网，蛛网立刻破了一个大洞。趁机飞过去的丽蝇还嚣张地嘲笑大腹圆蛛。

锹甲老师的童谣广播站
大腹圆蛛体褐色，屋檐、树丛间常见。
背部扁平有斑纹，编织蛛网像车轮。
织网程序很严谨，丝线作用各不同。
如有敌人来霸占，誓死守卫不退让！
美餐，我来啦！
我的蛛网啊！
哈，就你那张小破
还想抓住我！
丽蝇
哦，我的孩子们！
我悬丝的动作帅气吧！
蝉
蝌蚪
蜻蜓
水黾（mǐn）

# 独自生活的大腹圆蛛

大腹圆蛛看着被破坏的蛛网，十分伤心，但是“咕咕”叫的肚子让它振作起了精神，它开始修补蛛网。果然，功夫不负有心人，有几只小飞虫撞到了刚修补好的蛛网上，大腹圆蛛好好饱餐了一顿。

一天很快要过去了，大腹圆蛛要将昨天织好的蛛网团成一个球吃掉，再为明天织一张新的网。它一边吃着旧的蛛网，一边憧憬着：“我要快快长大，像妈妈那样，织一张很大、很坚固的蛛网，不仅可以捕捉到更多的猎物，还可以用上好几天呢。”

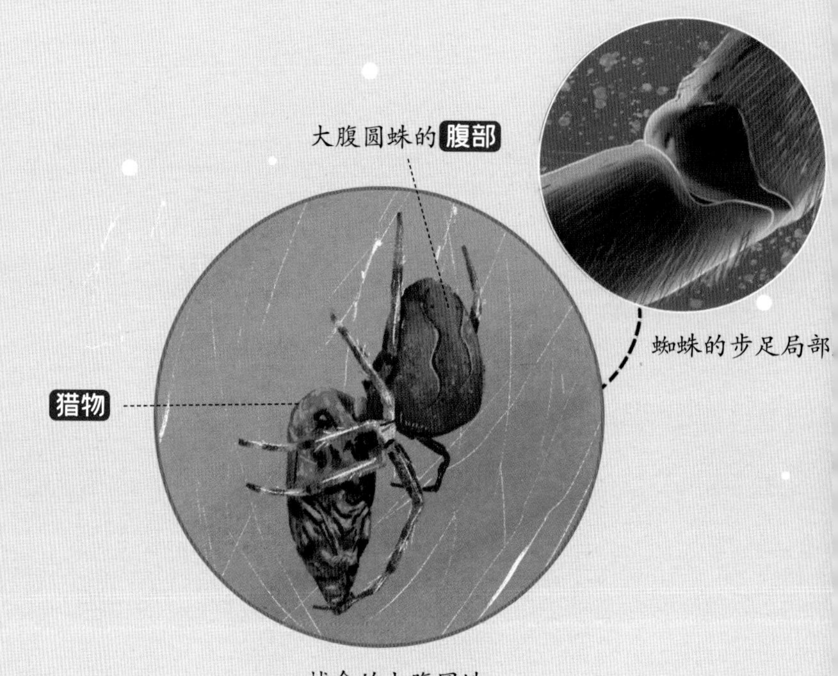

捕食的大腹圆蛛

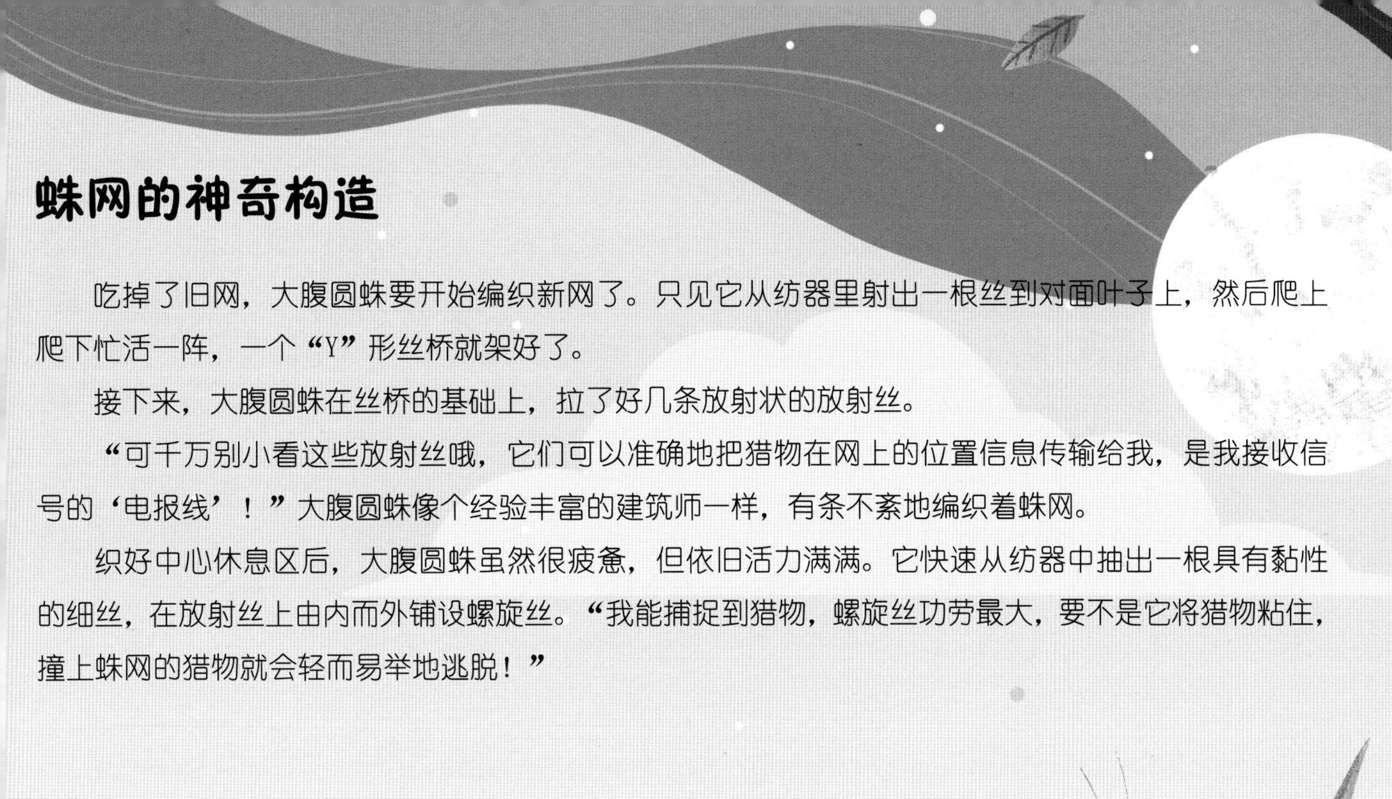

# 蛛网的神奇构造

吃掉了旧网，大腹圆蛛要开始编织新网了。只见它从纺器里射出一根丝到对面叶子上，然后爬上爬下忙活一阵，一个“Y”形丝桥就架好了。

接下来，大腹圆蛛在丝桥的基础上，拉了好几条放射状的放射丝。

“可千万别小看这些放射丝哦，它们可以准确地把猎物在网上的位置信息传输给我，是我接收信号的‘电报线’！”大腹圆蛛像个经验丰富的建筑师一样，有条不紊地编织着蛛网。

织好中心休息区后，大腹圆蛛虽然很疲惫，但依旧活力满满。它快速从纺器中抽出一根具有黏性的细丝，在放射丝上由内而外铺设螺旋丝。“我能捕捉到猎物，螺旋丝功劳最大，要不是它将猎物粘住，撞上蛛网的猎物就会轻而易举地逃脱！”

## 大腹圆蛛的捕猎

等大腹圆蛛将蛛网完全织好，已经快到午夜了，它打着哈欠进入了梦乡。

第二天，它早早地在中心休息区醒来，每只步足都按着一根放射丝，耐心地等待着“电报线”那头传来好消息。

看，一只蝗虫在跳跃时，落在了网上，被蛛网粘住的它拼命挣扎。

大腹圆蛛立刻收到猎物上门的信息，快速且准确地爬到蝗虫身边，从纺器中拉出一根宽宽的蛛丝，把猎物缠绕了起来：“哈哈，虽然你块头大，但是撞到我的网上，也由不得你！还是乖乖地做我的美餐吧！”

蝗虫一听，挣扎得更厉害了。大腹圆蛛见状，上前轻轻咬了蝗虫一口。被大腹圆蛛注射了毒液后的蝗虫无力挣扎，只能任由它摆布。

来到中心休息区的大腹圆蛛早已饥肠辘辘，它抓着奄奄一息的蝗虫，吸食起来。

**法布尔爷爷的文学小天地**

动物会为了食物乱哄哄地你争我抢，它们除了抢食时力不从心之外，没有任何约束。

# 坚守自己的宝贵财产

时间过得飞快，大腹圆蛛已经长大，成了大腹圆蛛姑娘。它的织网技术也越来越娴熟，蛛网被它织得越来越大。

八月的一个晚上，一位风度翩翩的大腹圆蛛先生来到大腹圆蛛姑娘的蛛网前，它小心翼翼地走上那条斜径，也许是过于害羞，也许是不确定姑娘的心意，它走到一半又撤了回来，没过多久，它再次鼓起勇气向前，一次比一次靠近，终于，这位绅士来到了姑娘的面前。

他们互相认可，一起度过了一段短暂的蜜月生活。之后，大腹圆蛛先生离开了，大腹圆蛛姑娘还要在这张网上继续生活。就在它准备休息时，彩带圆网蛛姑娘不怀好意地来到大腹圆蛛姑娘的蛛网上。

“你要做什么？”大腹圆蛛姑娘摆开战斗的姿势，警惕地说。原来，这只彩带圆网蛛因为肚子饿、产不出丝编织蛛网，想把大腹圆蛛姑娘的蛛网占为己有。但这可是大腹圆蛛姑娘的宝贵财产啊，怎能轻易地被别人抢去？于是它拼死与彩带圆网蛛搏斗，最后体力不支的彩带圆网蛛姑娘落荒而逃，大腹圆蛛姑娘勇敢地守住了自己的蛛网。

锹甲老师的知识小问答

小朋友们，你们知道大腹圆蛛的“电报线”是用来接收什么信息的吗？

锹甲老师的冷知识补给站

长得像魔法帽的蜘蛛

谁不想拥有一顶哈利·波特的魔法帽呢？就连格兰芬多毛圆蛛也想要，这不，为了实现自己的愿望，它把自己长成了一个“魔法帽”。

像鸟粪的蜘蛛

鸟粪蛛，顾名思义，它们的技巧就是伪装成鸟粪！厉害的是，它们不光外形像一堆鸟粪，就连气味也和鸟粪十分相似。

## 身披彩带的彩带圆网蛛

蜘蛛目

自从和大腹圆蛛争抢蛛网失败后，彩带圆网蛛姑娘便觉得自己命不久矣。它拖着疲惫的身体来到了小河边的草地上。就在它绝望之际，突然，一道银光在阳光下闪耀。啊，是一张没有主人的网！彩带圆网蛛仿佛看到了生的希望，它赶紧爬上去，趴在中心休息区。就在这时，一只飞虫不小心撞到了网上，彩带圆网蛛喜出望外，它用仅剩的一点儿蛛丝将飞虫裹起来，并给飞虫注入麻药，很快，不幸的飞虫便成了彩带圆网蛛的盘中餐。吃饱后的彩带圆网蛛感觉自己又恢复了生机，现在的它又有营养产丝了。

在蛛网上休息的彩带圆网蛛

潘多利诺山雀
锹甲老师的童谣广播站
小小彩带圆网蛛，织出圆网捕猎物。
身戴黄、银、黑条带，外形美丽好瞩目。
雌性蜘蛛织卵袋，好像倒置热气球。
卵宝宝们躺中间，安全舒适乐悠悠。
喂，后面的快跟上，我们发现食物啦！
100%
产卵的彩带圆网蛛
卵袋

# 漂亮的彩带圆网蛛

彩带圆网蛛姑娘趴在中心休息区，回想起母亲对它说过的话："我们是圆网蛛里最漂亮的蜘蛛。"

它看了看自己，榛子大小的腹部上镶嵌着黄色、银色和黑色相间的线条，步足上带着黄褐色的轮纹，和普通的黑蜘蛛比起来，它真的很漂亮。逐渐地，彩带圆网蛛姑娘找回了自信。

定居下来的彩带圆网蛛姑娘辛勤织网、捕捉猎物，将自己吃得胖胖的，等待着雄性的到来。

彩带圆网蛛的腹部有黑、银、黄三色条带，步足为黑色，带有黄褐色轮纹。

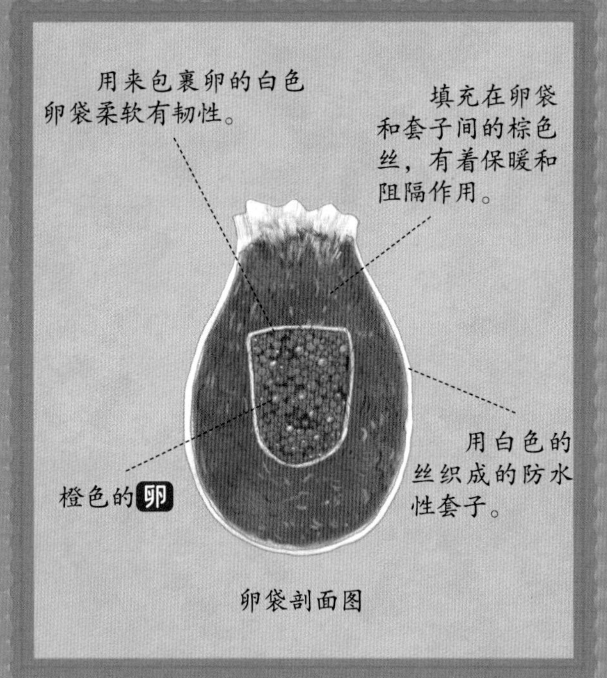


卵袋剖面图

雌蛛向卵袋内产卵

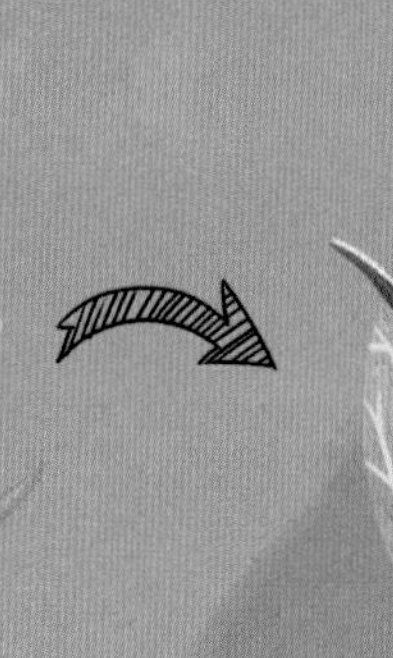

用棕色的丝包裹卵袋

**法布尔爷爷的文学小天地**

棕色的丝絮是一朵柔美的云，是连用鸟羽做成的被子也比不上的绒被，是一道防止热气散发的屏障。

# 彩带圆网蛛的卵袋

八月中旬，受孕后的彩带圆网蛛姑娘开始在夜里编织卵袋。它先在荆棘丛中找到支撑点，搭好脚手架，然后凭借着自己织网的丰富经验，背对着织物工作，随着它的腹部不停地摆动，一个丝织的小袋子诞生了。

“小宝贝们不要着急，妈妈先把你们的小摇篮做好，你们就可以出来了。”第一次做妈妈的彩带圆网蛛姑娘幸福地将橙色的卵全部产到柔软的小袋子里，再用丝将袋口封起来。

“光是有绸缎般光滑坚韧的小袋子还不够，要想让孩子们温暖过冬，我还要为它们做一个温暖的保护层才行！”说完，彩带圆网蛛姑娘又马不停蹄地从纺器里喷出大量棕色的蛛丝，这些蛛丝如棉花般蓬松地包裹着小袋子。就剩下最后一道工序了，彩带圆网蛛姑娘在棕色的保护层外又织了一个白色的套子。

终于完工了，织好后的卵袋像一个倒置的迷你版热气球悬挂在丝网之间。现在，卵宝宝们有了三层保护，彩带圆网蛛姑娘终于安心了。

织最外层的防水性卵袋

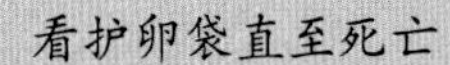

**长得像鹈鹕的蜘蛛**

鹈鹕蜘蛛在1.65亿年前就已经存在，它们长相奇怪，长脖子、长口器，很像鹈鹕。因为喜欢跟踪猎物，并出其不意地出击、注射毒液，所以它们被称为“刺客蜘蛛”。

**像孔雀一样“开屏”的蜘蛛**

雄性孔雀蜘蛛在求偶时，会将绚丽多彩的腹部翘起，像孔雀开屏一样展示自己的魅力，还会举起一对步足跳来跳去，吸引雌性注意。雄蛛为了求爱，也真够拼的！

锹甲老师的知识小问答

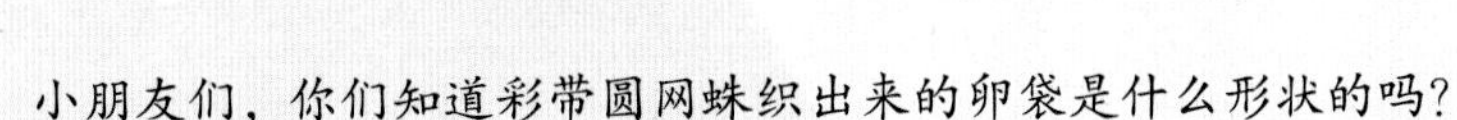

小朋友们，你们知道彩带圆网蛛织出来的卵袋是什么形状的吗？

# 喜欢偷袭的满蟹蛛 蜘蛛目

一个风和日丽的早上，蜜蜂女王派蜜蜂小队出去采蜜。蜜蜂小队哼着歌、跳着舞，来到了一处满是岩蔷薇的地方。哇，这里可真美啊！红的、黄的、白的岩蔷薇一簇簇地争芳斗艳，金灿灿的花蕊向蜜蜂们展示着诱人的花蜜。蜜蜂小队看到这些花儿，特别高兴，想着今天可以多采点儿花蜜回去了。可是，它们并不知道，那一朵朵美艳的岩蔷薇下，埋伏着一些外表美丽又优雅的杀手。不知道在这场采蜜活动中，小蜜蜂们是否会惨遭毒手？

快去快回！
蜂巢
采蜜小分队
锹甲老师的童谣广播站
满蟹蛛可真漂亮，
搭配好看又优雅，
岩蔷薇下躲起来，
伏击蜜蜂有方法。
当了妈妈变伟大，
用爱编织育儿网，
小小宝贝睡得香，
妈妈守护不害怕。
因为雌性满蟹蛛有交配后吃雄性的习性，所以在交配前，雄性会把捕获的昆虫作为礼物送给雌性，再慢慢接近雌性。
开始享用美食喽！
蜂蚜蝇
满蟹蛛的卵袋
躲在花瓣下的满蟹蛛悄悄靠近猎物。
蝴蝶立在岩蔷薇花朵上一动不动，像是在采蜜，其实它已经被满蟹蛛注入毒液，命不久矣。

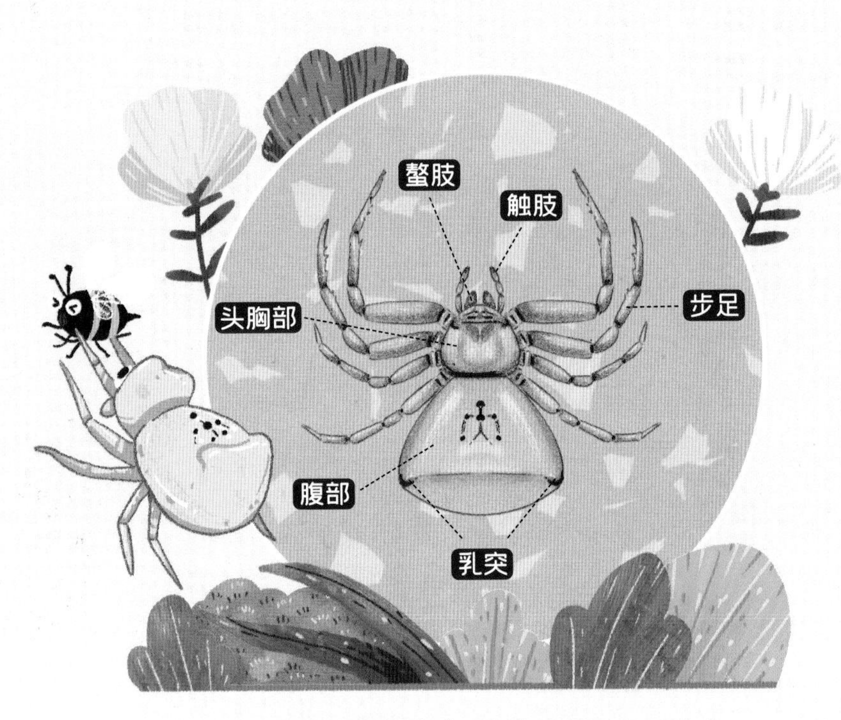


满蟹蛛属蟹蛛科，颜色多样，肥硕的腹部呈金字塔形，外形与蟹相似，加上其可以横走或退走，因此该科蜘蛛被称为“蟹蛛”。

## 美丽的外表下隐藏着杀心

如果说五彩缤纷的岩蔷薇花丛是蜜蜂的采购市场，那有蜜蜂在的市场就成了满蟹蛛的狩猎场。

这些漂亮的满蟹蛛各自找到自己的位置，就不再动了，它们不用织网捕食，而是找个绝佳位置，静静地等待着目标靠近，然后一跃而起。

你看，它们那金字塔形的身躯、绸子般柔和的皮肤，以及肚子两侧如驼峰一样的乳突，看起来多么与众不同啊！谁又能想到这些美丽而优雅的满蟹蛛会是飞虫杀手呢？

机会来了！蜜蜂小队兴高采烈地飞来采蜜了，它们沉浸在快乐的工作中，完全没有察觉到逼近的危险。

突然，满蟹蛛从花瓣下一跃而起，将蜜蜂抓住，可怜的蜜蜂毫无还手之力，很快就成了满蟹蛛的盘中餐。

满蟹蛛母亲正在织卵袋。

**法布尔爷爷的文学小天地**

美丽的夜莺只在天上飞翔、歌唱，是找不到食物的。为了生活，它必须降落下来，而且常常要降落在很低的地方才行。

夕阳下，守护卵袋的母亲。

# 满蟹蛛的母爱

即使再残暴的捕食者也有温柔的一面。那些肚子里有了宝宝的满蟹蛛妈妈吃饱喝足后，就有足够的能量给孩子编织温暖的襁褓了。

满蟹蛛妈妈来到一根快要枯萎的高枝上，在卷曲的叶子间隙，编织了一个纯白色的圆锥形袋子，把卵产在了袋子里，最后用丝把袋子封了起来。

生产后的满蟹蛛妈妈虽然非常疲惫，但是为了能够保护孩子，它在卵袋旁边给自己搭建了一个哨所。

“孩子们，快点儿长大吧！”它每天都在祈祷着。

不知过了多少天，她终于感受到了卵袋内的动静，饥饿疲惫的满蟹蛛妈妈用最后一点儿力气将卵袋咬开。孵化后的小满蟹蛛们爬了出来。看着安全出生的孩子，妈妈微笑着躺在了卵袋的旁边，永远地闭上了双眼。

用尽最后的力气为孩子打开了新世界的大门。

小蜘蛛钻出卵袋。

锹甲老师的冷知识补给站

**饼干风筝蜘蛛**

动物为了生存会把自己伪装成非常凶猛的模样或是把自己融入环境，降低存在感。而饼干风筝蜘蛛把自己长成了黄油饼干的样子，看起来十分诱人，它是怕天敌发现不了它吗？

**既像蜘蛛又像蝎子的蝎蛛**

蝎蛛也叫鞭蛛，是介于蜘蛛和蝎子之间的一个品种，长得既像蝎子又像蜘蛛，有点儿像两者的混血儿。虽然它们有点儿丑，但是内心很温柔。

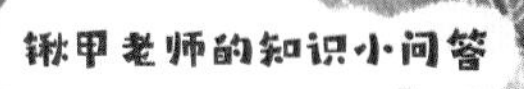

锹甲老师的知识小问答

小朋友们，你们知道满蟹蛛是用什么方法捕获到蜜蜂的吗？

# 编织迷宫的迷宫漏斗蛛

蜘蛛目

清晨，一片幽静的荒地上，一条条挂着晨露的银丝在阳光下闪闪发光，好似节日里的彩灯在晨曦中闪烁。它的制作者是一种看似平常的蜘蛛，它穿着一身灰色的衣服，胸口佩戴着两条带有白色斑点的黑色飘带，干练且精神。它织的网和其他蛛网看起来不一样，像是一个漏斗。

它是谁呢？原来，它是一种以蛛网形状命名的蜘蛛——迷宫漏斗蛛。

咦，那只小蜘蛛
逃哪儿去了？
牵牛花
嘿嘿，想不到我
还有逃生门吧？
逃生门
双叉犀金龟甲
锹甲老师的童谣广播站
小小蜘蛛爱编织，制作迷宫是专长。
漏斗深处有玄机，进攻退守都可以。
小小蜘蛛真聪明，宝宝来了换新居。
不停纺丝要守候，使命完成方安息。
外卖到啦！
迷宫漏斗蛛在织卵袋

# 迷宫漏斗形蛛网

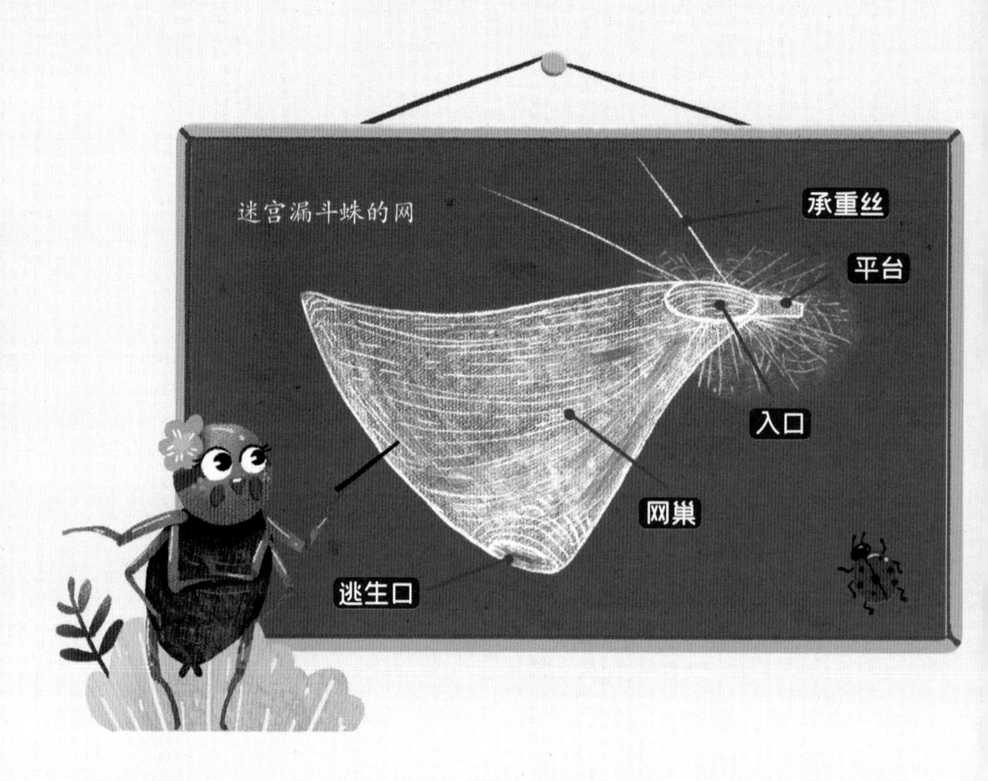


啊，今天又是美好的一天！腹中有了卵宝宝的迷宫漏斗蛛妈妈，伸了伸懒腰，走到蛛网的漏斗颈口查看捕猎陷阱的情况。这个完美的网，就像是一块手绢大的细纹纱布盖在花丛中，纱布中间凹下去一个坑，看起来像漏斗一样。其实，小坑的底部是开放的，这是迷宫漏斗蛛的逃生门，如果遇到紧急情况就可以从坑底逃走。为了安全起见，迷宫漏斗蛛会在经常走动的位置——漏斗的颈部和斜坡上铺上厚厚的丝。

“有了这么棒的捕猎陷阱，我就在屋里好好养胎，等着猎物自动送上门啦！”迷宫漏斗蛛妈妈退回到了深坑里。

不一会儿，一个冒失者来了。穿着一身绿衣的蝗虫，一个弹跳蹦到了迷宫漏斗蛛妈妈的网上。纵横交错的丝网像迷宫一样让蝗虫手忙脚乱，它使出浑身力气拼命挣扎，但是漏斗形的网，使它滚落到漏斗颈部边缘。迷宫漏斗蛛妈妈趴在深坑里等待着时机。蝗虫生怕掉进漏斗里，停止了挣扎。时机到了，迷宫漏斗蛛妈妈以最快的速度向蝗虫扑了过去。

**法布尔爷爷的文学小天地**

普通并不等于无足轻重，只要给予高度的重视，我们就会从普通的事物中发现其价值。

# 藏在迷宫里的爱

产卵的日子越来越近，迷宫漏斗蛛妈妈看着自己的蛛网发起愁来：“我的蛛网太大，太明显，我不能将宝宝产在这里。”于是，怀有身孕的迷宫漏斗蛛妈妈放弃了自己的家，去寻找产卵地。它趁着夜色来到了一处偏僻的矮灌木林，并在茂密的枝叶里编织卵袋准备生产。

“我要做一个称职的妈妈。”从卵宝宝出生到孵化的整个阶段，迷宫漏斗蛛妈妈一直都在尽心尽力地照顾着，除了为补充能量而去捕食外，它都在加固卵袋。

一个月后，卵宝宝们孵化了，但它们不会离开卵袋，因为温暖的袋子会保证它们安全度过冬天。迷宫漏斗蛛妈妈的食欲越来越差，吐丝的节奏也放缓了，但是它依然努力守护着孩子们，直到产不出丝才彻底停止。

春天到了，小迷宫漏斗蛛们从“温室”里走了出来，它们将带着妈妈的爱和期待继续勇敢地活下去。

身体浅褐色，腹背部有五对“人”字形斑纹。

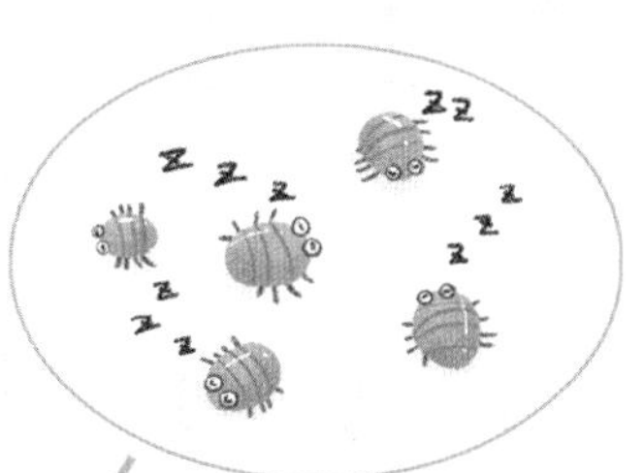

小迷宫漏斗蛛孵化后会继续待在卵袋里越冬。

雌性迷宫漏斗蛛会一直加固卵袋，直到无法产丝后死去。

锹甲老师的冷知识补给站

像兔头的蜘蛛

我叫黑兔蜘蛛，大家都叫我“恶魔兔子”。除了八只黄色步足外，我没有一点儿像蜘蛛。人们都说我的躯干长得像兔头或狗头，其实我是不会吐丝的盲蛛啦！

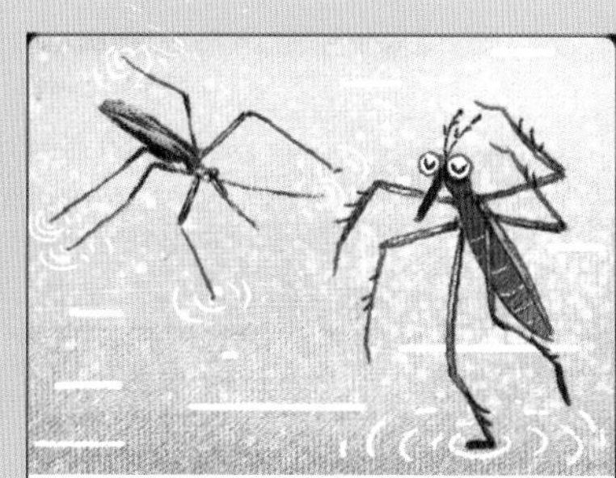

会“轻功”的水黾

“轻功水上漂”说的就是我——水黾，因为我的足上有很多具有疏水性的刚毛，所以我能在水面上快速滑行。虽然我长得像蜘蛛，但是我并不是蜘蛛哦！

锹甲老师的知识小问答

小朋友们，你们知道迷宫漏斗蛛设的陷阱是什么样的吗？

# 博学多才的克罗多蛛 蜘蛛目

小镇上，一个有着八只步足的杀手在黑夜的掩盖下，掳获了一只出来散步的赤马陆。那个背上印着五个黄色斑点、穿着深色夜行衣的杀手与赤马陆进行了一番搏斗。虽说赤马陆被称为千足虫，足众多，但是在这个杀手面前，它竟毫无还击之力，无奈，只能没命地逃跑，奈何“千足”敌不过八只步足，最后还是被那个八只步足的杀手毒晕带走了。第二天，赤马陆失踪的事传得沸沸扬扬，小镇居民们也虫心惶惶，这是小镇最近发生的第三起居民失踪案件。最后小镇居民拜托拟步甲去侦查此案，但是拟步甲竟也离奇失踪了。从此，小镇的夜晚变得死寂沉沉。

克罗多蛛
我的天哪!
赤马陆
连调查案件的拟步甲侦探也失踪了，赤马陆先生恐怕凶多吉少啊!
打扰一下，请问你有没有见过……
不好意思，我生性孤僻，不怎么出门，你说的嫌疑人我没见过。
拟步甲
朗格多克蝎
蝗虫
蚯蚓
锹甲老师的童谣广播站
克罗多蛛穿黑衣，五个黄斑背上背。
岩石底下建巢穴，如同倒扣的圆盖。
十二丝带来固定，十二拱门月牙形。
真假拱门敌不明，克罗多蛛分得清。
为使巢穴稳又大，房屋外面做悬挂。
昆虫躯壳挂外面，就像船儿抛锚链。

# 杀手的住处

越接近真相的昆虫，身处的环境越危险。拟步甲侦探就是在快要查到克罗多蛛姑娘的家时，遭遇不测的。

那天晚上，拟步甲侦探一路跟着赤马陆消失那晚留下的痕迹，来到了克罗多蛛姑娘的家。当它看到悬挂着昆虫尸体的巢穴时，就确定了，住在这里的一定是犯下那三起失踪案件的嫌疑犯。可这个巢穴像个吸顶灯一样，牢牢地粘在岩石底部。十二条丝带分布在圆顶边缘，牢牢地将巢穴固定住。拟步甲抬头望着向外凸出的圆顶，根本找不到巢穴的门在哪里。

当拟步甲侦探爬上岩石询问屋里是否有人时，克罗多蛛姑娘不知道从哪里冒了出来，一下子跳到拟步甲侦探的身上。拟步甲侦探反应迅速，立刻挣开克罗多蛛姑娘，闪到一旁。克罗多蛛姑娘见敌强我弱，不能硬拼，只好迅速退回房间。

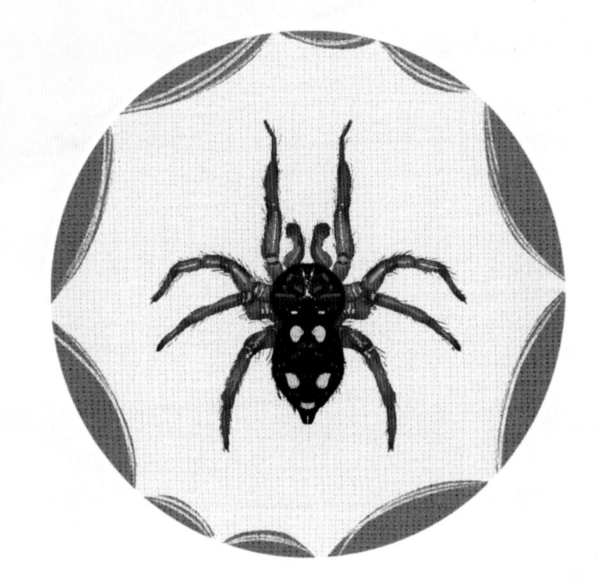

克罗多蛛腹部多为黑色，腹背部分布着五个黄斑，步足为棕色。

# 迷惑性的克罗多蛛家门

拟步甲侦探见状赶紧去追，但是克罗多蛛姑娘已经进入了房内。走近克罗多蛛姑娘的住所，拟步甲侦探才发现，这座吸顶灯一样的房子边缘有十二扇倒置的拱形门，每扇门都夹在两条丝带之间。拟步甲侦探随意去推其中一扇门，发现根本无法推动，原来，这是一扇迷惑性的假门。到底这十二扇门中，哪一扇门才是真的门呢？

就在拟步甲侦探准备一扇一扇试推的时候，它敏锐地发现，有一扇门与旁边的两扇不同。这扇门中间有一条裂开的缝隙，缝隙很小，如果不仔细看，根本看不出来。就在拟步甲侦探要推门而入时，克罗多蛛姑娘在门后露出毒牙，一口咬住了拟步甲侦探的前足，毒液很快就注入了拟步甲侦探的身体里，没多久它就瘫软无力了。克罗多蛛姑娘用丝将拟步甲侦探固定在房子上后，摸着肚子长吁了一口气："呼，好险啊！要不是我聪明，我和肚子中的孩子就要命殒他手了。"

克罗多蛛会把吸干的猎物尸体挂在丝巢外。

# 克罗多蛛的平衡学理论

惊魂未定的克罗多蛛姑娘，不，准确来说是克罗多蛛妈妈，虽然是那几起小镇命案的凶手，但它也是迫不得已的。因为它是肉食性动物，如果不吃不喝，要怎么活下去呢？为了孩子的健康发育，它更要多吃。克罗多蛛妈妈一边吮吸着拟步甲的身体，一边安慰自己和肚中的宝宝。

吃饱后，克罗多蛛妈妈把拟步甲侦探的尸体悬挂在圆顶外。它这可不是在炫耀自己的丰功伟绩，而是另有他用。因为丝织的巢穴非常柔软，克罗多蛛妈妈在房间内稍一动弹，屋内的空间就会改变，而且屋外的风一吹，巢穴就容易变形。为了使倒置的房子平衡稳固，克罗多蛛妈妈会在巢穴外悬挂重物。比如像浓密胡子一样的钟乳石形状的沙串、昆虫的躯壳，以及小石块和木屑，这些都是很好的压载物。有了这些，巢穴的重心就会降低，室内的空间不仅因此增大了许多，而且房屋也会变得更加稳固，就像是下了锚的船一样，不会被风浪带走。

克罗多蛛将吸干的昆虫尸体、沙砾、小石头等悬挂在蛛网外，这样可以保持蛛网的平衡。

克罗多蛛母亲把卵产在织好的卵袋里，并时刻保护。

**法布尔爷爷的文学小天地**

一些人为了闻名于世，用自己的名字给生命宝库中的物质命名，以此作为一叶扁舟，防止自己在人海中沉没。

# 慈爱的母亲

克罗多蛛妈妈虽然对猎物十分凶狠，但是对待孩子特别慈爱，真是应了那句“虎毒不食子”。九月底，克罗多蛛妈妈把卵宝宝产在了织好的卵袋内，每天都精心守护着孩子们，并隔着卵袋听里面的动静。

十月来临，卵袋里终于有了不同以往的响动，小克罗多蛛们孵化了！但克罗多蛛妈妈并不着急打开卵袋，因为冬天就要来临，温暖的卵袋最适合孩子们越冬。克罗多蛛妈妈日夜看护着卵袋中的孩子们，直到第二年六月。

来年六月，克罗多蛛妈妈咬开卵袋。一只只小克罗多蛛从卵袋里跑了出来，它们来到巢穴外，吐出蛛丝，蛛丝随风飘走，它们便乘着蛛丝远航去了。而克罗多蛛妈妈并没有因为孩子的离开而伤心，它放弃了被卵袋占据的旧房子，重新建了一座房子开始了新的生活。

锹甲老师的冷知识补给站

世界上最毒的蜘蛛

巴西游走蛛是世界上最毒的蜘蛛，它的毒液可以破坏神经系统，引起呼吸困难，致人丧命。

会撒网的妖面蛛

生活在丛林中的妖面蛛不是在枝叶上织网等着猎物送上门，而是手持丝网像渔夫一样主动出击。当小昆虫从它身边经过时，它会将丝网撒向猎物，如同天罗地网，使猎物插翅难逃。

锹甲老师的知识小问答

小朋友们，你们知道克罗多蛛身上有几个黄色的斑点吗？

# 凶狠的隐修士朗格多克蝎 蝎目

在地中海沿岸某个城市的荒凉之地，有个蝎子小镇，光听名字就知道小镇里居住的居民都是蝎子。这些住户大都是朗格多克蝎，偶尔也会搬来几家新住户——黑蝎。但是这些住户家家都是独门独院，并且只住一只成年蝎子。它们不在乎居住的房子多么简陋，一块岩石下的地洞就是它们的住所。

黑蝎会跑到人类的住所扰得人心惊胆战，但朗格多克蝎生性孤僻，喜欢独居，既不爱打扰人类生活，也不愿与其他蝎子来往。如果有人不小心闯入它的家，机警的主人会立刻拿出武器，张开蟹钳似的触肢，翘起尾巴，立即摆出防御架势！我想谁都不愿意被它尾巴上的毒针刺一下，那可是要命的事。因此，蝎子小镇上的居住者各自过着互不打扰的清净生活。

蜈蚣

你好！我是
新来的住户。

你好！

朗格多克蝎用步足挖掘洞穴。

蝎子大哥，我现在
就走，你别生气。

快离开我的家，不
然我就不客气了！

狼蛛

朗格多克蝎

**锹甲老师的童谣广播站**

一身金甲身上穿，岩下挖洞隐其间。
六节尾鞭享盛名，威震四方虫胆战。
平日最爱躲清静，求偶季节出来玩。
求偶方式真奇妙，拉着双手后腹弯。
婚礼结局真悲惨，雄性变成了美餐。

# 隐居生活开始了

十月，一位朗格多克蝎妈妈和它的孩子们来到了蝎子小镇定居。朗格多克蝎妈妈用触肢以外的步足进行挖掘，并用尾巴清理沙土。一只趴在妈妈背上的小朗格多克蝎想帮助妈妈，于是爬到地上用自己稚嫩的触肢刨土。朗格多克蝎妈妈及时阻止了它。要知道，触肢可是它们最重要的工具，它们要用触肢往口器里送食物，还要用它和敌人打斗，就连行走都要靠触肢提供信息，判断前方的物体。所以坚决不能用触肢来做粗活累活，否则就会破坏触肢的灵敏度。小朗格多克蝎知道触肢的重要性后，乖乖地爬到了妈妈的背上。

洞穴挖好了，它们要在这里度过一个冬季，直到来年四月。早上，妈妈会带着孩子们一起甩动身上的尾巴，“左甩甩，右甩甩，尾巴功力不能衰”！这套“尾巴功”在昆虫界可是享有盛名的，很多虫子只要一看见它们的尾巴动了，就会瑟瑟发抖，退避三舍！

# 朗格多克蝎大战狼蛛

温暖又舒适的四月到了，小镇上正值求偶期的独居蝎子们都出来聚会了，蝎子小镇开始热闹了起来。小朗格多克蝎们已经长大了，不再需要妈妈背着它们行走了。它们满心欢喜地走出家门，开始自己的生活。

“一年之中有四分之三的时间我们都不用吃东西，现在可以大饱口福了！”朗格多克蝎妈妈独自来到温暖的沙地，呼吸着自由的空气，现在的它又是单身了。

“瞧，那是狼蛛！”它不慌不忙地来到狼蛛的身边。机警的狼蛛立刻直起身子，张开带着毒液的螯牙，它可不想死在朗格多克蝎子的毒针下！生死之战开始了，还没等狼蛛反应过来，朗格多克蝎妈妈长长的螯肢就已经抓住了对方，启动攻击模式：翘起尾巴，刺入毒针，注入毒液！这可是蝎子们与生俱来的本事。几分钟后，狼蛛彻底不能动弹了，朗格多克蝎妈妈终于可以开心地享用午餐了！

朗格多克蝎对战狼蛛。

## 浪漫的求偶行为

朗格多克蝎妈妈吃饱喝足后在蝎子小镇上到处转悠。这时，一只出来求偶的朗格多克蝎先生遇到了它。朗格多克蝎先生对朗格多克蝎妈妈一见钟情。虽然它们长着八只眼睛，但是都不怎么好使。它们的八只眼睛分成了三组，两只眼睛在头胸部中间，另外六只眼睛分别排列在头胸部的左右两边。视力不太好的它们不管是白天还是晚上，都要用两个大触肢摸索前进。尽管这样，它们还是喜欢在这个充满爱的季节，吹着地中海刮来的风，和心仪的对象手拉手在月光下散步。

朗格多克蝎先生上前打了声招呼，并且试探性地拉住朗格多克蝎妈妈的触肢。朗格多克蝎妈妈没有拒绝，蝎子先生心花怒放。它们的尾巴和腹部向上翘起，彼此的头亲密无间地贴在一起，相互依偎。当夜很深时，蝎子先生拉着朗格多克蝎妈妈跳着“恰恰”舞回家了。

朗格多克蝎在求偶时，会用触肢夹住对方的触肢，双方头顶着头，尾部翘起，像是在行礼。

朗格多克蝎先生拉着伴侣回家。

**法布尔爷爷的文学小天地**

四月，当燕子归来、布谷鸟唱出第一个音符时，荒石园里那座一直很平静的小镇，发生了一场革命。夜幕降临时，许多蝎子离开它们的住所，去朝圣了，并且再也没有回家。

## 残忍的婚礼结局

一切都是那么美好祥和！然而，清晨，不幸的事情发生了。昨晚还文静优雅、对求偶者很温柔的朗格多克蝎妈妈，竟然无情地杀害了它的新婚丈夫，并把它变成了一顿美餐！朗格多克蝎妈妈对自己吃掉新婚丈夫的行为一点儿也没有觉得愧疚，因为这是蝎子家族的传统。婚配后的雌性蝎子，需要补充营养，而身边的雄性蝎子正好就成了受孕雌蝎的第一顿营养餐。一般雄性蝎子没有机会反抗，只能接受被吃的命运。

**世界上体型最大的蝎子**

真帝王蝎也叫将军巨蝎，你看它一身乌黑的战甲，威风凛凛，霸气十足，真像是战无不胜的将军。最长的真帝王蟹身体长达近 40cm。

**世界上最危险的蝎子**

以色列金蝎，又叫以色列杀人蝎，听名字就知道它毒性极强，能够置人于死地。它可以用六种不同的毒素破坏神经系统，是世界第一毒蝎，并在世界毒物中排名第五。

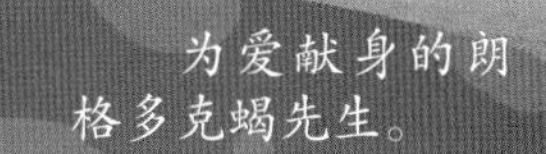


**锹甲老师的知识小问答**

小朋友们，你们知道朗格多克蝎的触肢有哪些用处吗？

图书在版编目（CIP）数据

这才是孩子爱读的昆虫记：全15册 / (法) 法布尔著；陆杨等改编、绘. -- 北京：北京理工大学出版社，2023.6

ISBN 978-7-5763-1998-9

Ⅰ. ①这… Ⅱ. ①法… ②陆… Ⅲ. ①昆虫－儿童读物 Ⅳ. ①Q96-49

中国国家版本馆CIP数据核字(2023)第003936号

出版发行 / 北京理工大学出版社有限责任公司
社　　址 / 北京市海淀区中关村南大街5号
邮　　编 / 100081
电　　话 / (010) 68914775（总编室）
(010) 82562903（教材售后服务热线）
(010) 68944723（其他图书服务热线）
网　　址 / http: //www.bitpress.com.cn
经　　销 / 全国各地新华书店
印　　刷 / 三河市九洲财鑫印刷有限公司
开　　本 / 787毫米×1092毫米　1/12
印　　张 / 43.5
字　　数 / 870千字
版　　次 / 2023年6月第1版　2023年6月第1次印刷
定　　价 / 299.00元（全15册）

责任编辑 / 申玉琴
文案编辑 / 申玉琴
责任校对 / 刘亚男
责任印制 / 施胜娟

北京理工大学出版社
BEIJING INSTITUTE OF TECHNOLOGY PRESS

北京昆虫学会　中国昆虫学专家 审订

（排名不分先后）

彩万志教授　张志勇教授

李姝博士　徐庆宣博士

# 目录
contents

# 为爱痴迷的大孔雀蛾 鳞翅目

在梧桐树丛环绕之处，有一棵花繁叶茂的老杏树，老杏树的树根处紧黏着一个类似捕鱼篓形状的茧，一只刚刚咬破茧、羽化而出的大孔雀蛾姑娘，正拖着湿漉漉的翅，呼吸着新鲜的空气。现在，它还不能飞向天空，必须要等湿润柔软的翅充血并且晒干，才能自由地飞翔。微风轻轻地吹着，杏花如雪花般飘落，大孔雀蛾姑娘静静地趴在茧上，望着周围的一切，幻想着与自己的另一半在月光下翩翩飞舞的场景。

夕阳无限好，只是近黄昏啊！
双叉犀金龟甲
杏树
雄性大孔雀蛾接收到信息后，前来相会。
锹甲老师的童谣广播站
大孔雀蛾真美丽，它在蛾中大无比。
羽化成虫生命短，着急婚配去产卵。
把卵产在杏叶上，幼虫吃饭真方便。
吃得胖胖变成蛹，新的轮回又开启。
雌性大孔雀蛾向外界散播性外激素，吸引雄性前来交配。

## 美好且短暂的生命

虽然是五月，但是正午的阳光很强烈。大孔雀蛾姑娘的翅伸展开来，翅上的鳞片在阳光的照射下闪闪发光。它用前足捋了捋自己的羽饰触角，随后展翅飞到不远处的水塘边，欣赏着自己的美貌。

“啊！春天多么美好呀，就是太短暂了，就像我的生命一样。我必须在这有限的生命里完成我们昆虫最重要的事情——繁衍后代。现在我要先好好休息一下，夜幕降临后还要举办一场征婚舞会呢。”想到这里，大孔雀蛾姑娘飞到老杏树下的草丛间开始养精蓄锐，憧憬着夜晚的到来。

大孔雀蛾是欧洲最大的飞蛾，展翅可达 15 ~ 20cm。

大孔雀蛾成虫的生命短暂，唯一的目标就是交配繁衍。

## 为爱义无反顾的雄蛾

夜晚在大孔雀蛾的睡梦中悄然而至。对它们来说黑暗就是光明，它们在深黑的夜色里对周围的一切看得更加清楚。大孔雀蛾姑娘伸了伸懒腰，开始向外界传递征婚舞会的信息。它微微地震颤着身体，散发出一种神秘的力量，这是一种只吸引特定昆虫的性外激素，这些性外激素能够吸引千米之外的雄性大孔雀蛾前来赴会。

一切都准备好了，大孔雀蛾姑娘只要静静地等待就好。附近乃至千米之外的雄性大孔雀蛾收到性外激素的信息后，会立刻兴冲冲地飞来参加征婚舞会。漆黑的夜晚，它们飞过河流，穿过丛林，像是被神秘力量召唤一般，飞向那个信息发布者所在的地方。即使是在雷雨交加的晚上，它们也会义无反顾地为爱赴约。

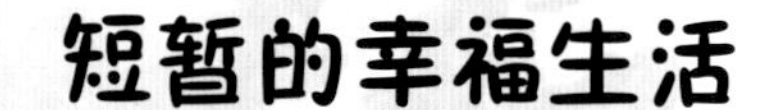

# 短暂的幸福生活

今夜月色柔美，如大孔雀蛾姑娘所愿，四面八方的雄性大孔雀蛾如约而至。月光下，大孔雀蛾小伙子们来到大孔雀蛾姑娘面前点头致意。舞会开始了，雄性舞者们一会儿飞向月光，一会儿飞到大孔雀蛾姑娘身边，向它展示着自己的身姿。

大孔雀蛾姑娘最终选择了一位大孔雀蛾小伙作为自己的另一半，它们围绕着对方翩翩飞舞，最后隐落在漆黑的草丛里。其他的雄性大孔雀蛾并没有因此而沮丧，它们依旧享受着月光下的舞会，直到后半夜才各自离去。大孔雀蛾姑娘与自己的另一半在短暂的婚配后，就要分别了。丈夫不忍妻子伤心，独自在清晨飞到隐蔽的地方度过了生命的最后一刻。

孩子们，妈妈看不到你们破壳而出了。

大孔雀蛾姑娘，你比一般的蝴蝶还要大呢！

短暂而又幸福的时光。

交配后的雄蛾会很快死去。

灰白色的卵粘在叶背上。

**法布尔爷爷的文学小天地**

大孔雀蛾十分美丽，它穿着栗色的天鹅绒外衣，系着白色皮毛领带，翅上布满褐色和灰色的斑纹，每个翅的近中央都有一个像大眼睛的圆形斑点，里面闪烁着虹色光环，颜色千变万化，绚丽多彩。

## 完成最后的使命

醒来后的大孔雀蛾姑娘知道自己的另一半已经逝去，伤心不已，但它得振作起来，因为它也将在不久后归为尘土，此刻最重要的是让它们的宝宝顺利出生。

它飞到出生时的老杏树上，杏树的花朵已经凋零，枝头露出小小的果子。大孔雀蛾姑娘找到一片青翠的杏叶，将卵产在上面。此时的它已筋疲力尽，它知道自己的生命即将终结。它满眼爱意地看着一排排卵宝宝，之后坠落了下去。

几天过后，大孔雀蛾的卵宝宝孵化了，一只只小毛虫咬破卵壳钻出来，就像当初它们的妈妈孵化时一样，不过，这些小家伙的日子还很长。

锹甲老师的冷知识补给站

**森林精灵宽纹黑脉绡（xiāo）蝶**

你见过精灵吗？宽纹黑脉绡蝶就是森林中的蝴蝶精灵。它的翅薄如蝉翼，像玻璃般透明，在阳光下若隐若现。别看它的翅很脆弱，它可以承受住身体四十倍的重量呢！

**善于伪装的猫头鹰蝶**

猫头鹰蝶利用小鸟害怕猫头鹰这个特性，将自己伪装成猫头鹰。你看，它张开翅时，双翅上的斑纹就像是一张瞪大眼睛的猫头鹰的脸，前来吃它的小鸟看到后会被它吓跑。

锹甲老师的知识小问答

小朋友们，你们知道雌性大孔雀蛾是靠什么传递征婚信息的吗？

# 背着茅屋到处走的袋蛾 鳞翅目

春天来了，动物们都慢慢苏醒了。住在地洞里的刺猬伸了伸懒腰，爬出了洞口；藏在石头缝里的泽蛙蹦跳着出来找吃的；缩进壳里的蜗牛也偷偷摸摸地伸出了脑袋。外面的世界清新明朗，嫩绿一片，多么棒啊！蜗牛四下打量了一番，看到一处不起眼的破旧墙根下，有什么在缓慢移动。仔细一看，咦，是谁在背着那些小柴捆摇晃着向前移动？它们是樵夫吗？

榆树
锹甲老师的童谣广播站
袋蛾幼虫真厉害，茅屋它用柴禾盖。
前门活动多自由，后门排便很畅快。
每天拖着房子走，遮风避雨躲敌害。
成虫父亲长有翅，飞出茅屋寻挚爱。
成虫母亲没有翅，守在茅屋等爱来。
母亲平凡但无私，全部身心把娃爱。
泽蛙
袋蛾幼虫将粪便从它的茅屋后门排出。

## 移动的茅屋

胆小的蜗牛战战兢兢地爬到那一小堆柴捆前。而那一堆小柴捆也突然停住不动了。小蜗牛更加疑惑了，心想：“这些‘小柴捆’和我一样胆小。”过了一会儿，“小柴捆”发现没有危险，活动了起来。小蜗牛这才看清“小柴捆”的真面目。原来，是一只小虫子在拖着小柴捆移动啊！小虫子也发现了小蜗牛，它也非常好奇这个家伙身上背着的东西。

于是，两个小家伙聊了起来，在聊天中小蜗牛得知，这个胖乎乎、黑白相间的虫子是袋蛾幼虫，身上裹着的是用丝作为内衬、以细小柴禾作为瓦片的护囊，这也是它遮风挡雨、躲避敌人的茅屋。茅屋有两扇门，一扇是袋蛾幼虫可以自由活动的前门，另一扇是茅屋尾部半开的后门。两只小家伙聊着聊着便成了好朋友，它们一起吃叶子，一起躲在各自的房间里聊天，都期盼着自己快快长大。

## 平凡无私的母亲

日子过得很快，转眼间就来到了初夏。小蜗牛长大了不少，食欲依旧很好，长大后的“小柴捆”却没了胃口。它告诉小蜗牛自己是雌性袋蛾，很快就要变成茧蛹了，等它化茧成蛾的那

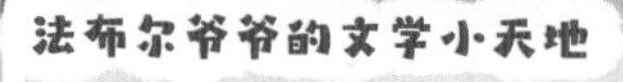


美是什么？美并不美，受到喜爱才真美！

天，不管自己变成什么样，一定要认出自己。之后“小柴捆”就把前门封上，固定在树枝上，头朝着后门钻了进去。小蜗牛则在“小柴捆”的身边一直守候着。

一天早上，小蜗牛看到茅屋的后门有了动静，便爬过去看，结果吓了一跳，它看到的是一只既没有翅也没有触须的大肉虫子。就在小蜗牛惊魂未定时，一只身着灰白色衣服、头戴漂亮羽饰、翅边缘镶着流苏穗子的雄性袋蛾飞了过来，小蜗牛吓得从树上掉了下来。

等它再爬到树上时，已经过去了好几天。大肉虫子像弯钩一样挂在茅屋的后门，早已风干。正在小蜗牛为朋友的死伤心不已时，后门打开了，从里面钻出来许许多多的袋蛾幼虫，它们有的爬到茅屋上切割，把母亲留下来的茅屋变成自己的，有的爬到地面寻找制作茅屋的材料。看着眼前的这群小家伙，知道朋友的生命得以延续，小蜗牛微笑着离开了。

无处下手的刺蛾幼虫

说到“洋辣子”，一定是很多人的童年阴影，其实它是刺蛾幼虫。虽然它外形可爱，但身长毒毛，如果一不小心碰到它，皮肤可是会火辣辣地疼的哟！

比蝴蝶还美的月形大蚕蛾

毛茸茸肥胖的身体，突出它的可爱；灵动飘逸的羽翼，彰显它的美丽。它就是可爱与美丽并存、敢与蝴蝶比美貌的月形大蚕蛾！你来看看，它是不是比蝴蝶还要漂亮呢？

成年雌性袋蛾无翅，呈幼虫形态，尾部尖端有被绒毛包围的环形肉垫，其中间是产卵管。雌性袋蛾一生都在管状巢中度过。

成年雄性袋蛾有翅和漂亮的羽饰触角。

好朋友，以后我再也见不到你了。

孵化不久的袋蛾幼虫还没有制作护囊。

小朋友们，你们知道袋蛾幼虫的茅屋是用哪些材料盖的吗？

雌性袋蛾将卵产在护囊中的蛹壳里后，会用尾部的绒毛将出口堵上，之后便会死去。

# 穿袍子的修道士小阔条纹蛾 鳞翅目

一个痴迷奇幻故事的小男孩想要模仿故事中的魔法师，配置一种神奇的药水，药水的配方里有一种材料叫作“布袋修道士”的雄性飞蛾。可是小男孩根本没见过这种飞蛾，于是便到处询问附近的村民，从村民口中得知“布袋修道士”就是小阔条纹蛾。不过，这种飞蛾在小男孩居住的地方很少见。

小男孩为了得到雄性小阔条纹蛾，费尽心思寻找。终于，他从一位农夫那里买到了一枚小阔条纹蛾的茧。他高兴地望着这枚黄褐色的盾形虫茧，幻想着神奇药水制成的那一天。

雄性小阔条纹蛾
锹甲老师的童谣广播站
可爱小阔条纹蛾，身穿天鹅绒长袍。
幼虫满身毒毛刺，橡树叶子来为食。
七八月里羽化出，雌性散性外激素。
征婚信息散播快，雄性为爱千里赴。
小阔条纹蛾以蜜汁为食。
橡树
雌性小阔条纹蛾向外散播性外激素，吸引雄性。

小阔条纹蛾的前翅中间横有一条泛白的条纹，条纹附近长有眼状斑纹，斑纹外深棕色，内为白色。雄性小阔条纹蛾体色为棕色，雌性则为米黄色。

## 初识雌性小阔条纹蛾

小男孩把虫茧放在了一个金属钟形网罩里，里面放好小阔条纹蛾喜欢的橡树枝，并把网罩移到半开的窗台上。他几乎每天早、晚都要去看一下虫茧的状况。在小男孩悉心照料和焦急等待下，一只雌性小阔条纹蛾在八月上旬的一个中午羽化了。它的米黄色外衣看上去优雅迷人。没能羽化出雄性小阔条纹蛾，小男孩有点儿失望，但是当他得知雌性小阔条纹蛾对雄性有着极强的吸引力后，开心极了！

“哦，可爱的飞蛾小精灵，欢迎你的降临，希望你的到来可以给我带来好运！”小男孩看着雌性小阔条纹蛾说道。一天过去了，柔软的小飞蛾还是趴在树枝上一动不动，小男孩也不敢轻易打扰它。又过了一天，小男孩还是没看到有雄性小阔条纹蛾飞来。第三天一早，小男孩迫不及待地来到网罩前查看，除了雌性小阔条纹蛾的身体变得更加硬朗之外，一切依旧。小男孩对雌性小阔条纹蛾失去了信心，垂头丧气地离开了。

## 雌性小阔条纹蛾的神奇召唤术

下午三点左右，小男孩突然听到有声音从窗台那边传来。他看到有几十只雄性小阔条纹蛾在飞进飞出。有些雄性飞蛾停留在网罩上与里面的雌性飞蛾交流，有些则围着网罩跳起了舞，还有一些应该从很远的地方刚飞来，停在窗边歇脚。他被眼前的一幕惊呆了，这是什么魔法啊！难道雌性飞蛾会神秘的召唤术？

小男孩将雌性小阔条纹蛾轻轻拿出来，藏在一个透明的

棕色雄性小阔条纹蛾停歇时翅合拢，就像是穿着袍子的修道士，因此也被叫作“布袋修道士”。

**法布尔爷爷的文学小天地**

小阔条纹蛾的热情随着太阳的西沉、气温的降低，也开始冷却起来。

玻璃罐内。但是那些雄性小阔条纹蛾还是傻乎乎地围着网罩。小男孩怕雌性小阔条纹蛾在玻璃罐中被闷死，便将罐口稍微打开一些。可不一会儿，那些雄性小阔条纹蛾又一拥而上，来到了玻璃罐前。为了搞懂这一情况，小男孩查阅了书籍。原来，成熟的雌性飞蛾会释放吸引雄性飞蛾的气味，这种气味比神奇药水还厉害，它无色无味，而且只对特定的雄性飞蛾有作用。

最后，虽然小男孩配制的神奇药水没有一点儿神奇之处，但是从此之后，小男孩觉得研究昆虫比研究魔法更让他着迷。

**锹甲老师的冷知识补给站**

**飞蛾世界里的字母“T”**

羽蛾有着细长的躯干和像羽毛一样的翅。当它们不飞行时，翅会卷起，并远离身体，这时，它们看起来就像是大写的字母“T”。

**老木冬夜蛾**

这只老木冬夜蛾是一位擅长伪装的高手。当它栖息在树干上时，像极了枯木，有了这种保护色，爱捉蛾类的猎手们便很难发现它，而它也能轻易保住小命啦！

**锹甲老师的知识小问答**

小朋友们，你们知道小阔条纹蛾又叫什么吗？

# 破坏蔬菜的菜青虫

鳞翅目

初秋的菜园里，一只只体态轻盈的菜粉蝶不知从哪儿飞来，在蔬菜周围翩翩起舞。漂泊不定的菜粉蝶为什么会在这个时候聚集在菜园里呢？看，它们一会儿停留在蔬菜上，一会儿又飞走，好像在忙碌着什么。哦，原来是菜粉蝶妈妈们为了让即将出生的孩子们健康成长，在选择最佳的产卵场所呢！

最后，菜粉蝶妈妈们挑选了更适合幼虫宝宝食用的甘蓝和其他十字花科的蔬菜来当产房。

锹甲老师的童谣广播站
菜粉蝶的卵宝宝，
浅橙色泽真好看，
孵化先把卵壳吃，
再去蚕食甘蓝菜。
菜粉蝶盘绒茧蜂，
是其超级大克星，
把卵寄生虫体内，
幼虫生命终将休。
这片十字花科的蔬菜好像不错呢！
茄子
白萝卜、红萝卜都是属于十字花科的蔬菜，但是胡萝卜跟它们不是同一科哦！
我们菜粉蝶喜欢吃花蜜。

## 害虫之王的诞生

“这棵甘蓝看着很棒啊！我就把孩子们产在这里吧。”菜粉蝶妈妈站在甘蓝上高兴地说。

一周后，一粒粒浅橙色的卵宝宝孵化了，一只只细线般瘦弱的淡黄色幼虫咬破卵壳，从里面爬了出来。孵化的幼虫叫菜青虫，它们要做的第一件事情就是把自己的卵壳吃掉。有了些许能量的菜青虫们你看看我，我看看你，七嘴八舌地议论开了：“你看到妈妈了吗？”“我们的妈妈是谁呢？”“我们的妈妈去哪儿了？”没有任何声音来解答它们的问题，这些小家伙们只好作罢。

菜青虫们把目标转向嫩绿的甘蓝叶，可是叶子太滑了，它们只能吐出细丝，然后再用足钩住细丝前行。它们分散在甘蓝叶上，疯狂地吃叶子。随着身体长度的不断增加，它们由最初的淡黄色变成了浅绿色，几天后又变成了黄绿色，并且夹杂着白色纤毛和小黑点。它们的食量越来越大，几周内，这棵甘蓝就不复存在了！

初孵化的菜青虫为淡黄色，随着生长逐渐变为浅绿色，同时背中央出现一条黄色纵线。菜青虫依靠腹下扁平状的足蠕动。

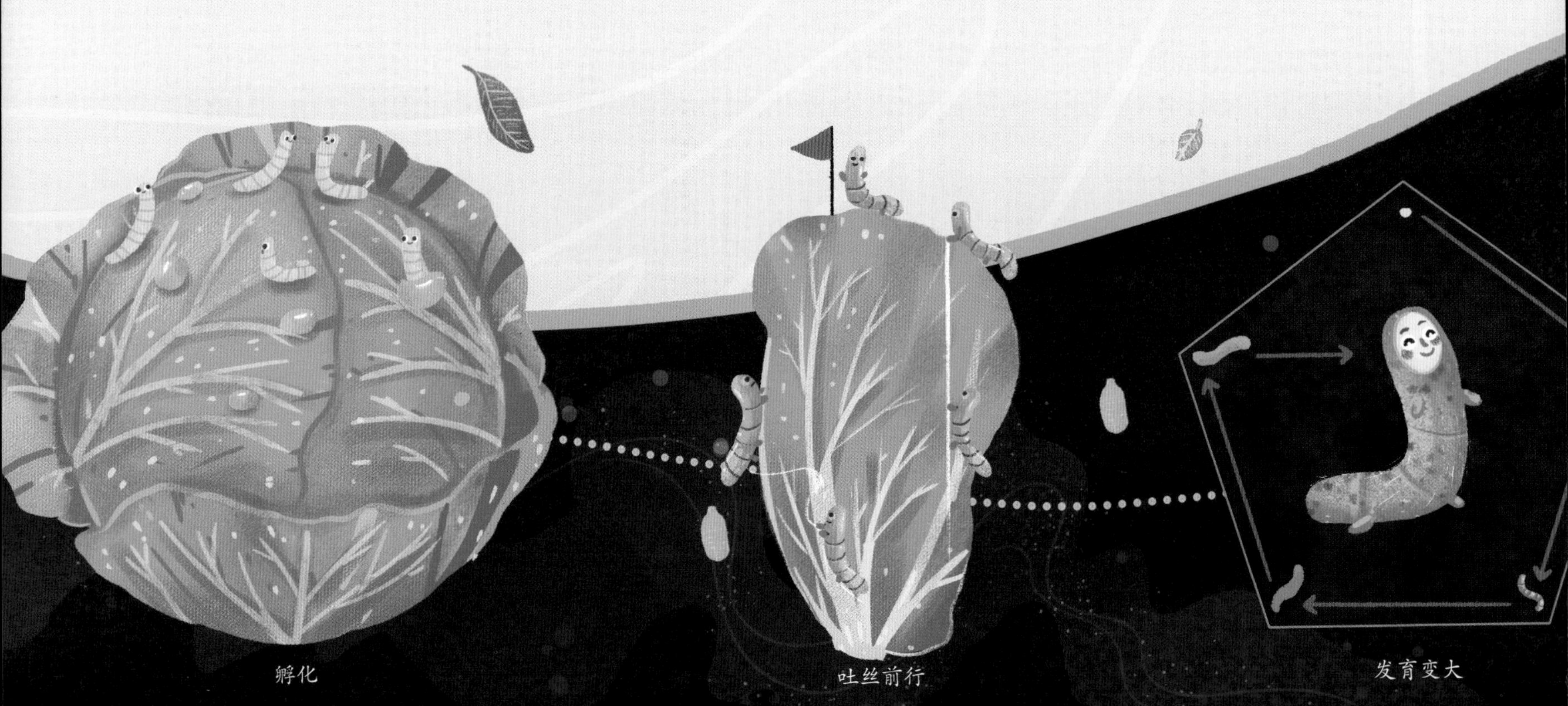

# 化茧成蝶的蜕变

菜青虫们享受着定居的日子，它们从来不外出旅行，就在自己出生的地方吃了睡，睡了吃。这天阳光正好，吃饱喝足后的菜青虫们随意地躺在叶子上休息。

“我们该运动一下了。”有只菜青虫提议说。

于是，菜青虫们默契地将脑袋抬起又垂下，一次又一次重复这样的动作，像极了整齐划一的军事演练，这是它们除了进食外的唯一活动。

一个月后，菜青虫们的食欲渐渐下降，它们离开生长的地方，寻找高处。它们找到合适的位置后，在自己的周围织出了一张很薄的丝毯，作为化蛹的摇篮；接着，用小丝垫把身体的后端固定在摇篮上，再用一根丝带把自己固定好，这个三角形的脚手架制好后，它们就会脱去旧衣服，变化成蛹。

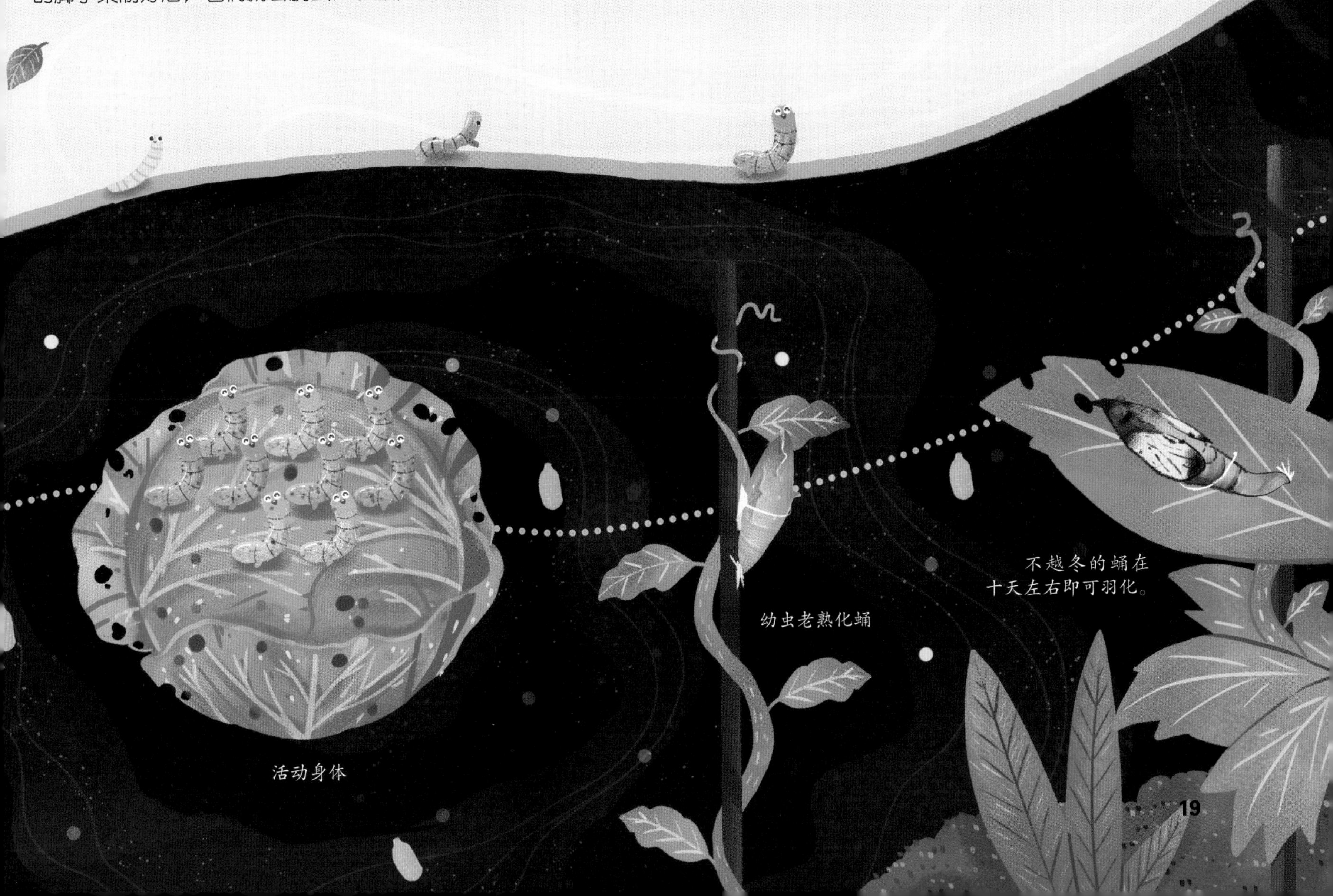

## 菜青虫的克星

不是所有的菜青虫都能成功化蛹，就在有的菜青虫化蛹的时候，一些不幸的菜青虫正慢慢死去。

一只刚从茧里羽化而出的菜粉蝶兴奋地去寻找昔日的伙伴，它们曾相约未来一起破茧成蝶，在蓝天下翩翩起舞。可是，菜粉蝶没有看到羽化而出的伙伴，看到的却是从伙伴干枯的尸体里飞出的菜粉蝶盘绒茧蜂。菜粉蝶立刻明白了，昔日的好友早已被菜粉蝶盘绒茧蜂寄生，没等到化蛹就死去了。

菜粉蝶回想着之前与好友在一起的快乐时光，那时候，那只被

菜粉蝶的翅呈黄白色，近基部散布黑色鳞片，翅上有黑点；前翅尖端有一块三角形黑斑。

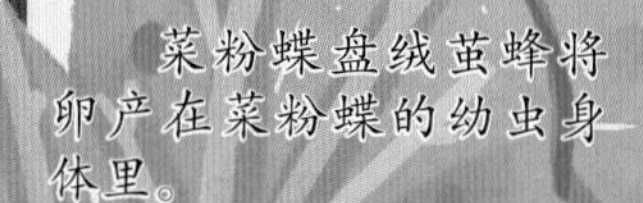

菜粉蝶盘绒茧蜂将卵产在菜粉蝶的幼虫身体里。

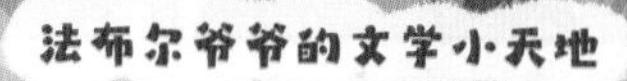

法布尔爷爷的文学小天地

它的花坚持朴实端庄，不肯让步。它的叶卷曲优美，五色斑斓，像波浪形的鸵鸟羽毛般优雅，像花束般绚丽多彩。它如此华丽，没有人认得出它曾经是平凡庸俗的甘蓝。

寄生的菜青虫和其他的伙伴们一起正常地大吃大喝，却怎么也吃不胖。现在回想起来才明白，原来，好友的瘦弱是因为寄生者在它的身体里不断地汲取它的营养！

菜粉蝶十分伤心，责怪自己没能早点儿发现好友的异常。其实，这是它阻止不了的事情，原来，它的好友刚孵化出来时，就被狡猾的菜粉蝶盘绒茧蜂下了毒手。有着悲惨结局的不光是它的好友，还有不少菜青虫也没能走到羽化成蝶的那一天。

锹甲老师的冷知识补给站

**长得像外星人一样的毛虫**

夹竹桃天蛾幼虫的前端长着一双类似眼睛的斑点，加上它的头部比较小，而且经常下垂，使它的正面看上去就像是我们印象中的外星人的脸，它也因此被人们称作“外星人毛虫”。

**“穿鞋”困难的千足虫**

千足虫并非昆虫，学名叫马陆。如果动物需要穿鞋，那么千足虫绝对是最头疼的那个，因为成年的雌性千足虫拥有 750 只“脚”，恐怕“穿鞋”都要用一天时间吧！

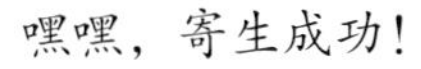

小朋友们，你们知道菜青虫是谁的宝宝吗？

# 自律遵纪的松毛虫 鳞翅目

九月的太阳炙烤着大地，秋蝉卖力地嘶鸣着，空气中弥漫着股股热浪。在一片浓密的松树林中，一种食针叶的小昆虫正破壳而出，它们咬破卵壳探出头来，毛茸茸的，像一根根粗线条，它们就是松蛾的幼虫——松毛虫。你看，松针上一颗颗黑色的小脑袋正在不停地摇晃着，好像在观察着周围的一切。

“哇，松针好香啊！”刚出生的小家伙们还没去寻找妈妈，就被身边的松针吸引住了。饥肠辘辘的它们哪里受得了美食的诱惑，狼吞虎咽地吃了起来。

松毛虫的丝巢
求偶
蝉
松果
雌性松蛾在产卵。
锹甲老师的童谣广播站
松毛虫呀颜色多，它是松蛾小宝宝。
松树上面来安家，吐丝裹叶筑成巢。
队长就是领头兵，带着队伍慢出行。
一边吐丝一边走，铺成丝绸轨道轻。
迷路毛虫入他所，主客友好同手足。
待到三月暖春归，毛虫队伍排长队。
徐徐前行下地面，钻进土里蛹期眠。
睡它三四五个月，破蛹羽化来地面。
婚配产卵松树上，生命更替又一遍。

# 初来乍到筑新家

附近的松针快吃光了，松毛虫们正要转移阵地，突然一阵大风吹来，松毛虫立刻吐出丝将自己挂在松枝上。好险，差点儿就被吹跑了！小家伙们随着摇晃的丝线，顺利地降落到一处鲜嫩的针叶上。虽然它们吃喝不愁，但是没有妈妈的保护，小小的它们还是很危险的。

于是，它们自觉地组建了一个小团体，为了保持行动的统一，它们还选出了一只负责带队和指挥行动的松毛虫队长。它们在队长的带领下一边吃针叶，一边搭小窝，没多久，一个小窝就搭建成了。小窝是松毛虫们用吐出的丝把附近的松针裹起来搭建成的一个蛋状巢，顶上有许多圆孔门，小窝外的上方有一张防晒网，防晒网下就是它们织的阳台。天气好时，吃饱后的它们就聚集在阳台上晒太阳，可舒服了。

## 拥有纪律观念的好标兵

转眼间，冬天来了，松毛虫们不断用丝将小窝加厚，以抵御严寒。寒风瑟瑟，松毛虫们彼此拥抱着睡在温暖的小窝里。

松毛虫们很自律，也很遵守团队的纪律。只要天气晴朗，温度回暖，它们就会在队长的号召下，整齐地排成一列，外出觅食。队长一边走，一边在足下吐出一根丝，第二只松毛虫便踏着队长吐出的丝前进，同时自己也吐出一根丝加在第一根丝上，后面的松毛虫都依次效仿，所以当队伍走完后，会有一条很宽的丝带在太阳下闪闪发光。队长的作用很重要，它决定着整个团队的选择，一个经验丰富的队长能带它们回到巢穴，但是一旦队长选择错误，队员也会跟着遭殃。

幼虫身上有长毛，中、后胸有短而硬的毒毛。体色有黑、白、灰、棕等色。

松毛虫是森林里发生量大、危害面最广的森林害虫。

冬天，松毛虫挤在温暖的丝巢里过冬。



松毛虫们跟随队长吐丝铺轨，沿着丝轨前行。

## 和谐的社群组织

有一次，一群松毛虫在外出觅食准备返程的时候，因为队长的失误，它们迷了路。夜晚，它们更加看不清方向，队员们紧紧跟着队长，误打误撞地闯入了其他松毛虫的巢穴。

这些枝叶上的原住民见到有客人到访，十分友好，很快就接纳了新来的虫群。客人也不拘谨，很快就融入其中。早上它们一起享用鲜嫩的针叶；晚上一起加厚巢穴，之后相拥而眠。素不相识的两个虫群，就像相处多年的兄弟姐妹一样。和谐的氛围使离家的它们对原来的居所没有丝毫的留恋和牵挂，或许它们也懂得“既来之，则安之”的道理。

## 小小气象预报员

松毛虫们不是每天都会出门觅食的，它们前一天晚上会对第二天的天气进行预测。第二次蜕皮后的松毛虫背上有一个裂缝，裂缝里有一个瘤状“检验室”。松毛虫每天晚上都会张开背上的裂缝，将空气吸入“检验室”里进行分析，判断第二天是否适合出门。这难道就是松毛虫版的天

法布尔爷爷的文学小天地

既然松毛虫的肚子不用通过斗争就能填饱，那么和平就会降临在松毛虫社会。

气预报？

三月，一个温暖的午后，队长带领着队伍离开巢穴，来到地面，整齐的队伍如一列火车，徐徐前行。它们来到松树下方一处有着松软落叶堆的地方，队长一边探测，一边向落叶堆里钻，其余的松毛虫也重复着同样的动作。最后，它们都消失在了落叶堆中。

四五个月后，那群松毛虫以全新的松蛾形态，从落叶堆中飞出，迎接新的生活！

锹甲老师的知识小问答

小朋友们，你们知道松毛虫的妈妈叫什么名字吗？

**长得像蛇一样的毛虫**

赫摩里奥普雷斯毛虫可以说是毛虫界的奥斯卡影帝，当它感到危险时，可以伪装成毒蛇吓退天敌。如果不说它是毛虫，应该所有人都会把它当作蛇吧？

**脸长得像法国斗牛犬的毛虫**

这只脸长得像狗的毛毛虫，是拟稻眉眼蝶的幼虫。胖胖的身体，顶着一颗如法国斗牛犬的小脑袋，加上无辜的小眼神，真的很像是受委屈时的小法国斗牛犬！

# 声名狼藉的野杨梅树毛虫

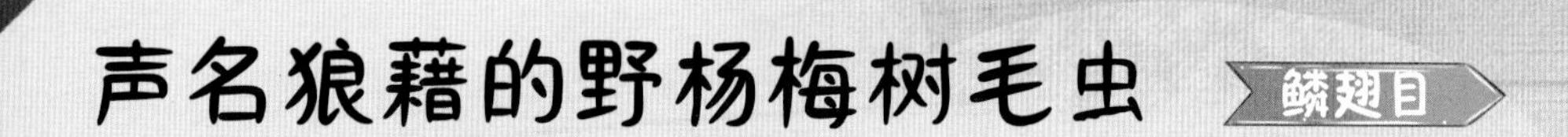


在阳光普照的丘陵上，野杨梅树满山遍野，绿油油的一片。一位腹部橙黄、浑身雪白、娇小可爱的野杨梅树灯蛾妈妈正在一棵野杨梅树的叶子上产卵。葱郁油亮的树叶在阳光的照射下就像反光板，将在上面产卵的野杨梅树灯蛾衬托得格外美丽。

不过，野杨梅树灯蛾妈妈可没有时间欣赏自己的美貌，现在最要紧的事就是把它的卵宝宝安置好，因为过不了多久，它就会死去。它专注地将一枚枚卵整齐地排列在叶子的背面。浅白略带橙黄色的卵具有金属光泽，在太阳的照射下就像是一颗颗小小的镍（niè）粒。

我要给刚出生的卵宝宝们盖上我厚厚的腹毛，这样它们就可以安全又温暖。

花蜜好香甜啊！

覆盆子

野杨梅树灯蛾

野杨梅树

雄性野杨梅树灯蛾的触角比雌性的大，可以很好地接收到雌蛾发出的性外激素。而雌蛾的身体和腹毛比雄蛾的大。
孵化出的幼虫从腹毛里钻出来。
蒂菲粪金龟甲
野杨梅树毛虫
（野杨梅树灯蛾幼虫）
锹甲老师的童谣广播站
野杨梅树结红果，灯蛾幼虫偏不爱。
专挑青翠叶子食，树木被它来破坏。
吐丝裹叶度寒冬，春天苏醒成祸害。
树木蚕食如火烧，樵夫也遭毛虫害。
分泌毒素惹人厌，破坏树木真可恨。

# 孵化后的野杨梅树毛虫

卵在九月孵化了，而野杨梅树灯蛾妈妈已经去世了。

一只刚产完卵路过这里的野杨梅树灯蛾阿姨，看见这群刚出生在吃树叶的小毛虫，说道：“你们现在还很娇嫩，只能吃树叶趋光的一面。”

野杨梅树毛虫们听话地点点头，然后齐刷刷地从叶柄出发，一边吃一边往前走，直到叶梢的位置。突然，一只野杨梅树毛虫中途掉队了，原来，它对另一个方向的叶子产生了兴趣。

“你们是一个整体，不能随意行动哦，你们最初的食物就是出生地的叶簇，然后才是毗邻的树叶。这一面的叶子还没吃完，不能吃其他地方的！”野杨梅树灯蛾阿姨严肃地说道。

那只野杨梅树毛虫脸红地低下了头，马上来到了兄弟姐妹中间，回到了正确的轨道上。野杨梅树灯蛾阿姨满意地看着排列整齐的小毛虫们，飞走了。

老熟的野杨梅树毛虫有棕色的毛茸茸的身体，两侧有白色线条，其尾部有两个醒目的橘红色斑点。

刚出生的野杨梅树毛虫

法布尔爷爷的文学小天地

当乌鸫喜爱的红彤彤的覆盆子有了甜美的味道，就会被采摘做成优质的果酱。

# 越冬后的野杨梅树毛虫

大家一起挤在巢穴里，真暖和啊！

冬天快要来了，长大后的野杨梅树毛虫们将树叶吃得只剩下网状脉络，看上去好像被烧焦的柴捆。

一只野杨梅树毛虫提议道：“我们要赶紧建房子越冬了。”于是，它们用自己吐出的白色丝将这些“柴捆”不断加固，连缝隙也不放过。一个足够安全、温暖的小屋就这样建成了，冬天它们就待在这里。

春天到了，成群结队的野杨梅树毛虫们离开了冬季营地，向新的营地出发。它们饥肠辘辘，早把阿姨的教导抛到脑后，开始胡乱啃食树叶，并把叶子吃个精光，整棵树好似被火烧过一样，十分凄惨。它们丢弃了之前的家，开始分散建房，房子周边的树叶被吃光后就再搬新居。

此时的野杨梅毛虫不仅变得无比贪婪，而且分泌的毛虫毒素也让樵夫瘙痒灼痛，苦不堪言！哎！看来，这些毛虫的名声是不会好了！

越冬后的老熟幼虫脱离虫群，独立觅食。

锹甲老师的知识小问答

小朋友们，你们知道野杨梅树毛虫是益虫还是害虫吗？

锹甲老师的冷知识补给站

**长得像猫的毛虫**

你看，一只迷你版的长毛小猫在树上趴着呢！不对，仔细看去，这分明是一条毛毛虫，不过它那一身纤细的刺毛和胖乎乎的身体，真的很像一只趴在树上休息的小猫呢！

**如水晶般的毛毛虫**

吃过蟹黄水晶包吗？那晶莹剔透的外皮、黄灿灿的馅儿，十分诱人。昆虫界有一种毛虫长得就像蟹黄水晶包，水晶般的外表、橘色的小刺突，看上去十分可爱，不过它可不能吃哦！

图书在版编目（CIP）数据

这才是孩子爱读的昆虫记：全15册/(法)法布尔著；陆杨等改编、绘. -- 北京：北京理工大学出版社，2023.6

ISBN 978-7-5763-1998-9

Ⅰ.①这… Ⅱ.①法… ②陆… Ⅲ.①昆虫－儿童读物 Ⅳ.①Q96-49

中国国家版本馆CIP数据核字(2023)第003936号

出版发行 / 北京理工大学出版社有限责任公司
社　　址 / 北京市海淀区中关村南大街5号
邮　　编 / 100081
电　　话 / （010）68914775（总编室）
　　　　　（010）82562903（教材售后服务热线）
　　　　　（010）68944723（其他图书服务热线）
网　　址 / http: //www.bitpress.com.cn
经　　销 / 全国各地新华书店
印　　刷 / 三河市九洲财鑫印刷有限公司
开　　本 / 787毫米×1092毫米　1/12
印　　张 / 43.5
字　　数 / 870千字
版　　次 / 2023年6月第1版　2023年6月第1次印刷
定　　价 / 299.00元（全15册）

责任编辑 / 申玉琴
文案编辑 / 申玉琴
责任校对 / 刘亚男
责任印制 / 施胜娟

根据　法布尔《昆虫记》改编

# 这才是孩子爱读的昆虫记

9

[法]法布尔 著　陆杨 改编　贰月丁 绘

北京理工大学出版社
BEIJING INSTITUTE OF TECHNOLOGY PRESS

北京昆虫学会　中国昆虫学专家　审订

（排名不分先后）

彩万志教授　张志勇教授

李姝博士　徐庆宣博士

# 目录

contents

# 被称为“水下建筑师”的石蛾 毛翅目

溪水里，一条老鳟鱼神秘地对其他的鳟鱼说：“今天有美味从天而降哦！”

大家似乎都已经知道将要发生的事情，所以默不作声地等待着。小溪的岸边，河乌也在聚精会神地寻找着什么。一条小鳟鱼此时开了腔：“那只河乌在找什么呢？”

“它在溪水的石缝中为它的小雏鸟找好吃的呢！水下的石缝里经常有成群的石蚕聚集，那可是河乌宝宝最爱的零食！”老鳟鱼慢悠悠地回答。它一扫眼，便看到了两眼瞬间放光的小鳟鱼。看出了小鳟鱼的心思，老鳟鱼忙说：“石蚕会在身上建一所坚固的房子，一遇到危险它们就会躲进自己的房子里，你想要吃它，可没那么容易，还是乖乖地等着美味的到来吧。”刚说完，一条鳟鱼便跃出了水面，一口咬住了一只从天而降的石蛾，水下的鳟鱼们开始兴奋起来。

救命啊！
石蛾的双翅合拢时，形状像屋脊。
鳟鱼
羽化中的石蛾
锹甲老师的童谣广播站
石蛾似蛾不是蛾，四翅有毛无鳞片。
幼虫石蚕水中生，为保安全筑房间。
建筑材料多样化，贝壳沙石样样通。
不求材料多么美，只求尺寸形状行。
分泌黏胶来粘贴，防水材料真厉害。
遇到危险躲房间，一朝羽化出水面。

# 匆匆度过成虫期

原来，每到初夏，石蚕都会从水里爬上岸羽化成虫。成虫状态下的它们叫石蛾，它们白天会收拢翅停留在水边的灌木丛上，形状就像灰黑色的屋脊，晚上便会成群飞翔，寻找自己的另一半。虽然它们也有飞蛾逐光的特性，但是它们的翅上没有蛾子的鳞片，只是一层绒毛。一旦石蛾婚配结束，雄石蛾的时光就所剩无几，它们会死去落到水里。鳟鱼就可以趁此机会大饱口福了！

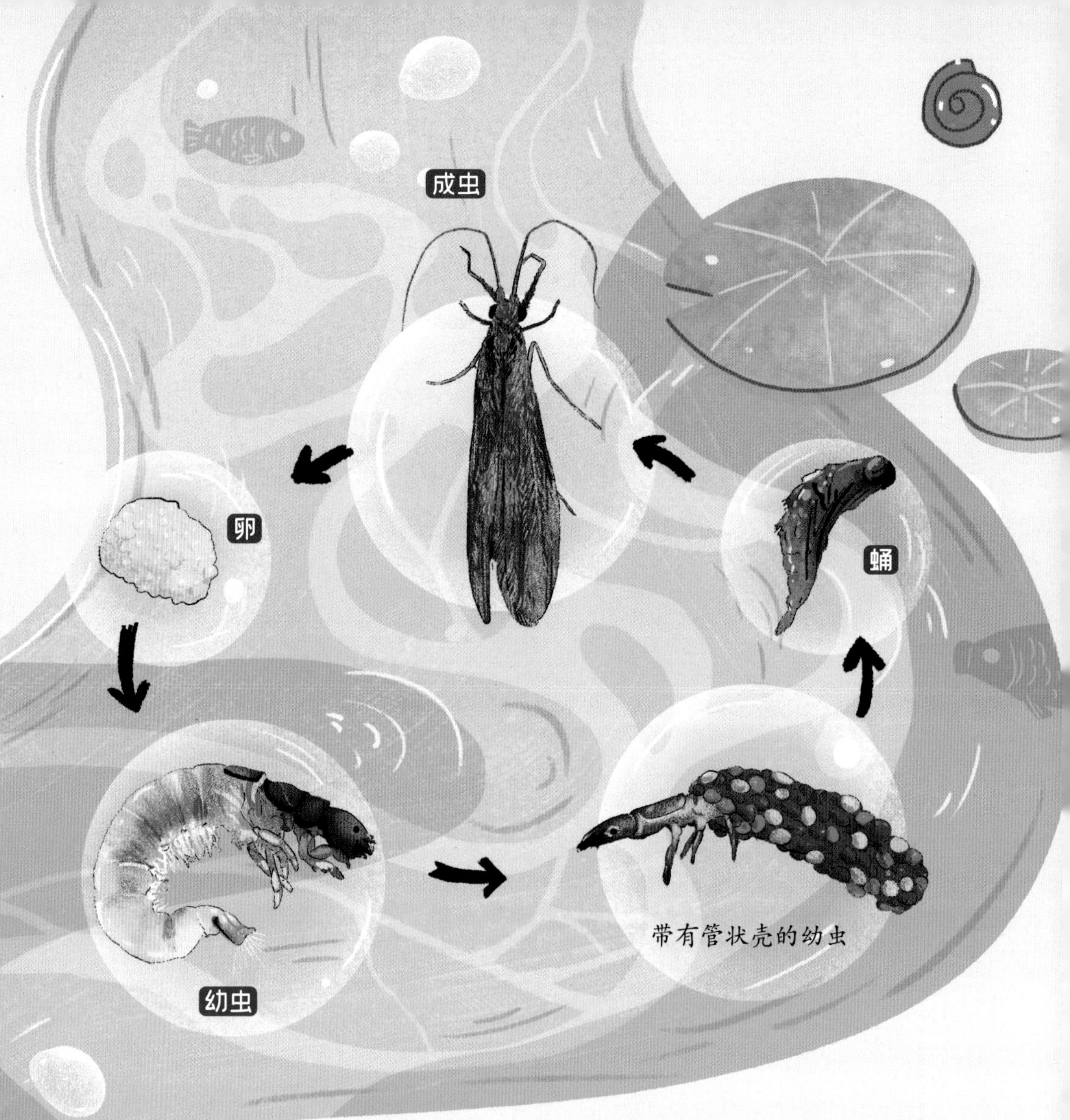


石蛾的一生

正在这时，越来越多的石蛾落到水面，水下的鳟鱼纷纷探出头来，享用起了美味，甚至还有鳟鱼盯上了在水面产卵的雌石蛾。因为大部分的雌石蛾产卵后不久也会死去，鳟鱼们可以不费吹灰之力地再次一饱口福。

法布尔爷爷的文学小天地

石蛾虽然屡次经受磨难，但依旧坚忍不拔，这是石蛾一个值得人们注意的特点。



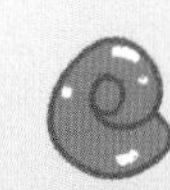

# 磨难铸就水下建筑师

吃饱喝足的鳟鱼们各自散去，小鳟鱼想要去水底一探究竟，看看会在身上建房子的石蚕长啥样。

小鳟鱼四处搜寻着石蚕的踪迹："咦，莫非那个身上裹着沙砾和贝壳的小虫子就是石蚕？"正当小鳟鱼想进一步查看时，一股激流夹杂着沙石向它涌来，小鳟鱼赶紧摆动尾巴，保持平衡。等水下慢慢平息，泥沙渐渐沉积，小鳟鱼看到一些没有小房子保护的石蚕被激流冲到了石头上，它赶忙游过去准备饱餐一顿。

这时，它注意到石蚕竟然毫发无损。小鳟鱼不禁感叹道："有房子保护的石蚕果然不容小觑。"紧接着，小鳟鱼看到石蚕从水底捡起沙砾和贝壳，搭配吐出来的防水性黏胶，将自己的小房子又加固了一层。之后它用三对前足在水底爬行，捕食水中的有机物。

小鳟鱼看到石蚕把自己保护得那么好，便游走了。算了，它还是去寻找其他食物吧！

河乌会用独特的技巧去掉幼虫石蚕的保护壳。

没有管状壳的保护，幼虫石蚕容易被鱼、虾吃掉。

无管状壳的幼虫石蚕被激流冲撞到石头上。

幼虫石蚕用唇腺分泌的黏性物质将沙砾和软体动物的外壳粘在身上。

**锹甲老师的冷知识补给站**

**来自"地狱"的黑条灰灯蛾**

黑条灰灯蛾以其恐怖的外表，一举拿下"世界最恐怖飞蛾"的头衔。这种蛾子求偶时会张开四条毛茸茸如触手一样的尾部吸引异性，怪异的求偶造型令人惊悚。

**可以干扰蝙蝠声波的虎蛾**

有一种飞蛾，花纹如虎，因此得名。它们有一项独家绝技，那就是可以干扰蝙蝠的探测声波，它们会以此来躲避蝙蝠的捕食。

**锹甲老师的知识小问答**

小朋友们，你们知道石蚕是用什么材料来建筑水下避难所的吗？

# 有着怪气味的黑角真蝽 半翅目

四月底的菜园里，成片的迷迭香散发出樟脑的气味，引来了大批喜爱这种味道的昆虫，低调的黑角真蝽就是沉醉其中的昆虫之一。一旁的甘蓝也迎来了今年的第一批客人——穿着黑、白、红三色服装的甘蓝菜蝽。

睡了一个冬天，这些会散发特殊气味的小虫子是时候活动活动筋骨，好好吃一顿了。它们在茎叶上爬上爬下，忙得不可开交。吃饱喝足后，小昆虫们聚在一起聊天交友，寻觅着自己的另一半。繁育后代可是昆虫一生中最重要的使命。

黑角真蝽属于不完全变态昆虫。不完全变态昆虫只有卵、若虫、成虫三个阶段，没有蛹期。若虫是不完全变态昆虫的幼虫。

你身上的味道太特殊啦，我有点儿不习惯。
菜粉蝶你不要走呀！
甘蓝小区
甘蓝菜蝽的卵
甘蓝菜蝽若虫
能和你做邻居，我真是太开心了！
我也是！
锹甲老师的童谣广播站
黑角真蝽气味怪，人们大都不喜爱。
别看成虫不好看，但是卵壳真稀罕。
既像胖肚小罐子，又像鼓肚陶瓷瓶。
还有一个小封盖，边缘硬刺似铆钉。
若虫想要逃离此，头戴尖帽使劲顶。
铆钉松动封盖开，脱掉帽子迎未来。

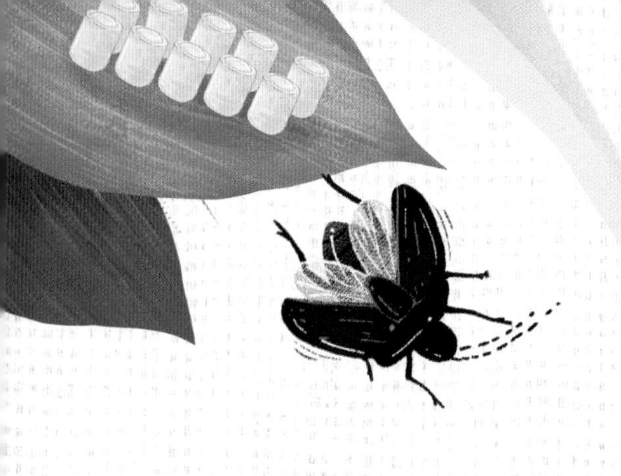

## 真蝽卵的艺术造型

五月里，觅得伴侣的真蝽姑娘们有了爱的结晶。虽然它们样子平平，气味难闻，但是它们的卵宝宝就像是巧夺天工的艺术品。

你看，一位黑角真蝽母亲正在产卵呢！她将产卵器对准一片叶子，并将卵一枚接着一枚、井然有序地黏附在叶子上。一枚枚浅黄色半透明的卵像一个个精美的胖肚小罐子，紧紧地挤在一起，小罐子上还有一个微微凸起的封盖，封盖的边缘有硬质纤毛，这些纤毛就像铆钉一样封住了罐口。“胖肚小罐子”就是孕育若虫的卵壳。

真蝽们生性漂泊，黑角真蝽母亲产下卵后便离开了，留下卵宝宝们独自面对生活的严酷。

黑色锚状线

黑角真蝽卵由刚产下时的淡黄色逐渐变成橘黄色。

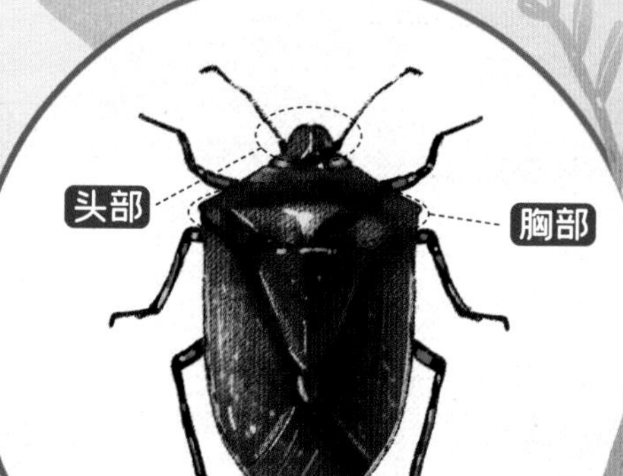


黑角真蝽身体呈盾形且具有光泽，小小的头部与宽阔的胸部对比明显。

**法布尔爷爷的文学小天地**

这时的大自然从温柔的乳母变成了严厉的后妈，一旦小生命能够自力更生，她就无情地让它们接受生活的严酷教育。

# 若虫的出壳过程

六月初的一个暖阳天，卵宝宝们终于要孵化了。黑角真蝽的若虫在狭小的卵壳内蠢蠢欲动，想要破壳而出。但是小小的它们怎么冲破被“铆钉”钉牢的封盖呢？别担心，这可难不住小家伙们。你看，它们的额头上戴着一顶三角锥似的薄皮“小帽”，它们将钻头似的“帽尖”抵住封盖的边缘后，铆足了劲儿顶，“帽尖”不断向前推进。

一个小时过去了，为了早点儿出去，若虫们依旧坚持着。终于，封盖上的一些“铆钉”断开了，封盖逐渐开启。若虫宝宝看到出口足够自己通过，立刻脱掉额头上的“小帽”，爬出卵壳。

“外面的世界可真大啊！”爬出卵壳的若虫像只黑色蜘蛛似的趴在卵壳堆前休息。也许是出壳花费了它们全部的力气了吧，若虫们趴在一起竟然休息了四五天，才成群结队地去找吃的。

**水中的霸王虫大田负蝽**

大田负蝽是水生昆虫，它不仅捕食小鱼、小虾，而且根本不把除害虫的青蛙放在眼里，还会捕食青蛙。一般被它咬住的猎物根本无力抵抗。

**屁股上有“吸管”的蝎蝽**

张扬的一对捕捉足、微微上翘的长尾管，使蝎蝽看上去和蝎子十分相似。其实蝎蝽屁股上的细管子是它的呼吸管，它们在水下以此呼吸，真是屁股上有“吸管”的奇特昆虫啊！

若虫出壳过程

刚出卵壳的黑角真蝽若虫。

锹甲老师的知识小问答

小朋友们，你们觉得黑角真蝽的卵长得像什么呢？

# 蒙面的猎手伪装猎蝽

半翅目

烈日炎炎的夏季，知了在树上聒噪。昆虫们大都躲到石块下或草丛间乘凉，一群伪装猎蝽却不顾太阳的炙烤，趴在墙根下一动不动。难道它们不害怕烈日的灼烧？并不是，只是它们飞累了，在这里休息。今天它们有一项重要的任务：搬迁到一个堆着残渣废料的仓库货栈。

就在几天前，伪装猎蝽家族里有一位经常四处闯荡的成员回到家族，并带来了一个好消息——它发现了一间放着肉类食物残渣的仓库，那里有着丰富的食物，还有适合下一代生存的环境，是一个不可多得的好地方。如果大家能够迁移到那里，后半生乃至后代都能过上富裕的生活。伪装猎蝽家族里的长辈在和大家商讨后，决定全员搬迁至那个仓库。于是就有了今天烈日下的一幕。

伪装猎蝽休息时
喜欢趴在墙壁上。
袋谷蛾幼虫
袋谷蛾
反吐丽蝇
羊皮
开吃喽！
正在吃肉的皮蠹
腐阎甲
伪装猎蝽的若虫在
吃动物的油脂。
伪装猎蝽的卵
锹甲老师的童谣广播站
伪装猎蝽深色衣，为了后代搬新居。
要吸食昆虫血液，吃饱喝足寻良缘。
雌性油脂地产卵，产完卵后也不管。
若虫破壳喜隐装，脏得灰头又土脸。
因此得一美名号，“蒙面猎手”不简单。
雌性伪装猎蝽
肉类残渣

# 为了后代寻良居

傍晚时分，迁徙队伍到达了仓库。它们小心翼翼地从天窗和门缝分批溜了进去。伪装猎蝽们被眼前的景象惊呆了，仓库里可真热闹啊！袋谷蛾在挂着的绵羊皮旁来回飞舞；袋谷蛾幼虫在用羊毛给自己织衣服；皮蠹在油脂的沟壑间穿行；红眼苍蝇在肉食残渣上方“嗡嗡”作响。仓库里的昆虫都在尽情地享受晚宴，根本没有注意到这里来了一批不速之客。

“兄弟姐妹们，我们的晚餐时间到了。”不知道是哪只伪装猎蝽发出的声音，大家伙儿全都向仓库里的原住居民扑去。正在享受晚宴的虫子看到向它们扑过来的伪装猎蝽，顿时惊慌失措。刚才还是一片祥和景象的仓库，瞬间变成了战场。

## 厉害的杀手

伪装猎蝽家族的成员一个个如狼似虎，而这些没有防御措施的可怜虫，根本无还手之力。伪装猎蝽用前足抓住猎物，伸出弯曲的喙向猎物柔软的身体部位刺了一下，将毒液注入了猎物的体内，挣扎着的猎物很快就失去了活力。

看到这幅场景，那些有幸逃脱的虫子，战战兢兢地躲到油脂底下和羊毛里不敢轻举妄动。伪装猎蝽家族的成员们各自守着一只猎物，开始吃了起来。它们可没有老虎一样的嘴和牙齿，不能张大嘴巴吃肉。它们只有一根弯曲的喙，这个喙既可以当注射毒液的针管，也可以当吸食血肉的吸管。伪装猎蝽在猎物身上插进吸管吸食起来，直到猎物变透明，只剩一张皮。

## 完成繁衍大任

待伪装猎蝽们吃饱喝足后，已是后半夜。长途跋涉加上捕猎，伪装猎蝽们也感到有些疲倦，于是它们将猎物的尸体随意弃之，懒洋洋地爬到仓库的墙壁上开始休息，一直到第二天上午，它们都一动不动地趴在掉灰的墙上，就像是一块块的黑斑。而经历过昨晚惊险场面的原住民并没有因此离开仓库，因为它们舍不得这样的好住所，所以它们依旧小心翼翼地生活着。

有了稳定的住所，伪装猎蝽们开始忙碌自己的虫生大事——婚配繁衍。它们在饱餐后各自寻找配偶并快速完婚。不久，婚配后的伪装猎蝽妈妈们到了产卵的时候。它们将堆放动物油脂的地方作为产房，将带着白色帽盖、有着琥珀颜色的椭圆形卵宝宝们随意产在旁边，之后便撒手不管了。

**法布尔爷爷的文学小天地**

趣味盎然的事物在萌发时往往会被忽视，但是它会突然出现在平淡无奇的土地上。

# 有趣的蒙面小猎手

虽然伪装猎蝽的卵宝宝没有父母的看护，但是依旧发育得很好。半个月后的一个晚上，它们孵化了。孵化出来的伪装猎蝽若虫长得有些像蜘蛛，有着白色扁圆的身体和长长的足，它们在卵壳间欢呼雀跃，庆祝出生。而那些还没脱离卵壳的小家伙们着急了，它们摇头晃脑挣扎着想要出去。它们胡乱地蹬着，将卵膜和卵壳踩得稀碎。为了自由，小家伙们使出了全身力气，终于，所有的若虫宝宝都成功出壳。

出生后的小家伙们身上带着黏液，又爱到处乱蹦，所以总是沾满一身灰尘、木屑，灰头土脸的，让人看不清它们的真实模样。因此，它们有个绰号“蒙面猎手”。

小家伙们不吃不喝地过了两天之后，开始扯开外衣，变了一副模样。它们的身体变小了，不过原先扁平的身体却变得圆润了。变了模样的小家伙们胃口大开，开始吃堆在地上的油脂。这些油脂将会伴随它们度过整个若虫期，直到它们变成爸妈那样，可以捕捉猎物。

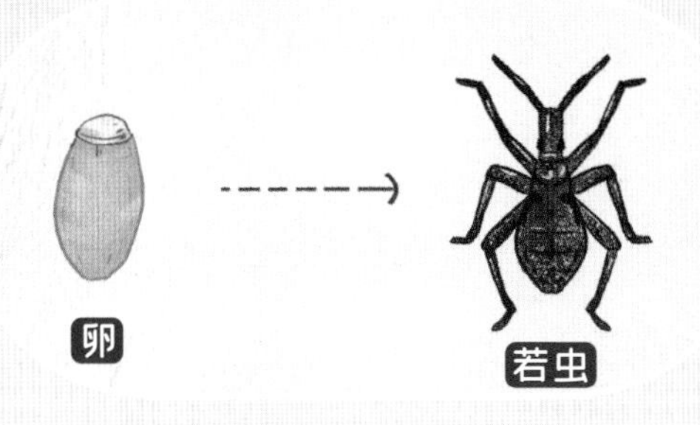

出生不久的我不怕脏不怕累，就喜欢到处蹦跶。

我也要努力钻出卵壳和哥哥姐姐一起玩耍。

把这身脏衣服脱掉，我就离爸妈的样子更近一步了！

冤家路窄，快掉头走！

锹甲老师的冷知识补给站

**背着尸体到处跑的荆猎蝽**

试问昆虫界中有哪位昆虫杀手敢背着猎物的尸体到处跑？荆猎蝽就敢。它们把蚂蚁的尸体堆在自己的背上，伪装自己，迷惑猎物。

**一碰就放屁的屁步甲**

你有没有遇到过这样一种甲虫，一受到惊吓就砰地放个“响屁”，溜之大吉。这种昆虫叫屁步甲，当它们遇到威胁时，可以从尾部喷射出高温的酸性物质，腐蚀并灼伤敌人。

锹甲老师的知识小问答

小朋友们，你们知道伪装猎蝽的绰号叫什么吗？

# 用蜡做育婴房的介壳虫 半翅目

春姑娘刚踏入这片草地，地上的小草就迫不及待地冒出头来，想早点儿看看春天的风采，杏树也急不可耐，想要一展风姿。一阵小风吹来，伸展的杏树花冠在风中冻得瑟瑟发抖，而充满智慧的大戟树不慌不忙地等待着，它弯曲身体，保护着头顶的花冠，并时刻注意着天气的变化。等到温度适宜时，大戟树伸了伸懒腰，挺直身姿，绽开深色的伞形小花，并在细长的花茎里灌满甜蜜的汁液。

一群披着白色薄衫的介壳虫悄悄地从大戟树下的腐叶堆里钻出来："蛰伏了一冬，终于要回到树上啦！"虽然它们的心情十分急迫，但是为了在更合适的温度里出现在枝干上，它们按捺住内心的急切，不慌不忙地在树干上匍匐前进。

蜣螂推粪球
锹甲老师的童谣广播站
介壳虫儿真奇怪，白蜡它会自己产。
冬季藏在腐叶下，春暖花开树上待。
吸食树汁忙婚配，孕后身体分两段。
前段身体为自己，后段“身体”为育儿。
白蜡做成育婴房，随身携带才心安。
大戟树的汁液味道真好！
我要给孩子们用蜡做个育儿室。
咱们也来个春日野炊。

# 介壳虫的惬意生活

天气越来越热，介壳虫一家已经成功地爬到了树干高处。介壳虫们穿着齐膝的紧身外衣，再套上白色的长衫，完美地展现了它们的身材。下午茶时间到了，它们不约而同地来到“茶餐厅”，把钻针般的口器插进树干，优雅地饮用起树汁来。

“你家孩子有几个离开育婴房了。”两位介壳虫妈妈一边享受日光浴，一边聊着家常。

“孩子们孵化的顺序不同，而且它们在我的育婴房里进进出出，我很难记得清楚。不过，多亏了我们身体的这后半部分，孩子们才能在我们身边安全长大。”一位介壳虫妈妈喝了口树汁说。

“是啊，一开始我还担心分泌的蜡太多，不好看，不过现在看到孩子们在蜡做成的育婴房里健康快乐地成长，觉得一切都值得了。”另一位介壳虫妈妈看着身旁玩耍的孩子说。

**法布尔爷爷的文学小天地**

严寒冰冻过去了，大戟树的花径里突然灌满了火炭味的汁液，花冠绽开深色的伞形小花，当年出生的第一批小苍蝇便来此畅饮。

# 来自妈妈的爱

“嗯，我们不仅可以时刻把孩子带在身后，还不影响生活。我才不会像一些昆虫那样生完孩子就不管了，我是不会放心让还未长大的孩子离开我的。我们做的育婴房既安全又温暖，里面还有我们用尾部分泌出的丝束为孩子们做的舒适软垫，孩子们一出生就能受到我们无微不至的呵护，它们应该是昆虫界里最幸福的孩子了吧？”介壳虫妈妈说着，露出幸福与骄傲的神情。

四个月的生育时间里，介壳虫妈妈的育婴房里不断有长大的介壳虫若虫爬出来，它们随心所欲地分散在大戟树上，吮吸着美味的树汁。

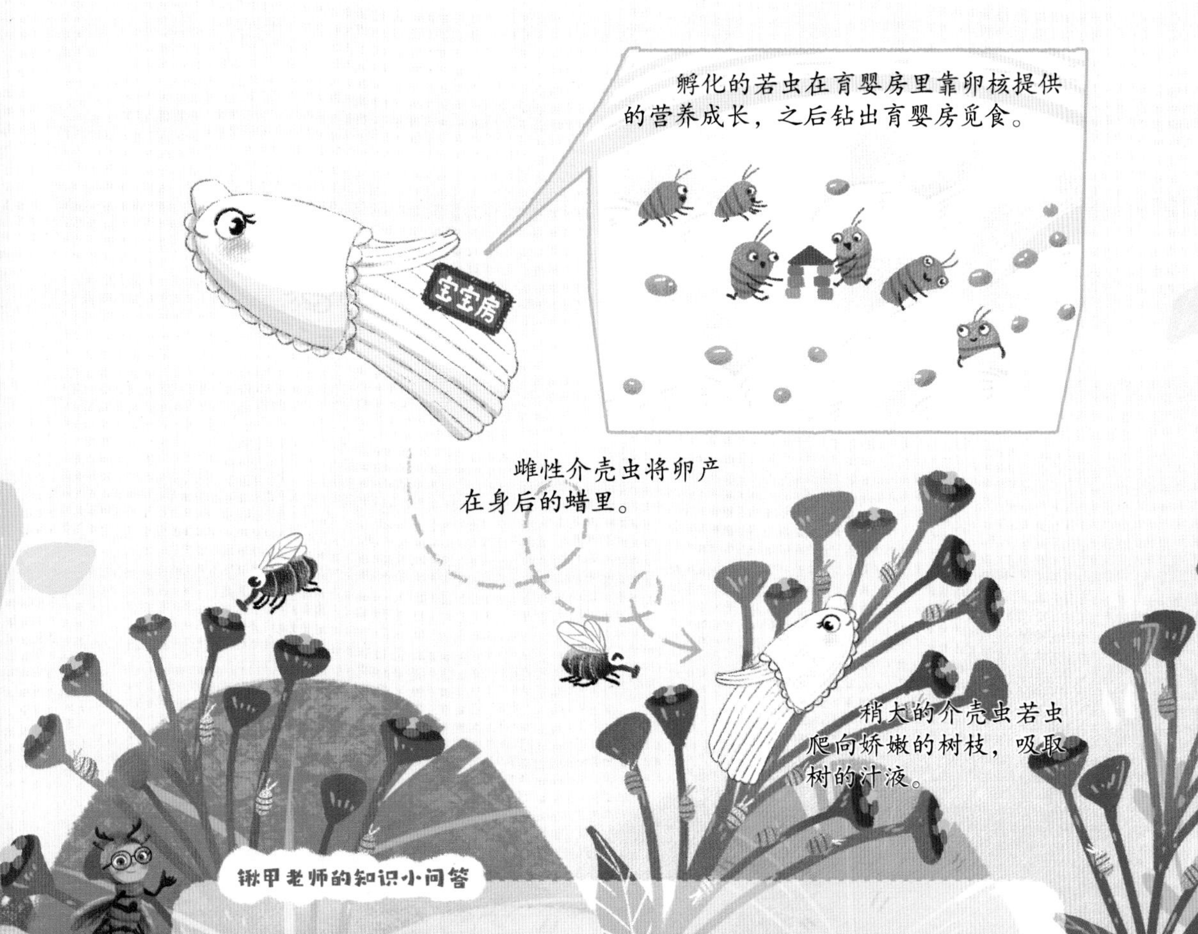


当雌性介壳虫不再产卵时，意味着它的一生即将结束。

锹甲老师的知识小问答

小朋友们，你们知道介壳虫的小宝宝们长大前住在哪里吗？

锹甲老师的冷知识补给站

钟爱数字“88”的蝴蝶

在阿拉伯数字中，你喜欢哪个数字？昆虫界里有种蝴蝶应该十分喜爱数字“88”，瞧它被“绣”在了翅上。其实“88”是蝴蝶翅上的斑纹，巧合的是与数字“88”十分相似。

天蓝单爪鳃金龟甲

这是一种闪着珠光的雄性天蓝单爪鳃金龟甲，想必它是得到了大海和天空的青睐，于是它们才把自己最好看的颜色送给了这种甲虫。

# “开糖水店”的圣栎介壳虫 半翅目

“听说最近有几家糖水店开业了，还推出了免费畅饮活动，咱们几个去看看，如果是真的，咱就把所有的工蚁都喊来，喝个痛快。”圣栎树上，几只工蚁兴奋地说。原来，圣栎树上最近开了几家糖水店，经常有爱喝甜水的小昆虫前去光顾，听说还是免费的。几只工蚁商量着，循着香甜的气味走到了一家糖水店前。

“咦，这个黑得发亮，宛如豌豆大的‘浆果’就是糖水店？”一只工蚁看着眼前散发着糖水气味的“浆果”满脸疑问。

“我不是浆果，我是圣栎介壳虫妈妈，你们想要喝糖水就自便吧。”

锹甲老师的童谣广播站
小小圣栎介壳虫，雌雄经历大不同。
雄虫交尾就死去，雌虫膨胀变“堡垒”。
为保腹中卵安全，蚂蚁每天得恩惠。
雌虫肉体萎缩尽，泉眼干时若虫成。
一朝若虫见天日，春暖花开幸福时。
蚜小蜂
狼蛛母亲将绑在尾部的卵袋伸出洞外，晒太阳。
卵袋
交配后的雄性成虫会很快死去。
克罗多蛛
为了孩子们的安全，我们就多生产些糖水给蚂蚁喝吧。
免费畅饮
有免费的饮料真是太赞了！

## 用身体当孩子的安全堡垒

“你怎么可能是圣栎介壳虫呢？我可是见过圣栎介壳虫先生的，它有半透明的翅，而且身体瘦瘦的，哪像你这样，既看不到头，也看不到足，就像是长在树上的浆果。”另一只工蚁开了腔。

最后，在圣栎介壳虫母亲的解释下，工蚁们明白了。原来，雌性圣栎介壳虫在孕育孩子时，身体会快速变大并逐渐硬化，形成一个坚硬的“堡垒”。它们会抱着树干吸取树的营养，并分泌出甜甜的糖水供蚂蚁们饮用，这样一来，吃饱的蚂蚁就会充当介壳虫的保镖。

“哇！味道好极了！”喝到糖水的工蚁把消息告诉了其他同胞，这口糖水可以解除它们一身的疲惫。

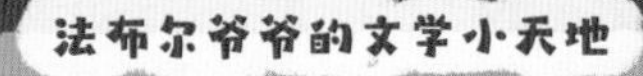


正在孕育孩子的雌性圣栎介壳虫就像一颗大的黑珍珠，和用墨玉做的珠宝一样。

# 危险的寄生者

你就算变成一座“堡垒”，我也能见缝插针地将孩子送到“堡垒”内部。

虽然圣栎介壳虫妈妈将自己的身体变成了一座坚硬的“堡垒”，又分泌出甜甜的汁水来迷惑敌人，但还是没能逃过蚜小蜂的火眼金睛。这位不受欢迎的客人偶然来到了糖水店，立刻就看懂了其中的奥秘。它顺着糖水流动的方向，寻找糖水的出口。它看到圣栎介壳虫母亲被一层具有黏性的白色蜡质粉末固定在树枝上，而与树干接触的那一面扁平带点凹陷，凹陷处的两侧各有两条裂缝，正在不断地往外渗出甜甜的汁液。

“哈哈，被我找到‘堡垒’的入口了吧？我的孩子们以后有食物吃啦！”蚜小蜂妈妈高兴地把自己的产卵管从裂缝插进了“堡垒”。

六月份，一些幸免于难的圣栎介壳虫卵宝宝孵化了出来，它们拖着白色的卵衣从“堡垒”的裂缝钻出来。外面的世界是那么大，而它们是那样渺小。它们一出来，就迅速地从树上来到地下，钻进土里，准备度过难熬的寒冬，等待春暖花开之时的新一轮回。

孵化出的圣栎介壳虫若虫披着白衣爬到树下，再钻进土里过冬。

锹甲老师的冷知识补给站

可做天然颜料的胭脂虫

你喝的饮料或用的物品里可能含有昆虫的尸体哦！胭脂虫因含有胭脂红天然色素而得名。胭脂红在彩妆、染织、药品、食品等行业得到广泛应用。

看起来很好吃的埃及吹绵蚧

这种虫子有着奶油冰激凌的颜色、棉花糖般的质地，虽然看上去很美味，但它其实是一种害虫。它那向外发散的条状“触手”是它分泌出的蜡，可不能吃哦！

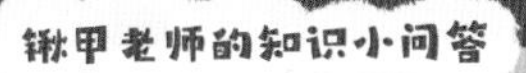

锹甲老师的知识小问答

小朋友们，你们知道介壳虫妈妈把卵宝宝放到了哪里吗？

# 住在泡沫城堡里的牧草沫蝉 半翅目

四月真是个美好的月份，各种鸟儿都忙着觅食筑巢，田野里一片生机勃勃。就在那片不起眼的草丛里，散落着一堆堆晶莹剔透的泡沫。

“是谁那么不讲卫生，向这么青葱的草丛里吐唾沫？”一只飞蛾落在花朵上，望着那一堆堆的泡沫生气地说。咦？泡沫里竟然有什么东西在动，飞蛾走近一看，里面有一只圆凸短粗的淡黄色小虫，好像是一只没有翅的蝉。飞蛾心想：“唾沫那么恶心，那只小虫在里面做什么呢？”

满心疑问的飞蛾飞到泡沫上空一看究竟。哦，原来这些泡沫并不是人吐的涎水，而是由这种小虫制造出来的。大千世界真是无奇不有，飞蛾想问个清楚。

筑巢的燕子
我们牧草沫蝉不仅会飞，还擅长跳跃呢！
黄花酢浆草
牧草沫蝉成虫
锹甲老师的童谣广播站
牧草沫蝉真有趣，
若虫无翅难防御，
刺吸叶茎吃东西，
制作泡沫来躲避，
蜕变成虫长有翅，
飞翔弹跳都给力。
牧草沫蝉若虫

## 牧草沫蝉的泡沫城堡

“喂，小虫，这些泡沫是你制造出来的吗？”飞蛾怪声怪气地问。小黄虫听到动静连忙钻进更深的泡沫里。稍后它从泡沫里探出头来，东瞧瞧，西看看，才在一旁的叶子上发现了问话的飞蛾。

“我不叫小虫，我的名字叫牧草沫蝉。这些泡沫是我制造出来的，它可是我的城堡，我没长成成虫之前都住在里面，它不仅能帮助我保湿皮肤，还能帮助我躲避敌人，用途大着呢！”

飞蛾听了牧草沫蝉的回答，不由得生出敬佩之意，并且为自己的无礼感到抱歉：“不好意思，请问你的泡沫是怎么制造出来的？我也很想有这样一座泡沫城堡。”

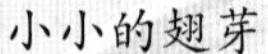
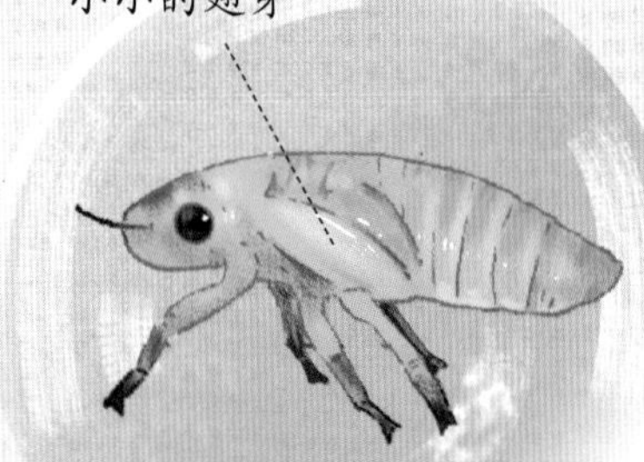


牧草沫蝉若虫刚出生时是淡黄色的，没有翅芽，之后逐渐变绿，并长出翅芽。

## 牧草沫蝉的泡沫工厂

“不是每只昆虫都能生活在泡沫里的，也不是每只昆虫都能制造泡沫，这是我们牧草沫蝉的本能，不是想学就能掌握的，也只有我们沫蝉才可以，就连我的近亲蝉也无法制造泡沫。”小牧草沫蝉一本正经地回答，“既然你想要知道泡沫的制造方法，那我就跟你说说吧。我的身体是一座制造泡沫的工厂。我细长如针管的喙在树叶上打

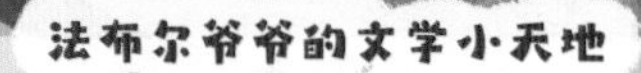

法布尔爷爷的文学小天地

本能是一种初始的才能，不能从他处获得，时间也难以在昆虫的孵化期启发它们，更不能将这些本能强加于生理结构相似的昆虫。

吸食汁液

洞，只吸取里面能食用的汁液，我的消化系统将我吃的食物转化后，可以生产出含有蛋白的黏性物质，这可是我的独家配方，再搭配我腹尖处‘Y’形的鼓风袋，我就可以排出有黏性且不易消散的泡沫啦！”

开始制泡沫

飞蛾听得目瞪口呆。它并没有明白牧草沫蝉的制泡沫流程，感觉好复杂：“听着好像很厉害呢！虽然我没有泡沫城堡，但是我有其他的保护自己的方法。再见了，牧草沫蝉，等我再次经过这里时再来看你。”

泡沫城堡完成

一天天过去了，等飞蛾再次经过这里时，小牧草沫蝉早已长大，由当初的小黄虫变成了长着褐色带斑纹翅的成虫。它不仅可以像飞蛾一样扇动翅，还能在高高的草丛里跳跃呢！

锹甲老师的冷知识补给站

**不打鸣的龙眼鸡**

龙眼鸡可不是鸡哦，所以它不能打鸣。它是长鼻蜡蝉，赫赫有名的“热带水果大盗”。在有的地区，美丽的龙眼鸡还是有名的特色小吃呢，据说比鸡的营养价值还高！

**长得像鳄鱼的提灯蜡蝉**

有人说它的头像花生，应该叫“花生头蜡蝉”，也有人说像鳄鱼头，应该叫“鳄鱼头蜡蝉”。但不管叫什么，可爱的提灯蜡蝉都是那么引人注目。你觉得它更像花生还是更像鳄鱼？

牧草沫蝉成虫

锹甲老师的知识小问答

亲爱的小朋友们，你们知道牧草沫蝉制作的泡沫是用来做什么的吗？

图书在版编目（CIP）数据

这才是孩子爱读的昆虫记：全15册 / (法) 法布尔著；陆杨等改编、绘. -- 北京：北京理工大学出版社，2023.6

ISBN 978-7-5763-1998-9

Ⅰ. ①这… Ⅱ. ①法… ②陆… Ⅲ. ①昆虫—儿童读物 Ⅳ. ①Q96-49

中国国家版本馆CIP数据核字(2023)第003936号

出版发行 / 北京理工大学出版社有限责任公司
社　　址 / 北京市海淀区中关村南大街 5 号
邮　　编 / 100081
电　　话 / （010）68914775（总编室）
（010）82562903（教材售后服务热线）
（010）68944723（其他图书服务热线）
网　　址 / http: //www.bitpress.com.cn
经　　销 / 全国各地新华书店
印　　刷 / 三河市九洲财鑫印刷有限公司
开　　本 / 787 毫米 × 1092 毫米　1/12
印　　张 / 43.5
字　　数 / 870千字
版　　次 / 2023 年 6 月第 1 版　2023 年 6 月第 1 次印刷
定　　价 / 299.00元（全 15 册）

责任编辑 / 申玉琴
文案编辑 / 申玉琴
责任校对 / 刘亚男
责任印制 / 施胜娟

北京理工大学出版社
BEIJING INSTITUTE OF TECHNOLOGY PRESS

北京昆虫学会　中国昆虫学专家 审订

（排名不分先后）

彩万志教授　　张志勇教授

李姝博士　　徐庆宣博士

# 目录
contents

# 不想背黑锅的颜蚱蝉

半翅目

颜蚱蝉先生听过这样一则寓言。冬天，一只饥饿的蝉到蚂蚁家乞讨，蚂蚁说：“夏天时，你一直在唱歌，不储备食物，现在当了乞丐，真是活该。”可事实上，冬天的地面上根本没有蝉。

颜蚱蝉先生对这则寓言非常不满，它不想背一辈子黑锅，所以今年夏天，它决定在树上大声叫嚷，诉说冤屈。这不，夏天到了，它开始为自己平反了。喊累了的它就用吸管状的口器在树身上钻一个“泉眼”，吸口树汁润润嗓子。不一会儿，蚂蚁们循着甜味赶了过来，它们一起撕咬着颜蚱蝉先生的身体，想把它赶走，霸占“泉眼”，生气的颜蚱蝉先生对着这伙强盗撒了一泡尿后，悻悻地飞走了。

在伊索寓言中，蝉在冬季向蚂蚁乞讨，但法布尔对其进行了纠正，冬季并没有蝉，乞讨的昆虫更像是绿丛螽斯。

锹甲老师的童谣广播站
梧桐树上枝叶茂，雄颜蚱蝉歌唱欢。
打口美味树汁井，饱饮一顿真解馋。
引来众多贪吃客，驱赶主人享独餐。
最为过分是蚂蚁，一泡蝉尿让它惭。
雌颜蚱蝉繁殖忙，产卵之后命短暂。
若虫生活在地底，夏季破土把树攀。
乞讨的应该是你们蚂蚁才对吧！
这里有颜蚱蝉钻探出来的树汁！
颜蚱蝉钻出来的树汁真好喝。
花金龟甲
见者有份，大家快来喝！
蚂蚁
看来我的钻探造福了大家。
蜾蠃(guǒluǒ)
颜蚱蝉
多沙泥蜂
松树蜂
待在地下的颜蚱虫若虫

## 玻璃心的颜蚱蝉先生

颜蚱蝉先生飞到了颜蚱蝉姑娘面前，它们肩并肩欣赏着日落。颜蚱蝉先生不停地歌唱着，似乎是在向颜蚱蝉姑娘表达着爱意，但奇怪的是，颜蚱蝉姑娘不为所动。

突然，旁边传来了巨大的礼炮声，它们像没有听到般一动不动，颜蚱蝉先生依旧在淡定地唱着。

原来，它们的听力都不好，并且颜蚱蝉姑娘还是个哑巴，不能发声。看来，颜蚱蝉先生的歌声并不是在表达爱意，也许它只是想发泄一下刚才被蚂蚁欺负的委屈吧。真是个玻璃心的艺术家！

只有雄性颜蚱蝉有发声器，它通过振动腹部内侧的薄膜发出叫声。

# 反应迟钝的颜蚱蝉姑娘

甜蜜的生活很短暂，随着秋天的到来，颜蚱蝉姑娘知道自己的寿命将尽，它要抓紧完成一生中最重要的任务——生下蝉宝宝。只见颜蚱蝉姑娘找到了一根髓质丰富的树枝，在上面花了六七个小时，产下了大概三四百枚卵。但它不知道的是，危险马上就要来临了。

一只蝉卵寄生蜂悄悄地靠近了颜蚱蝉姑娘，并把针形产卵器插进了颜蚱蝉姑娘产下的卵中，产下了自己的后代。蝉卵寄生蜂的后代在蝉卵中会率先孵化，然后把寄主和身旁的其他蝉卵当成食物。哎，可怜的颜蚱蝉姑娘并不知道这个强盗的阴谋，因此没有驱赶它。

好在颜蚱蝉姑娘产下了足够多的卵。温暖的阳光加速了蝉卵的孵化，刚孵化的若虫宝宝们就像一只只白色的小跳蚤，这些脆弱的小生命急需找到一块松软的土地，以便钻进去躲过将要到来的严冬。

## 若虫宝宝的“生命池”

颜蚱蝉的若虫宝宝们在泥土中安了家。四年后，又一个夏季来临，长大后的若虫宝宝们从地洞中露出了小脑袋，它们迫切地想看一看这个美丽的世界。只见一只小家伙用锋利的前足挖开洞口的泥土，带着满身的泥浆钻了出来，它的身体表面黏糊糊的，腹部末端还在不断地渗出液体。原来，这只聪明的小家伙用自己的尿液把坚硬的泥块变成了泥浆，这样一来，钻出地面就轻松多啦！

不过，在干燥的泥土里，它们是如何汲取大量的水分，从而产生尿液的呢？原来啊，若虫宝宝们把吸管一样的口器插进了树根中，贪婪地吸吮汁液，树根就是若虫宝宝们的“生命池”。

随着地面的洞越来越多，小家伙们一只接一只地钻了出来，它们已经准备好转入生命的另一个阶段了。

**法布尔爷爷的文学小天地**

如今这个满身泥浆的挖土工，突然换上了高雅的服饰，它长着一对堪与飞鸟相媲美的翅，沐浴在温暖的阳光下，陶醉在这个世界的欢乐中。

# 破土而出后的新生

一只钻出地面的若虫宝宝在矮枝丫上找到了一个稳定的立足点，它仰着头，前足紧紧地抓住枝丫，随着背壳上的中线逐渐裂开，它那娇嫩的身体一点点地露了出来，体液一瞬间充满了全身，若虫宝宝的身体也随之变硬，当它的腹部末端从“外套”中剥离后，羽化终于成功了。

然而个别若虫宝宝就没那么幸运了，因为姿势不对，它们用尽了全身的力气也没能完全破壳，因此失去了生命。

羽化后的颜蚱蝉们抖动着翅飞到树上，雄性颜蚱蝉开始像爸爸那样一展歌喉，雌性颜蚱蝉则在一旁吸着树汁，属于它们的美好生活就这样开始了。

锹甲老师的冷知识补给站

善于伪装的广翅蜡蝉幼虫

瞧！一团“蒲公英种子”依附在一根茎秆上，这是广翅蜡蝉的幼虫。它能分泌出黏液结晶，形成许多像蜡丝一样的白色“毛毛”，这样一来，伪装后的它就很难被天敌发现了。

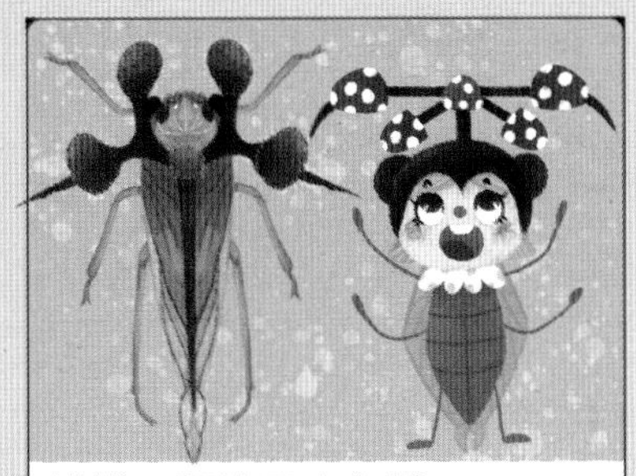

模样丑陋的四瘤角蝉

这只四瘤角蝉头上顶着四个红疙瘩，看起来很像一朵毒蘑菇。其实四瘤角蝉不仅无毒，还能分泌出蜜露供蚂蚁舔食，因此“吃人嘴软”的蚂蚁就成了它的“保镖”。

颜蚱蝉在羽化时，需牢牢地抓住树干，利用重力的作用蜕去外壳。

如果羽化时采用的姿势不对，那么，无法成功蜕壳的颜蚱蝉最终会死亡。

锹甲老师的知识小问答

小朋友们，你们说会唱歌的是雄性颜蚱蝉，还是雌性颜蚱蝉？

# 家族庞大的瘿绵蚜

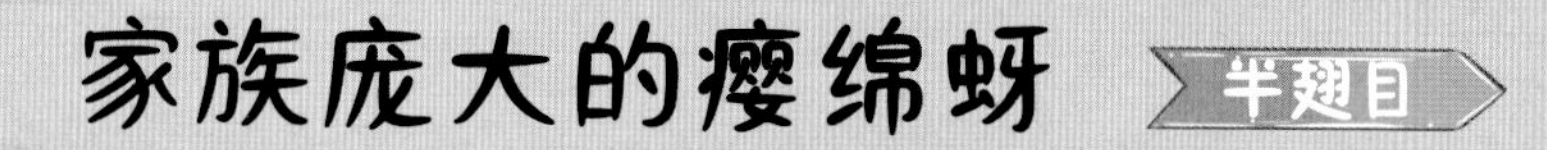


最近，一棵黄连木上，很多家“奶茶连锁店”陆续开张了，经营着这些“奶茶连锁店”的是成员众多的瘿绵蚜家族。蚂蚁们作为第一批客人闻声而至，它们对瘿绵蚜制作的“奶茶”赞不绝口，于是向一些瘿绵蚜部落提议道：“如果你们能免费为我们提供‘奶茶’，我们会保证你们部落在这块地盘上的安全。”

“没问题，合作愉快。”就这样，协议达成了，而那些没有跟蚂蚁签订协议的瘿绵蚜部落则遭了殃。瓢虫、草蛉幼虫、食蚜蝇幼虫，还有螳螂，对“奶茶”毫无兴趣，它们只想吃掉瘿绵蚜。然而，就算拥有如此多的天敌，黄连木上的瘿绵蚜家族还是在不断壮大，这又是为什么呢？答案或许能从它们的家园——虫瘿中找到。

小小蚂蚁可阻止不了我，看我的！
枯叶大刀螳
同志们，要不要组团去捉瘿绵蚜呀？
食蚜蝇幼虫
算了，有蚂蚁在给它们当保镖。
营业中
瓢虫
这些甜奶茶其实是我们的排泄物。
营业中
我们的颜色和外形会根据产下后代的代数不同而改变。
黑色瘿绵蚜
为什么你们俩的颜色不一样？
欢迎品尝
绿色瘿绵蚜
为了能一直喝上甜“奶茶”，我们要保护瘿绵蚜。
蚂蚁
锹甲老师的童谣广播站
小小蚜虫住瘿房，挤成一堆窝中藏。
蚜虫姑娘真能干，孤雌繁殖胎生忙。
吸取树汁产蜜露，蚂蚁把它当牛放。
等到九月巢穴开，长出两对小薄翅。
离开黄连木繁衍，挽救家族最荣光。

## 瘿绵蚜的巢穴

这天，一只金环胡蜂被黄连木上结出的几颗颜色鲜艳的“果子”吸引了过来。

“该死！这些是什么玩意儿？”咬开了一颗“果子”后，金环胡蜂无比生气。原来，“果壳”里面并不是果肉，而是密密麻麻蠕动着的瘿绵蚜。

“这是我们的巢穴——虫瘿。”一只瘿绵蚜对金环胡蜂解释道。

虫瘿是瘿绵蚜用自己的体液刺激植物生长而形成的一种瘤状物。瘿绵蚜的种类不同，虫瘿的形状也不同，有的像卷筒，有的像无花果，还有的像辣椒。

“太恶心了！呸呸！”金环胡蜂厌恶地飞走了。

# 不可思议的雌性瘿绵蚜

被金环胡蜂咬开的虫瘿上出现了一扇“大门”，瘿绵蚜们纷纷钻了出来。

一只瘿绵蚜问同伴：“接下来我们要做什么呢？”

“当然是为了壮大家族而生宝宝啦！”回答它的是一只经验丰富的瘿绵蚜前辈。

“只靠自己也能生宝宝吗？”

“当然可以，孤雌繁殖是我们瘿绵蚜家族的特色。在食物充足的春夏两季，我们家族中出生的全都是能自我生育的雌性瘿绵蚜，并且刚出生几天就可以繁殖下一代了。这是大自然的奇迹，也是我们家族的运气。来，我示范给你们看！”

于是，在瘿绵蚜前辈的指导下，一只只雌性瘿绵蚜开始了繁殖大任，一只又一只，一代又一代，它们像极了能自我复制的病毒！瘿绵蚜家族就这样在短时间内迅速壮大了起来。

孤雌繁殖的雌性瘿绵蚜以卵胎生的方式繁殖，每只雌性瘿绵蚜每次大约可以产下六只小瘿绵蚜，而产下的小瘿绵蚜全部是雌性。

# 庞大的家族逐渐衰落

七月，许多长了翅的瘿绵蚜为了生存，飞离了黄连木，建立起了自己的部落；而那些没有翅的，依旧留守在黄连木上。随着秋季的到来，花草树木能提供的食物越来越少，瘿绵蚜家族成员的数量也在逐渐减少。难道曾经如此庞大的家族就这样陨落了吗？瘿绵蚜家族绝不允许这种事情发生！

一只在新的部落里出生的雌性瘿绵蚜忽然想到了妈妈之前说过的话：“我们虽然可以孤雌繁殖，但是我们的后代无法越冬，这样下去我们会灭绝的。只有卵可以安然度过冬季，而只有和雄性瘿绵蚜成婚后才会有卵诞生。这样，我们的家族才能得以延续。”

所以，接下来，它们要肩负起这项最重要的使命——为了家族的延续产下雄性宝宝。

叶丛中挂满了比果园里的杏子更新鲜、更光亮的果实，人们被外观迷惑，打开了这些假冒品。多可怕，多恶心啊！它包藏的竟然是数不胜数的像虱子一样的虫子！

## 雄性瘿绵蚜终于登场

到了十月末，曾经无比庞大的瘿绵蚜家族成员已经所剩无几，黄连木上的“奶茶店”也全部关门大吉。不过，一些新部落里幸存下来的瘿绵蚜姑娘们除了产下常见的雌性宝宝外，还不负众望地产下了雄性宝宝！这可是瘿绵蚜家族的特大喜讯！

新一代的瘿绵蚜宝宝发育成熟后，成群结队地飞回到了黄连木上。这时，这些瘿绵蚜姑娘们又在黄连木上独自产下全新的雌性宝宝。它的宝宝们可厉害了，在成熟后，会和雄性瘿绵蚜共同完成繁衍大任，产下孕育着小生命的卵。

来年春天，这些卵宝宝们便会孵化为新年里的第一代瘿绵蚜！瘿绵蚜家族的繁衍大业又会重新开始啦！

**外表可怕但心思细腻的蝎蛉**

这只雄性蝎蛉长着又尖又大的口器，还有一根和蝎子一样的大尾针。虽然它外表粗犷，但在追求异性时，雄蝎蛉会以食物来博取雌蝎蛉的欢心，因为谁给的食物越多，谁就越有胜算。

**拥有大刀武器的螳水蝇**

蝇类通常都是被捕食的猎物，但有一种蝇竟然能捕食其他昆虫，它就是螳水蝇。螳水蝇的战斗力来自它像螳螂般的“大刀”前足，平时在水边栖息的它会捉蚊子来一饱口福。

### 每年第一代瘿绵蚜的孵化过程

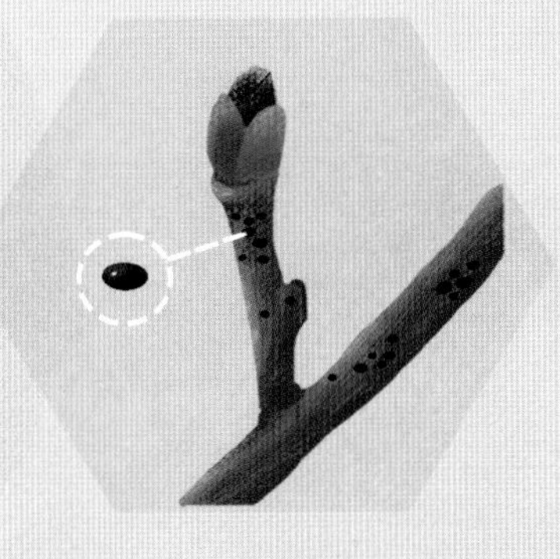

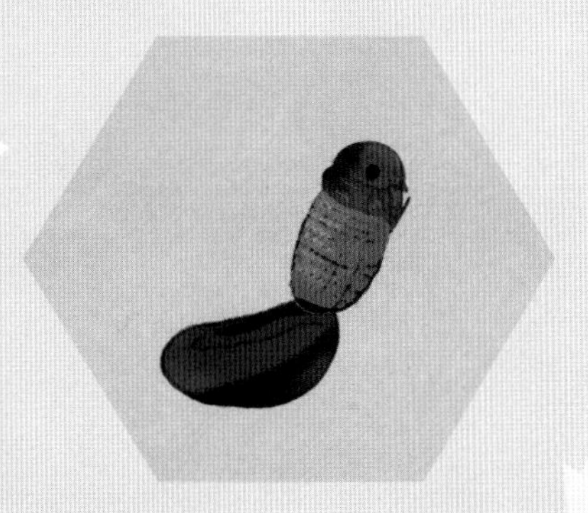

瘿绵蚜在冬天会被冻死，只有以卵的形态才能越冬。两种性别的瘿绵蚜交配后，雌性瘿棉蚜会产下卵，这些卵会孵化成来年的第一代瘿绵蚜，也称“干母”。

**锹甲老师的知识小问答**

小朋友们，你们知道大部分瘿绵蚜是怎么繁殖的吗？

# 凶悍无情的枯叶大刀螳

螳螂目

八月末，阳光明媚的一天，帅气的枯叶大刀螳先生在花园里飞来飞去，在路过一处灌木丛时，一只体型比它大一圈的枯叶大刀螳姑娘映入了它的眼帘。

“真是位美丽的姑娘啊！”枯叶大刀螳先生心想。它彬彬有礼地上前和枯叶大刀螳姑娘打了个招呼，枯叶大刀螳姑娘对它一见倾心，就这样，它们成了一对恋人。

然而，枯叶大刀螳姑娘并不像枯叶大刀螳先生想象得那般温柔，它既暴躁又贪吃，那些可怜的菜青虫、果蝇成虫和蝉一看见它就吓得瑟瑟发抖，只有蝗虫有时敢跟它叫板。不过，蝗虫也敌不过枯叶大刀螳姑娘的两把“大刀”，最终只能成为它的美餐。

我是会飞的雄性枯叶大刀螳，我的体型比雌性小。
锹甲老师的童谣广播站
小小枯叶大刀螳，脑袋像个倒三角，
手握两把锯齿刀，小虫见了拼命逃。
螳螂先生真伟大，为了爱情把命抛。
妻子把它当食物，新婚之夜成佳肴。
小螳螂啊成长快，避开天敌为自保，
有朝一日变霸主，独当一面真自豪！
我是最有能力反抗的，只能拼了！
菜青虫
蝉
开胃菜选谁呢？
果蝇
蝗虫

## 雌性之间的战争

最近，枯叶大刀螳姑娘心情大好，胃口大开的它将附近的小昆虫吃得所剩无几，这让它的女邻居——另一只枯叶大刀螳无猎可捕，因此非常生气。

这天，它们外出捕猎时相遇了，只见它俩拉开架势，振动着翅，举起各自的“双刀”准备开战！两只枯叶大刀螳像猫打架一般用一对前足快速攻击和防御。

突然，枯叶大刀螳姑娘看见了不远处的枯叶大刀螳先生，注意力不集中的它被对手抓住了空当，柔软的腹部瞬间被划伤。受了伤的枯叶大刀螳姑娘放弃了战斗，丢下了自己刚捕到的猎物，匆匆地赶到恋人身边去了。

# 枯叶大刀螳先生的凄惨命运

经过一段时间的相处，这对枯叶大刀螳恋人终于结婚了。新婚之夜，枯叶大刀螳姑娘幸运地怀上了宝宝，母性的本能开始让它变得焦虑，因为此时，它急需给腹中的卵宝宝提供能量，好让它们健康成长，可是身边根本没有食物，这可把它急坏了。

看见妻子如此着急，枯叶大刀螳先生做出了一生中最伟大的决定，它把自己当成食物献给了新婚妻子，为了彼此的后代，枯叶大刀螳姑娘只能流着悲伤的眼泪，把丈夫当成了食物。

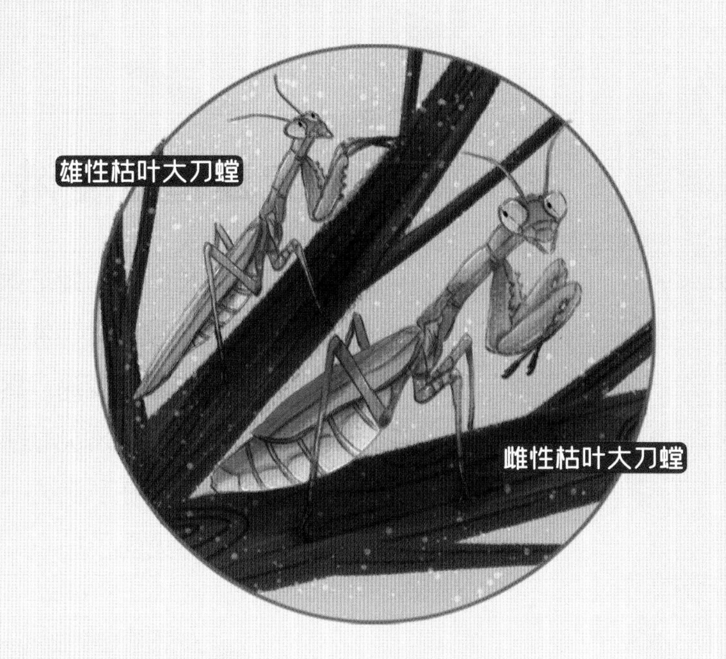


雌性枯叶大刀螳的身型比雄性大很多，通常在与雄性交配后会将其吃掉。

## 给宝宝建造安全港

过了几天，枯叶大刀螳姑娘的小宝宝快要出生了，为了保证宝宝们的安全，它在朝阳的枝杈上找到了一处凹凸不平的坚硬之处，然后从腹部排出大量的分泌物。这些分泌物像泡沫一样粘在树枝上，不一会儿就变硬了，颜色也随之变深，逐渐形成了一个褐黄色的卵鞘。卵鞘大约长 4cm、宽 2cm，形状像一只枣核，它十分坚固，足以抵御风吹雨打，还拥有良好的隔热性，能够保证卵宝宝不受严寒的侵害。

枯叶大刀螳姑娘在卵鞘内一次性产下了约四百枚卵，等度过了这个冬天，可爱的小枯叶大刀螳们就能和这个美丽的世界见面了！

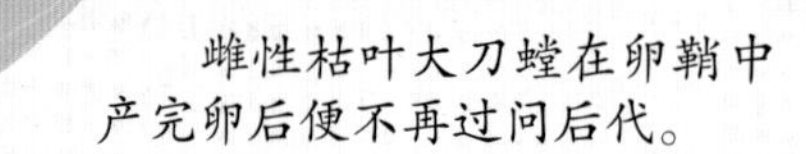

雌性枯叶大刀螳在卵鞘中产完卵后便不再过问后代。

卵鞘

4cm

2cm

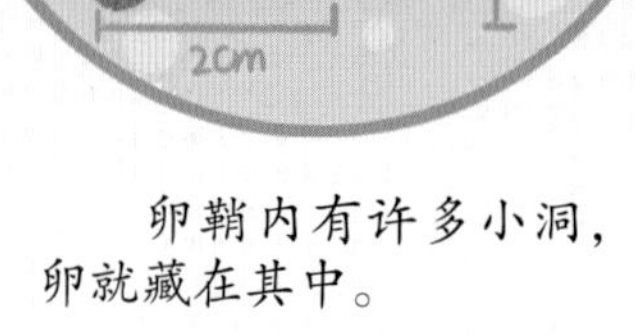

卵鞘内有许多小洞，卵就藏在其中。

生完宝宝后就没有顾虑啦，可以开心吃大餐啦！

## 枯叶大刀螳幼虫的天敌

来年的六月中旬，枯叶大刀螳的若虫宝宝们陆续地从卵鞘中孵化了出来。快看！这些长着两只突出的黑眼睛、足部纤细的小家伙们正通过不停摇头的方法来挣脱身体外面的一层薄膜，等挣脱了这层膜衣之后，它们就

法布尔爷爷的文学小天地

世界是一个封闭的圆，完结是为了重新开始，死亡是为了继续生存。

是小一号的枯叶大刀螳了！

值得一提的是，这些小家伙们在出生后的七天内几乎不吃东西。不过，等它们稍微长大一点儿后，它们便会去捕食瘿绵蚜和蚁卵。

正当枯叶大刀螳的若虫宝宝们对这个新世界充满好奇时，蚂蚁、皱腹快足小唇泥蜂和蜥蜴们一拥而上，把它们当成了美餐。

虽然一部分若虫宝宝被吃了，但还有一部分幸存了下来。长大后，它们便能独当一面，成为花园中虫见虫怕的霸主啦！

锹甲老师的冷知识补给站

**号称“螳螂之王”的魔花螳螂**

魔花螳螂是世界上体型最大的捕食性螳螂之一。鲜艳的颜色让它看上去像一朵美丽的花儿，这种华丽的外表让它在宠物界炙手可热，无愧于自己“螳螂之王”的美誉。

**像美少女般的兰花螳**

在螳螂目中，如果魔花螳螂的体型最大，那么兰花螳则最美丽。兰花螳平时栖息在兰花上，连步行足也演化出了类似花瓣的构造和颜色，这种伪装效果让人感到赏心悦目。

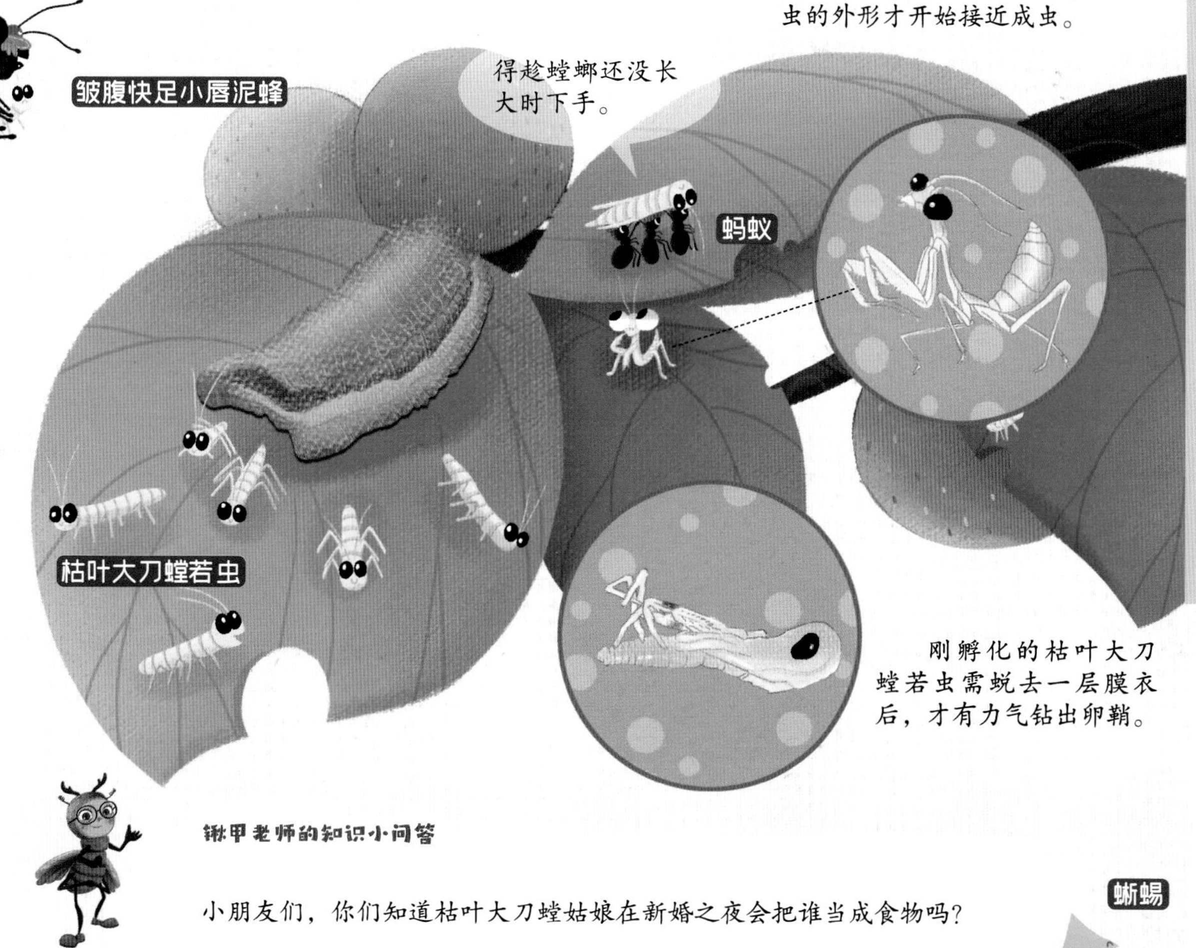


锹甲老师的知识小问答

小朋友们，你们知道枯叶大刀螳姑娘在新婚之夜会把谁当成食物吗？

# 相敬如宾的带锥头螳 螳螂目

花园里出现了一只古怪的螳螂，只见它在向阳的树枝上，前后晃动着身体，像幽灵般摇摆不定，孩子们给它起了个绰号，叫“小鬼虫”。一只蝗虫对它很好奇，友好地碰了它一下，谁知它竟受到惊吓，逃走了！它就是带锥头螳。它的胆子可小了！要知道在它的表亲枯叶大刀螳眼里，蝗虫可是最美味的食物！

锹甲老师的童谣广播站
带锥头螳真奇特，胆子小来性温和。
一顶“铁帽”头上戴，两根触角似飞蛾。
遇到蝗虫不敢捉，看见粉蝶往回撤。
最爱美食是苍蝇，一只能顶一天饿。
夫妻恩爱度余生，平淡生活也快乐。
听说带锥头螳是个胆小鬼！
蝴蝶
快走开，我从不捕捉体型大的猎物！
你好啊，交个朋友吧。
蝗虫

## 来之不易的美餐

逃走的带锥头螳先生遇到了一只菜粉蝶，它费劲地捉住了菜粉蝶，刚想将它吃掉，孰料菜粉蝶挣扎时宽大的翅不停地扇在带锥头螳先生的头上，吓得带锥头螳先生赶忙松开了前足，到嘴的大餐就这样飞走了。

正在这时，带锥头螳先生最喜爱的食物出现了。

快看！一只苍蝇正在树枝上悠闲地搓着“小手”。带锥头螳先生摇晃着身体一点点接近猎物，苍蝇像是被它的“拳法”催眠了一般，对面前这只长得像树枝的猎手毫无防备。说时迟，那时快，带锥头螳先生的两把“大刀”闪电般地落下，苍蝇立刻成了“刀”下亡魂。带锥头螳先生津津有味地品尝着这来之不易的美餐，不一会儿就吃饱了。

**法布尔爷爷的文学小天地**

粗茶淡饭确实能软化性格，对昆虫和人类都一样。

## 平静的恩爱生活

和表兄枯叶大刀螳先生的悲惨命运不同，带锥头螳先生和妻子平日里相敬如宾，完全不用担心自己有一天会成为妻子的食物。不过，带锥头螳先生最终会因日渐衰老过世，留下怀孕的妻子独自生活。

怀孕后的带锥头螳姑娘依然保持着纤细的身材，体态轻盈的它像丈夫一样到处飞翔，直到找到一处满意的地方来造窝。它筑造的窝很小，每次产卵的数量并不多，只有几十枚，卵鞘中的洞也比较大，因此，带锥头螳的若虫宝宝刚孵化就能轻松咬破卵鞘通往外界。等它们长大后，也会像爸爸妈妈一样，在花园中过完安宁且平淡的一生。

**锹甲老师的冷知识补给站**

**只捕捉飞虫的小提琴螳螂**

小提琴螳螂平时只捕食会飞的昆虫，这是因为地上的昆虫让它无法分泌出建造卵鞘用的材料。为了肚中的宝宝，它只好把一些美味的菜肴从食谱上划掉啦！

**会用伪装术捕猎的幽灵螳螂**

在非洲的马达加斯加群岛上，生活着一种奇特的幽灵螳螂。它长相诡异，动作轻盈，像极了枯叶，它的伪装术既能用来捕猎，又可以迷惑鸟类，保护自己，可谓攻守兼备。

**锹甲老师的知识小问答**

小朋友们，你们知道带锥头螳最喜爱的食物是哪种昆虫吗？

# 拥有“专属奶奶”的岩蜂虻 双翅目

炎热的六月，红胸切叶蜂的巢穴被大风吹落，掉在地上后摔裂开来，红胸切叶蜂妈妈见状连忙上前察看：“天哪！这是谁干的？”它看见裂开的蜂房中自己的孩子已经死去，只剩下一副干枯的皮囊，而自己孩子的旁边竟然有一只它不认识的幼虫，正在充满活力地扭动着身躯。

“是谁把我的孩子害死了？这只幼虫又是从哪儿来的？为什么会出现在我筑造的巢穴中？”红胸切叶蜂妈妈的脑子里产生了无数的疑问。

孩子们，接下来就靠你们自己了！
放心吧，我们一定能找到“奶妈”的！
这个鬼鬼祟祟的家伙想干什么？
岩蜂虻没有针形产卵器，无法破坏红胸切叶蜂的巢穴。
岩蜂虻的卵
红胸切叶蜂
锹甲老师的童谣广播站
岩蜂虻，披黑衣，又像蜂来又像蝇。
鸠占鹊巢进蜂房，寻找“奶妈”为生计。
趁着猎物熟睡时，优雅进食真积极。
幼虫时期靠寄生，成年之后吃花蜜。
我爱喝花蜜！花蜜真好喝！

## 寻找自己的“专属奶妈”

原来，两周前，一只以寄生的方式繁衍后代的岩蜂虻妈妈，把卵宝宝产在了红胸切叶蜂妈妈的蜂巢附近。刚孵化出来的岩蜂虻一龄幼虫头部窄小，长着几只毛足，没有眼睛，但它凭借着本能，用纤细的毛足一点点地爬进了红胸切叶蜂妈妈造好的蜂巢里。

在成功找到红胸切叶蜂幼虫后，没多久，岩蜂虻一龄幼虫就进化成了二龄幼虫。此时，它的进食功能明显增强，面对红胸切叶蜂幼虫肥胖的身体，它开心地“吻”了下去，而红胸切叶蜂幼虫竟毫不挣扎，任其吸食。它们之间的关系真的这么好吗？当然不是！只是因为红胸切叶蜂幼虫正在化蛹，身体里都是液体，所以失去了行动力，无法反抗。

岩蜂虻宝宝就这样一点点地吸食着红胸切叶蜂蛹内的体液，它这种温柔的进食方式可以保持食材的新鲜，能让猎物在被自己吸干之前一直维持着存活状态。此刻，红胸切叶蜂幼虫好像岩蜂虻宝宝的“奶妈”一样，源源不断地用自己的体液为它提供营养，直到十五天后，自己变成一张干瘪的皮囊。

**法布尔爷爷的文学小天地**

看着这些忙碌的小家伙，我的身体里好像涌进一股年轻人的血液，迸发出一股从未有过的、年轻人才具有的激情，它让我忘记烦恼，忘记忧愁，沉浸在观察的乐趣中。

## 化蛹后的艰难任务



虽然有一只同伴运气不好，占据的蜂巢被风吹落后摔毁，但剩下的红胸切叶蜂巢穴中，岩蜂虻幼虫宝宝都在健康成长。在吸干了“奶妈”的体液之后，它们便进入了长眠。

来年五月，岩蜂虻幼虫宝宝开始化蛹。它们披上了深色的盔甲，头部和尾部分别长出了一具锋利又坚硬的齿型“犁耙”，这可是非常重要的挖掘工具。

只见它们不停地扭动身体，不一会儿，就用自己的挖掘工具从巢穴内部挖出了一个通道。

“这样一来，就算羽化后的我很柔弱，也能轻易钻出巢穴。”没有了后顾之忧，小家伙们便安心地睡着了。

在经历了一整个月的化蛹期后，一只只岩蜂虻成虫撑破了蛹壳，找到了之前自己挖好的出口，从红胸切叶蜂的巢穴中钻了出来。它们飞进花丛中贪婪地吸食着花蜜。这一刻，不知道这群食性已经改变的岩蜂虻，还能否记起那些曾经把它们养大的“奶妈”？

岩蜂虻的头部像蝇，胸、腹部像蜂。



锹甲老师的冷知识补给站

咬人又吸血的牛虻

你见过能把人咬出血的虻类昆虫吗？雌性牛虻便是，它最喜欢的吸血对象是牛这样的大型牲畜。可怕的牛虻能在牲畜和人类间传播疾病，是不折不扣的害虫，好在它的天敌很多，如赤眼蜂、沙蜂和鸟类等。

战斗力超群的食虫虻

这只长得像蜂类的昆虫名叫“食虫虻”，它拥有强大的捕猎能力，这得益于它良好的视力和极快的飞行速度。蝴蝶、螳螂、蜘蛛还没反应过来，就被它注入毒素，不久后便化成一摊可供它吸食的肉汁。

锹甲老师的知识小问答

小朋友们，你们知道岩蜂虻二龄幼虫的食物是什么吗？

图书在版编目（CIP）数据

这才是孩子爱读的昆虫记：全15册 / (法) 法布尔著；陆杨等改编、绘. -- 北京：北京理工大学出版社, 2023.6

ISBN 978-7-5763-1998-9

Ⅰ. ①这… Ⅱ. ①法… ②陆… Ⅲ. ①昆虫—儿童读物 Ⅳ. ①Q96-49

中国国家版本馆CIP数据核字(2023)第003936号

出版发行 / 北京理工大学出版社有限责任公司
社　　址 / 北京市海淀区中关村南大街 5 号
邮　　编 / 100081
电　　话 / （010）68914775（总编室）
（010）82562903（教材售后服务热线）
（010）68944723（其他图书服务热线）
网　　址 / http: //www.bitpress.com.cn
经　　销 / 全国各地新华书店
印　　刷 / 三河市九洲财鑫印刷有限公司
开　　本 / 787 毫米 × 1092 毫米　1/12
印　　张 / 43.5
字　　数 / 870千字
版　　次 / 2023 年 6 月第 1 版　2023 年 6 月第 1 次印刷
定　　价 / 299.00元（全 15 册）

责任编辑 / 申玉琴
文案编辑 / 申玉琴
责任校对 / 刘亚男
责任印制 / 施胜娟

图书出现印装质量问题，请拨打售后服务热线，本社负责调换

根据　法布尔《昆虫记》改编

# 这才是孩子爱读的昆虫记

[法]法布尔 著　陆杨 改编　刘美麟 绘

北京理工大学出版社
BEIJING INSTITUTE OF TECHNOLOGY PRESS

北京昆虫学会　中国昆虫学专家　审订

（排名不分先后）

彩万志教授　　张志勇教授

李姝博士　　徐庆宣博士

# 目录

contents

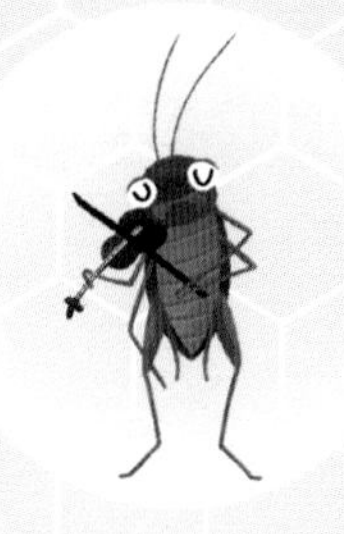

# 一生潇洒的白额盾螽 直翅目

明月高悬，草丛中传出了一阵“窸窣（xīsū）”声，仔细一看，原来是一群昆虫正聚在一起开会。为首的是一只金环胡蜂。环顾四周，参加会议的不乏枯叶大刀螳、欧捷小唇泥蜂、绿丛螽斯、山斑大头泥蜂等战斗力高强的捕食类昆虫。金环胡蜂正要发话，一只迟到的白额盾螽叼着一根狗尾巴草穗跳了过来。

金环胡蜂不高兴地白了它一眼，随后拿出一张悬赏单告知大伙儿，最近附近聚集了大量蝗虫，造成了食物短缺，昆虫猎人联盟下达了“追杀令”，希望有谁可以接下这项任务。还没等到其他的成员们有所表示，白额盾螽先生就抢先一把拿走了“追杀令”，接下了这项任务。因为蝗虫可是它最喜欢的猎物！

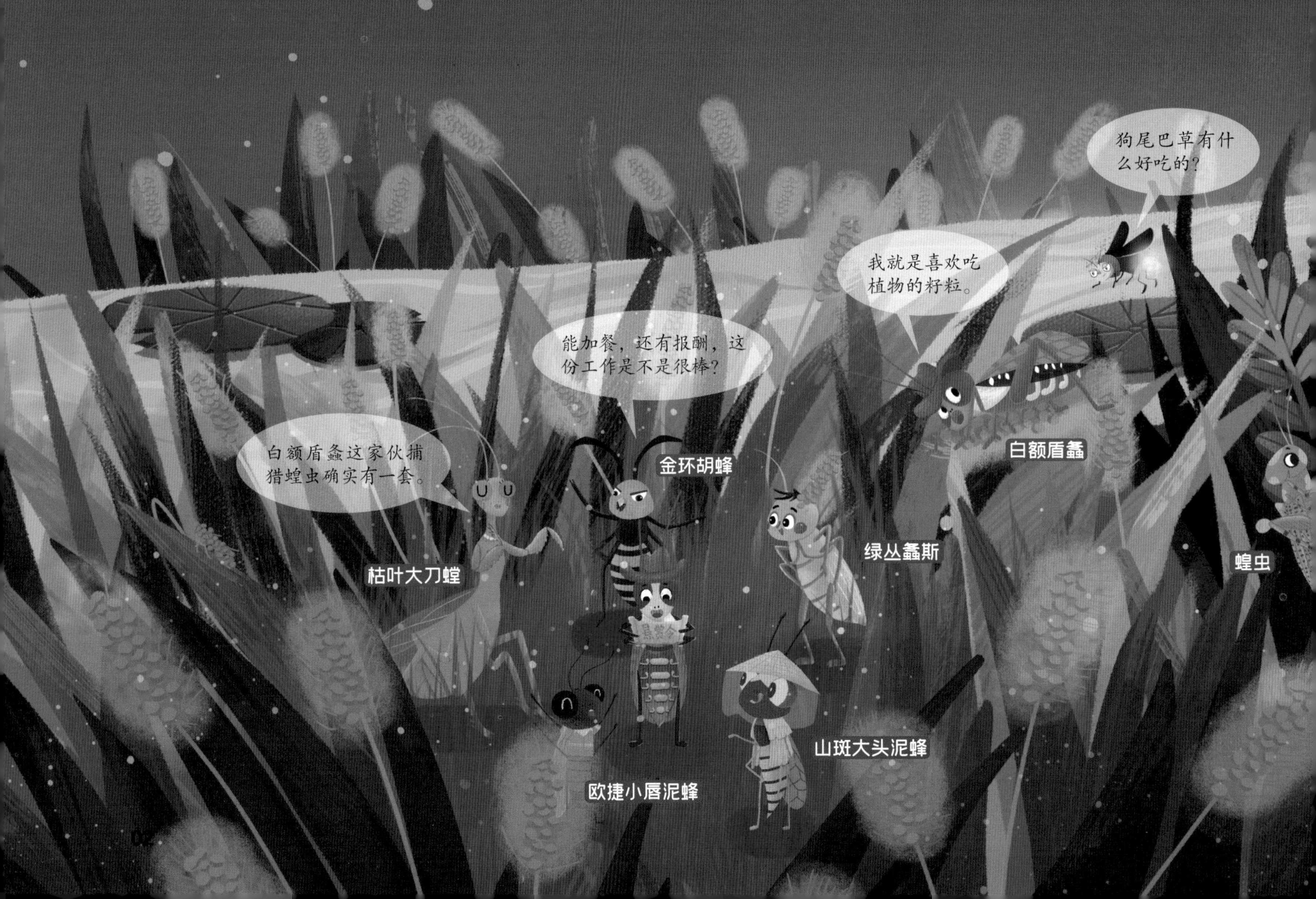

这里有蝗虫自助餐。

鸟

发现猎物。

萤火虫

白额盾螽若虫

**锹甲老师的童谣广播站**

白额盾螽战力高，上颚锋利似小刀。
身手敏捷足又粗，平日爱把籽粒咬。
猎食蝗虫来加餐，痛下杀手不轻饶。
演奏音乐遇伴侣，雌性强势占主导。
繁殖方式真特别，交配完后寿命到。
先父志气幼虫继，延续基因功劳高。

白额盾螽会先用上颚破坏掉蝗虫颈部的神经，让其无法逃跑，再将其吃掉。

## 最爱吃的猎物是蝗虫

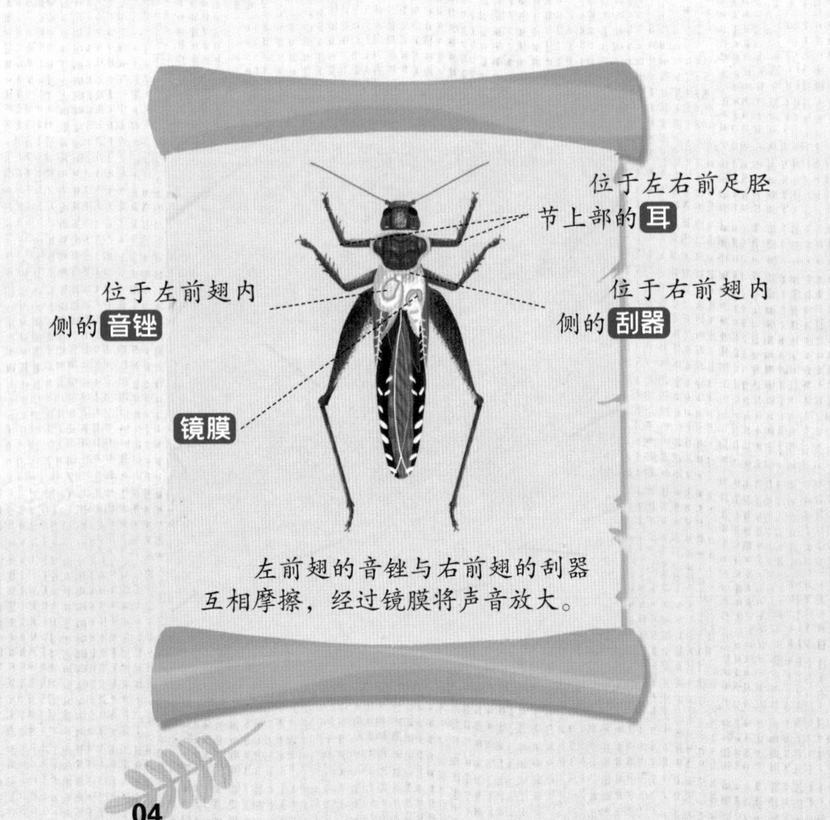


左前翅的音锉与右前翅的刮器互相摩擦，经过镜膜将声音放大。

此时，蝗虫们正在麦田里大快朵颐。一只吃饱了的蝗虫正要闭目养神，突然，白额盾螽先生敏捷地朝它扑了过来。虽然白额盾螽先生的体型没有蝗虫大，但它很灵活，它用粗壮的足把蝗虫死死地压在了身下。蝗虫自知小命不保，但还是可怜兮兮地恳求白额盾螽先生，希望它能够放过自己。

白额盾螽先生看着它说："同类相食并不只是你们蝗虫的习性，螽斯家族也一样，虽然我们同属直翅目，但比起身手的敏捷和上颚的咬合力，你们蝗虫家族远在螽斯家族之下，要怪就怪弱肉强食的自然法则吧！"说完，它便用上颚破坏了蝗虫的颈部神经，蝗虫还没来得及再说什么，就一命呜呼了。在享受完美餐后，白额盾螽先生把蝗虫的残翅收进了囊中，这是它领取赏金的凭证。

## 左撇子“大提琴手”

会议还没有结束，白额盾螽先生便完成任务回来了。领到奖赏的它十分开心，为大家演奏起音乐来。

悠扬的大提琴声响起，听众们无一不被这美妙的音乐声打动。

白额盾螽先生是个左撇子，它左翅下的琴弓上布满小锯齿。即使摩擦发出的旋律声很微弱，但为了欣赏这天籁之音，听众们都安静了下来，给予了这位演奏者充分的尊重和肯定。

一曲奏毕，原本严肃的会议竟然变成了欢乐的音乐节。演奏者们多了起来，听众们也渐渐多了起来，场面热闹极了。

这时，演奏完毕的白额盾螽先生看见一位漂亮的白额盾螽女士向它走来。

## 雌性占据主导地位

两只白额盾螽之间的距离就这样拉近了。然而，在结伴离开的路上，白额盾螽女士突然一改之前的温柔形象，用力地把白额盾螽先生摁在地上，就像捕猎蝗虫一样。白额盾螽先生顿时惊慌失措，难道它是想吃了自己吗？

白额盾螽女士看到它的反应，说：“别怕，我只是想要你一样东西。”

白额盾螽先生明白了，它叹了口气，道：“我知道你想要的是什么，我把它送给你吧。”说完，它便从身体里排出一个乳白色的肉袋子，这是它的精囊。有了它，雌性白额盾螽就能生下卵宝宝了。

接过精囊后，白额盾螽女士小心翼翼地把它粘在了自己的产卵管上，离开了。看着恋人远去的背影，白额盾螽先生感到十分难过。

**法布尔爷爷的文学小天地**

它浅唱低吟着生活的欢乐与艰难，它唱出了在昆虫的生命中那段最美好的时光。

## 为了繁衍后代而屈服于命运

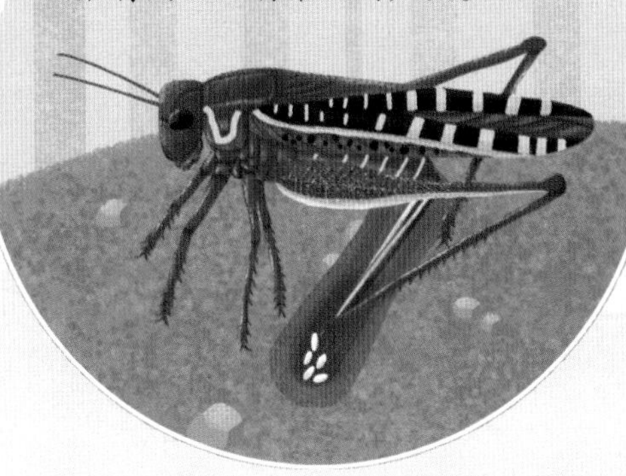

雌性白额盾螽会将产卵管插入地下，在产下约六十枚卵后再用泥土将巢穴封严实。

两周后，已经产下卵宝宝的白额盾螽女士与金环胡蜂偶遇了。金环胡蜂告诉它，白额盾螽先生已经去世了，听到这个消息，白额盾螽女士感到十分自责和难过。

它知道在完成繁衍后代的使命后，白额盾螽先生的寿命也就所剩无几了，这是所有雄性螽斯都无法逃脱的命运。

然而，它们爱情的结晶——白额盾螽若虫宝宝们此刻正在泥土中不断地向地面挖掘着，它们急切地想要破土而出，去享受自由的生活。

或许，白额盾螽先生在临终之前能够看一眼自己的孩子，就不会有什么遗憾了吧……

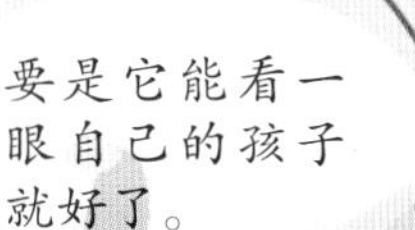

要是它能看一眼自己的孩子就好了。

它是个勇敢的猎手，也是一个好父亲。

白额盾螽死后，同类会吃掉它多肉的后足。

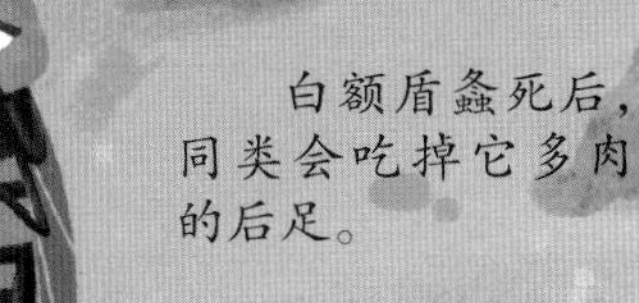

**锹甲老师的知识小问答**

小朋友们，你们知道白额盾螽最擅长捕捉哪种昆虫吗？

**白额盾螽若虫**一生需蜕皮五到六次，才能长大为成虫。

**锹甲老师的冷知识补给站**

**头上长独角的青牛螽斯**

青牛螽斯头上的犄角十分稀奇，凭借着头上独特的犄角，它吸引了无数人的目光。它生长在南美洲的丛林里，脾气暴躁，战斗力也不容小觑。

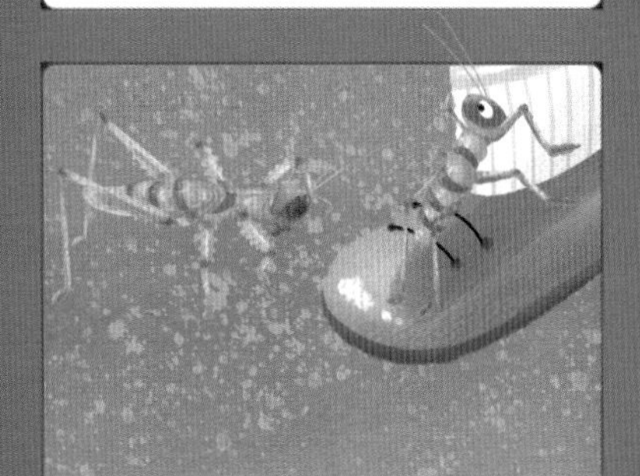

**体型超大的巨型掠夺者亚螽**

在高加索山脉，当有一只比手掌还大的昆虫跳到你的脚上时，你可别大惊小怪，因为它很可能是巨型掠夺者亚螽。这种螽斯的体型最长可达13cm，就连鸟儿也不敢轻易啄它。

## 才华横溢的田蟋 直翅目

四月，在万物复苏的田野里，第一届昆虫建筑大赛正在火热地举行。蚁蛉幼虫和虎甲是很有实力的参赛选手，它们在家门口布置陷阱捕猎的技巧非常了得，但经过了昆虫界评委的一致评选，冠军最终被我们的田蟋先生获得。

田蟋先生夺冠的原因不在于技巧，而在于巢穴的实用性与安全性，它可以在家中安逸地度过一年四季，不管是遇到恶劣天气，还是需要捕食或交配，它从不搬家，这是其他穴居昆虫做不到的。

蝴蝶
锹甲老师的童谣广播站
有只田蟋本领多，奏起音乐赛蝈蝈。
巢穴建得精又巧，舒适安全没得说。
田蟋先生为求爱，赶跑情敌真气魄。
田蟋姑娘脾气火，想把丈夫当菜做。
逃离婚姻实无奈，精彩一生不蹉跎。
田蟋喜欢躺在地底的家中，家门前还有能遮风挡雨的叶子。
我擅长演奏音乐，它一定能助我寻找到完美的伴侣。
猎物马上就送上门来了，我得把盖子盖上。
蜘蛛
虎甲
这是流沙吗？我逃不掉了！
姜太公钓鱼，愿者上钩。
蚂蚁
蚁蛉幼虫

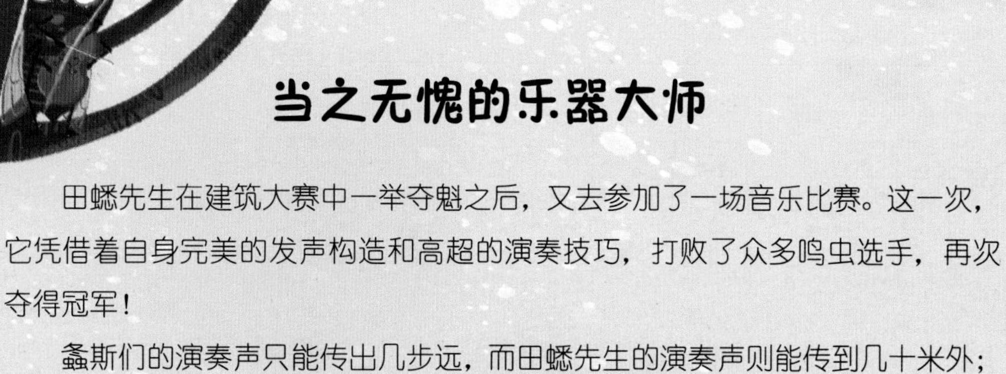

# 当之无愧的乐器大师

田蟋先生在建筑大赛中一举夺魁之后，又去参加了一场音乐比赛。这一次，它凭借着自身完美的发声构造和高超的演奏技巧，打败了众多鸣虫选手，再次夺得冠军！

螽斯们的演奏声只能传出几步远，而田蟋先生的演奏声则能传到几十米外；蝉的演奏音量虽大，但要论起乐曲的动听程度，田蟋先生的演奏则让它甘拜下风。在演奏的音量和技巧方面都能碾压对手，所以，田蟋先生成了当之无愧的演奏冠军！

夺冠后的田蟋先生并没有骄傲，它和对手组成了一支交响乐队，乐手们奏出的悠扬旋律在温暖的田野中回荡。

田蟋的音锉在右翅上，刮器在左翅上。

音锉

刮

只有雄性田蟋会用它的翅摩擦发声，其右翅盖在左翅上。

## 艰难的求爱之旅

第二天，田蟋先生意外地收到了一封来自田蟋姑娘的信。田蟋姑娘在信中说，在比赛现场目睹了它的音乐才华，被深深折服了，并约它晚上到自己家中做客。田蟋先生激动极了，不过它有些忐忑，虽然田蟋姑娘的家离自己家只有二十米远，但对它来说，这段旅程尤其惊险，它很可能会迷路或是葬身于天敌之口。

最终，它还是克服了自己的不安和恐惧。

趁着夜色，田蟋先生在躲过了巡查的蟾蜍警卫、赶跑了想要妨碍自己的其他雄性田蟋后，终于来到了田蟋姑娘的家门前。此时的田蟋先生无比激动，它奏响了自己生命中最激情、最有力的一首乐曲，凭借无与伦比的才华，最终赢得了田蟋姑娘的芳心。

## 悲催的婚后生活

然而，婚后的生活并不美好。怀孕的田蟋姑娘脾气十分暴躁，它毁掉了田蟋先生的发声器官，撕烂了它的翅，更过分的是，有时候饿昏了头，甚至想吃掉田蟋先生。无奈之下，田蟋先生只能离开家，成为一个可怜的流浪汉。

不知不觉，秋天到了，田蟋先生的生命也要走到尽头了。一个夜晚，它躺在树下，看见年轻的树蟋正在树上展示着音乐才华。

田蟋先生不禁回顾起了自己精彩又跌宕起伏的一生，生命中的高光时刻像幻灯片般一张张闪过，随后，田蟋先生带着笑意，毫无遗憾地永远闭上了眼睛。

这不是田蟋吗？哼，论演奏，我一点儿也不比你差！

我还是走吧！

**树蟋** 只在夜晚的树上歌唱，很少下到地面。

红带泥蜂

**法布尔爷爷的文学小天地**

在天上，就在我头顶上，天鹅星座在银河中画出大大的十字架；在地上，就在我的四周，蟋蟀的交响乐在抑扬起伏。这些歌唱欢乐的小生命，令我忘记了群星璀璨，天上的眼睛平静而冷漠地瞧着我们，却无法扣动我们的心弦。

## 历经苦难后的新生

在田蟋先生去世前一个月，独居的田蟋姑娘正在孕育着新的生命。它把产卵管深深地插入泥土中产下卵；两个星期后，田蟋若虫宝宝调皮地从卵壳中钻出头来。经过一番努力，它们钻出了地面，享受着温暖的阳光。然而，捕食者们蜂拥而至，将它们当成了美餐。八月，一些侥幸活下来的小田蟋体型已经接近成虫，此时，它们明明可以通过挖洞建巢来躲避天敌，却非要等到十月末再开始建巢。

十月末，这些幸存者开始建巢了，随着它们身体的长大和气温逐渐寒冷，它们将巢穴修葺得越来越深，越来越宽。直到来年春天，它们还在不断地修缮自己的巢穴。

四月末，泥土下传来了田蟋们动听的歌声，长大的它们似乎在庆祝着自己即将到来的新生活！

锹甲老师的冷知识补给站

如碧玉般精巧的梨片蟋

梨片蟋可谓是蟋蟀界中的颜值担当，别名“绿金钟”，嫩绿的身体像一块精巧的碧玉。它鸣叫时，两只长长的翅会高高翘起，就像一朵花儿。作为观赏虫，它在鸣虫爱好者中大受欢迎。

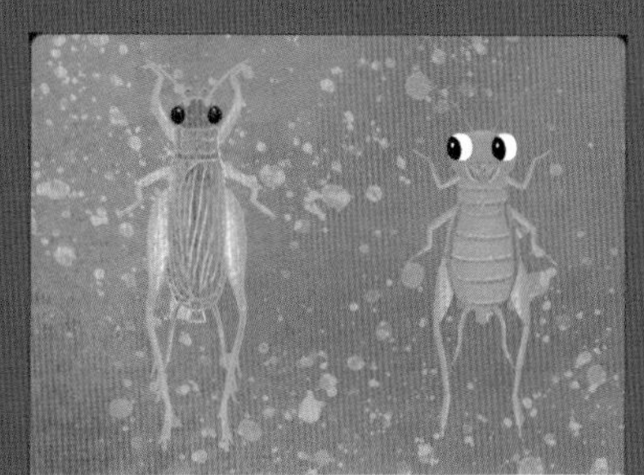

被古人钟爱的小黄蛉

古语云：“秋斗蟋蟀，冬怀鸣虫。”这里的鸣虫是指长得好看的小型蟋蟀，其中就有小黄蛉。它的身体晶莹透亮，发出的声音婉转动听，素有“鸣虫之王”的称号。

锹甲老师的知识小问答

小朋友们，你们知道田蟋拥有的两项高超技艺是什么吗？

# 霸占害虫榜的蝗虫 直翅目

十月的午后，一个小孩手里拿着竹竿，开心地将家里养的禽类都赶到了收割后的麦田里。火鸡、珠鸡和山鹑们寻找着散落在田里的麦粒，争先恐后地啄食着蝗虫，就连眼状斑蜥蜴也凑过来想分一杯羹。

此时，两只蝗虫正躲在暗处，一只意大利星翅蝗问身边的长鼻蝗："人类都说我们是害虫，可是我们平时只吃一些麦秆和杂草，这也是罪过吗？"

长鼻蝗摇了摇头说："高温干旱的环境会让我们失去理智，在蝗灾发生时，我们的数量能有几千亿只，路过的地方寸草不生，甚至能让一个国家遭受灭顶之灾。"

"好吧，这或许就是我们一直顶着害虫称号的最大原因吧。"意大利星翅蝗郁闷地说。

锹甲老师的童谣广播站
小小蝗虫擅长跳，又吃麦秆又吃草。
成群结队啃庄稼，害虫榜上列前茅。
干旱聚集达数亿，寸草不生灾年到。
鸟类禽类都喜爱，它的肉质营养高。
腹部插土把卵产，留下通道给宝宝。
若虫羽化需倒挂，巧借重力壳脱掉。
眼状斑蜥蜴
火鸡
珠鸡

# 各有所长的蝗虫家族

不一会儿，吃饱的禽类离开了麦田去找水喝，躲过一劫的意大利星翅蝗和长鼻蝗很高兴。意大利星翅蝗高兴地唱起歌来，只见它不停地把后足抬起、放下，摩擦着自己的翅两侧，发出并不响亮的声音。

“你为什么不唱歌啊？”意大利星翅蝗问长鼻蝗。

“并不是所有的蝗虫都会唱歌，比如说我。”长鼻蝗解释道。

“嘿，你俩在聊什么呢？”这时，一只红股秃蝗跳过来问道。

“你会唱歌吗？”意大利星翅蝗问红股秃蝗。

“我的翅发育不完全，唱不了，”红股秃蝗回答道，“不过，我腹部的颜色很鲜艳，就算不会唱歌，也能吸引异性，不像你俩，有点儿丑。”

意大利星翅蝗和长鼻蝗一起白了红股秃蝗一眼，原本愉快的谈话就这样不欢而散了。

意大利星翅蝗利用后足摩擦翅的边缘，发出声音。

长鼻蝗外形独特，性格暴躁，会同类相食。

# 新生命的诞生

意大利星翅蝗回到家，怀孕的妻子已经开始为腹中的宝宝寻找育儿所了。只见它慢慢地把圆钝形的腹部当作探测器，垂直插入泥土中，它将产卵器张开，一枚枚卵在黏液的包裹下被深埋进泥土里。

意大利星翅蝗爸爸连忙上前负责警戒，还有几只雌性意大利星翅蝗在好奇地看着正在产卵的同伴，似乎在对自己说："很快便要轮到我了，先学习一下。"

产完卵后的意大利星翅蝗妈妈吃了几口叶子来恢复体力："我把孩子们放进地里了，就让大自然孵化它们吧！"

说完，意大利星翅蝗妈妈高兴地把粗壮的后足抬高又放下，摩擦着翅发出了轻微的"唧唧"声，似乎在庄严地庆祝新生命的诞生。

## 钻出地面后的新生活

十月还没有结束，意大利星翅蝗的若虫宝宝们就已经孵化了出来，它们正艰难地与盖在头顶上的沙土搏斗着，好在妈妈为它们留下了一条宽阔的上升通道。它们坚持不懈地拱啊拱啊，花了好几天的时间，终于拱开了头顶上的那块泥土。若虫宝宝们庆幸道："真的要感谢妈妈，如果没有这条通道，我们会因体力不支被活活闷死的。"

来到了地面上的若虫宝宝们休息了一会儿，便开始了生命中的第一次跳跃。它们来到了外面的世界，就算美味的菜叶在眼前也无动于衷，因为它们更加喜欢温暖的阳光和新鲜的空气。

从卵中孵化出的**意大利星翅蝗若虫**，身体外面还有一层需蜕去的外壳。

**法布尔爷爷的文学小天地**

生命真是卓尔不群的工匠，它开动织布梭来编织蝗虫这种毫不起眼的昆虫的翅，向我们展示了多么强有力、多么聪明、多么完美，却讲不清、道不明的生命力！

# 羽化之后脱胎换骨

来到地面的若虫宝宝们要想进一步蜕变为成虫，除了要凿穿泥壁外，还需经过一道最严格的程序，那就是羽化。

只见若虫宝宝们一个接一个地跳到身边的植物上，用后足紧紧地抓住它的茎和叶，使身体倒挂，为了让翅完全张开，它们必须把身体悬在空中，如果此时没有抓牢而摔在地上，那它们的羽化就失败了，没多久就会死掉。

瞧，一只若虫宝宝正努力地将身体从包裹着自己的外壳中蜕出来，它几乎使出了吃奶的劲儿，外壳沿着身体的中线一点点地绽开，脆弱柔软的身体一点点地钻了出来。终于，它摆脱了束缚，成为像爸爸妈妈一样的成虫啦！

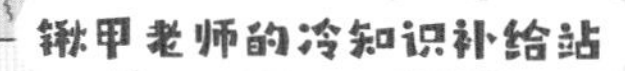

锹甲老师的冷知识补给站

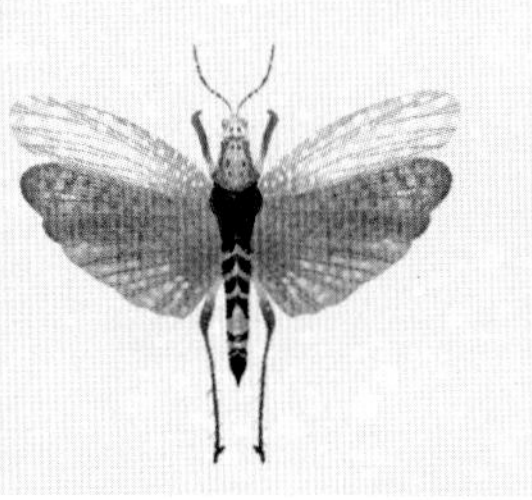

身披七彩外衣的彩虹乳草蝗

彩虹乳草蝗的身体像是涂了一层油漆，黄黑相间的腹部花纹和有毒的蜂类有几分相似。这种蝗虫生活在马达加斯加，平时以有毒的乳草为食，因此身体里也携带着毒素。

会释放毒素的南非泡沫蝗

南非泡沫蝗拥有五个亚种，因地域差别，颜色各不相同。它以有毒的植物为食，当被捕食者攻击时，它会在颈部释放大量有毒的泡沫，以此来保护自己。

锹甲老师的知识小问答

小朋友们，你们知道意大利星翅蝗是如何发出声音的吗？

# 勇猛又柔情的绿丛螽斯

直翅目

炎热的七月，深夜的田野里正在举办一场昆虫音乐会。此时，白天的明星歌手蝉已经退下了舞台，但依然能听见它偶尔发出的一两声尖锐的哀鸣，这并不是歌声，而是它被猎手抓住时发出的惨叫。这个猎手是谁呢？只见它身穿绿衣，在饱餐一顿后快乐地演奏出金属碰撞般的清脆声，像是在敲打着三角铁。啊，原来它是一只绿丛螽斯！

这时，受到美妙乐曲声的感染，背上驮着卵的铃蟾开始拍打起手鼓，树蟀拉起了小提琴，夜间猛禽长耳鸮则唱起忧伤的爱情歌曲，这支优秀的交响乐团演奏的旋律与温柔的夜色融合在了一起，甚是和谐。

锹甲老师的童谣广播站
绿丛螽斯爱歌唱，衣着华丽真漂亮。
捉只肥蝉当甜点，尝块水果真舒畅。
假如同伴遇意外，吃它尸体没商量。
婚配仪式很奇特，全心为娃供营养。
荤素通吃食性广，观赏虫中它超靓！
虽然我也吃菜叶和水果，但蝉才是我的最爱。
虽然同伴死去，我很难过，但不能浪费，我还是加个餐吧。
绿丛螽斯会食用已经死去的同类。
萤火虫
树蟋

# 玩音乐的绿衣杀手

经历了一夜的狂欢，太阳公公露出了笑脸。一只蝉正在树枝上练嗓，正当它陶醉在自己的歌声中时，一个精神小伙儿——绿丛螽斯迅速又准确地骑到了它的身上猛咬了一口，它痛得和绿丛螽斯一起从树上掉了下来。绿丛螽斯胆子极大，根本不惧怕比自己体型大的蝉，它用有力的上颚凶狠地咬向蝉的腹部，没有武器的蝉只能不停地一边踢蹬一边哀鸣。

“味道真好！”绿丛螽斯对蝉身体里未消化的甜树汁非常满意。

吃完正餐之后，绿丛螽斯在草丛中找到了一个人类吃剩的梨核，立刻享受起美味甜点来，旁边的同伴想来分一杯羹，但被它用强壮的后足蹬跑了，直到自己吃饱了，绿丛螽斯才把用餐的位置让给了同伴。

绿丛螽斯的上颚非常有力，能轻易咬碎猎物的身体。

我要开动了！美味的大餐，我来啦！

绿丛螽斯的足非常强壮，尤其是后足，是用来防卫和捕猎时的有力武器。

等我吃饱了再轮到你！

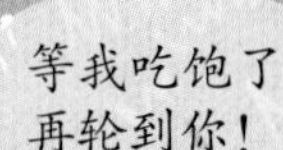


绿丛螽斯的食性很广，水果是它众多食物中的一种。

**法布尔爷爷的文学小天地**

好运总是要先捉弄一番，然后才向坚韧不拔者微笑。

## 奇怪的婚配仪式

解决了温饱，绿丛螽斯小伙儿前去找它心爱的绿丛螽斯姑娘了。夜色如洗，它和绿丛螽斯姑娘头挨着头，彼此表达着爱意，一起度过了一个美好的夜晚。

第二天一早，绿丛螽斯姑娘发现自己的产卵管上拖着一个黏糊糊的乳白色肉袋。这是绿丛螽斯小伙儿送给它的礼物——精囊。绿丛螽斯姑娘把精囊中的液体小心翼翼地挤进自己的身体里，再咬下粘在腹部末端、已经瘪掉的精囊，一点点地将它吃光。

“谢谢这份既有营养又有意义的礼物，我们的孩子一定会茁壮成长的。”绿丛螽斯小伙儿听了姑娘的话很感动。为了让绿丛螽斯姑娘能够安心地产卵，它还是依依不舍地离开了它们温暖的家。它知道，不久后的将来，它的孩子们一定会茁壮成长！

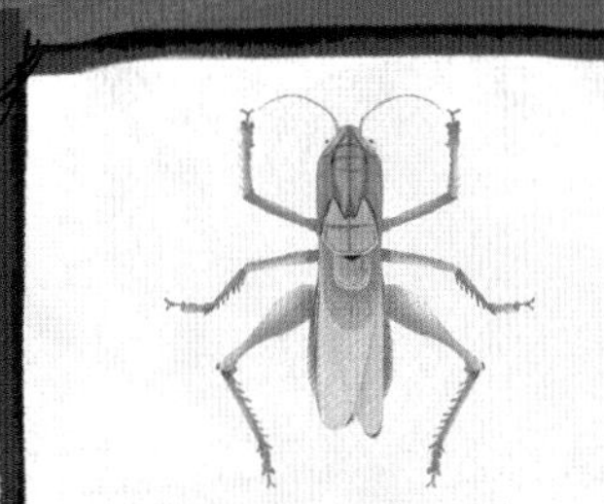

雄性绿丛螽斯会用它的翅摩擦发声，以此吸引雌性。

雌性绿丛螽斯腹部末端有突出的产卵管。

锹甲老师的冷知识补给站

**身上长刺的绿额刺股草螽**

这种外形很特别的螽斯又叫“鬼王螽斯”，生活在南美洲。它身上锋利的倒刺不仅能让猎物无处可逃，就连平时喜欢吃螽斯的鸟类也得好好考虑一下，要想啄它该从哪里下嘴。

**美丽妖娆的粉红螽斯**

如果在茂密的绿植中发现一抹鲜艳的玫瑰红，要注意，这可不是娇嫩的花朵，而是一种极其罕见的粉红色螽斯。每年在宾夕法尼亚州，仅能有几个人幸运地发现这种奇怪的昆虫。

锹甲老师的知识小问答

小朋友们，你们知道绿丛螽斯最喜欢吃的昆虫是什么吗？

# 散发贵族气息的凹唇蚁

每年夏季的六七月份，凹唇蚁们都会组织一支庞大的军队进行远征。凹唇蚁平时既不哺育儿女，也不去寻找食物，日常生活全靠用人伺候，就像贵族一样。然而，它们的用人是打哪儿来的呢？答案就在这场远征中。

快看！凹唇蚁先锋部队中的排头兵小队发现了双齿多刺蚁的巢穴，它们立刻用原地打转的方式把消息告诉了战友，接下来，凹唇蚁大部队开始整编集结，它们一鼓作气地向双齿多刺蚁的领地发起了进攻，纷争开始了！

锹甲老师的童谣广播站
凹唇蚁，真娇气，不捕食来不哺育。
衣食住行不操心，行军征战才卖力。
大战之后凯旋归，路途艰险也不惧。
自带导航原路返，不偏不倚队列齐。
抢来蚁蛹不为吃，养大异族当奴隶。
我要养大双齿多刺蚁，让它帮我带宝宝。
我要养大双齿多刺蚁，让它帮我找食物。
小心，我可是有毒的！
前方有双齿多刺蚁的巢穴，快转起圆圈，把情况告诉同伴！
超过二十摄氏度的温暖之地是我们的最爱。

## 解开用人的来源之谜

凹唇蚁十分好战，上颚强壮有力，又是有备而来，赢得战争毫无悬念。它们发动这场战争是为了抢走双齿多刺蚁的蛹，然后把它们养大，训练它们成为自己的终身用人。看！战胜后的凹唇蚁们用自己的上颚钳住了一只只双齿多刺蚁的蛹，无比欢乐地打道回府了。

凹唇蚁的战斗力比双齿多刺蚁高。

**法布尔爷爷的文学小天地**

在溃不成军的混乱中，在遭到灭顶之灾的危险中，居然没有一只凹唇蚁丢掉手中的战利品，它们宁死也要守住胜利的成果！

# 固执的凹唇蚁

征战完，凹唇蚁大部队为了不迷路，一定会按原路返回。然而，它们在回巢时遇到了大风，不少战士被吹进了池塘，成了金鱼们的美餐。看到这一幕，剩下的战士并没有因为危险退缩改道，而是毅然地沿着原路前进，结果它们和双齿多刺蚁的蛹一起又被吹进了池塘，有几只凹唇蚁拼命游上了岸才幸免于难。

在重整旗鼓后，负责带路的排头兵小队发现一片叶子挡住了回家的必经之路。找不到路的它们心急如焚，开始左顾右盼，身后的大部队也跟着停了下来。不一会儿，叶子被风吹走了，道路恢复了原样，排头兵小队这才镇定下来，因为它们一直是凭借着触觉、嗅觉、视觉和记忆力来找到回家之路的。

最终，在排头兵小队的带领下，凹唇蚁大部队安全地回到了巢穴，它们的用人数量又增加了！

凹唇蚁不会轻易放弃用上颚钳住的猎物。

锹甲老师的冷知识补给站

**腹部肿得像葡萄的蜜罐蚁**

蜜罐蚁生活在北美洲，它的腹部肿得像一颗大葡萄，多为橘黄色，里面装着花蜜。在蚁群缺少食物时，它便会吐出花蜜来喂养蚁群。用蜜罐蚁酿出来的酒非常美味可口。

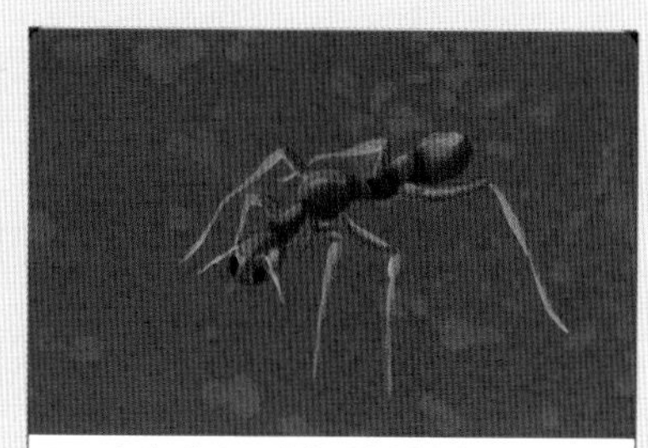

**可以当作调味料的柠檬蚂蚁**

柠檬蚂蚁生活在柠檬树上，它分泌出的蚁酸能让除了柠檬树之外所有的植物全部枯萎。人们发现，这种蚂蚁吃起来有一种温和的柑橘味，是一种不错的调味品。

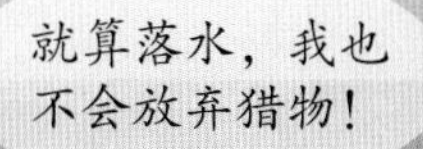

锹甲老师的知识小问答

小朋友们，你们知道凹唇蚁是凭借什么找到返巢的原路的吗？

图书在版编目（CIP）数据

这才是孩子爱读的昆虫记：全15册 / (法) 法布尔著；陆杨等改编、绘. -- 北京：北京理工大学出版社，2023.6

ISBN 978-7-5763-1998-9

Ⅰ. ①这… Ⅱ. ①法… ②陆… Ⅲ. ①昆虫—儿童读物 Ⅳ. ①Q96-49

中国国家版本馆CIP数据核字(2023)第003936号

出版发行 / 北京理工大学出版社有限责任公司
社　　址 / 北京市海淀区中关村南大街 5 号
邮　　编 / 100081
电　　话 / （010）68914775（总编室）
　　　　　（010）82562903（教材售后服务热线）
　　　　　（010）68944723（其他图书服务热线）
网　　址 / http: //www.bitpress.com.cn
经　　销 / 全国各地新华书店
印　　刷 / 三河市九洲财鑫印刷有限公司
开　　本 / 787 毫米 × 1092 毫米　1/12
印　　张 / 43.5
字　　数 / 870千字
版　　次 / 2023 年 6 月第 1 版　2023 年 6 月第 1 次印刷
定　　价 / 299.00元（全 15 册）

责任编辑 / 申玉琴
文案编辑 / 申玉琴
责任校对 / 刘亚男
责任印制 / 施胜娟

图书出现印装质量问题，请拨打售后服务热线，本社负责调换

北京理工大学出版社
BEIJING INSTITUTE OF TECHNOLOGY PRESS

北京昆虫学会　中国昆虫学专家　审订

（排名不分先后）

彩万志教授　　张志勇教授

李姝博士　　徐庆宣博士

# 目录

contents

# 战斗力爆表的金环胡蜂

膜翅目

野外，一只只金环胡蜂正从地洞中钻出，就像从一个“小火山口”中不断喷发的岩浆一样。巨大的体型、可怕的毒刺、有力的上颚，再加上数量众多的群体，这些优势让金环胡蜂成为膜翅目昆虫中战斗力最强的一族。如果有哪只不怕死的昆虫敢接近它们的巢穴，那么等待它的就是巢穴守卫者们的疯狂撕咬和致命的螫针。

这不，一只负责巡视的金环胡蜂保育员遇到了一只有毒的狼蛛，大战一触即发！别以为金环胡蜂保育员只会打群架，它单兵作战的实力依然超群，半分钟不到，狼蛛就被它蜇得落荒而逃，差点儿丢掉小命。

快跑，是危险的
金环胡蜂！
长腹细蜂
锹甲老师的童谣广播站
金环胡蜂真凶悍，地下挖洞筑巢忙。
蜂巢大小如皮球，内有整个家族藏。
捕食昆虫亦采蜜，领地意识非常强。
分工精细组织严，夏秋两季蜂最狂。
冬季来临家族散，寿命到头成群亡。
我要去采花蜜
来喂宝宝们。
与其喝树汁，不
如一起去吃甜
甜的水果吧？
口渴了，去喝
些树汁吧。

金环胡蜂蜂房的形状为六边形，工蜂会用口对口喂食蜂蜜的方式来养育幼虫。

金环胡蜂具有非常发达的上颚，其额头的三单眼结构能够控制飞行时的身体平衡。

金环胡蜂的螯针既发达又灵活，能够连续向多个方向蜇刺，而且毒性极强。

## 规模庞大的地下宫殿

得胜后的金环胡蜂保育员从"火山口"钻进了位于地下的巢穴。这是它们家族共同建造的地下宫殿，分为"防空洞"和蜂巢两部分。因为家族成员越来越多，所以它们不得不扩建巢穴。

"嘿哟，嘿哟，咱们工人有力量——"这会儿工夫，成千上万只金环胡蜂哼着歌儿，齐心协力地扩大"防空洞"的空间。然而，看着洞口挖出来的建筑垃圾，金环胡蜂们十分嫌弃。它们二话不说，抱起垃圾就往远处飞，它们一定要将这些垃圾扔得远远的，一丁点儿都不能污染了家门口的环境！

真是一群爱干净的家伙！

## 用物理知识为巢穴保暖

“防空洞”扩建好后，它们就考虑扩建蜂巢了。为了克服地下阴冷潮湿的环境，金环胡蜂保育员和同伴们在建筑巢穴方面可谓是费尽了心思。它们在蜂巢内部上下排列的每层蜂房之间，留了很大的空隙，这样一来，空气就能被封在巢穴中不再流通，利用静止的空气阻止热量的散发，这样便能保暖。

作为经验丰富的长辈，热心的金环胡蜂保育员还会时常指导年轻的小家伙们。

小金环胡蜂们很好学，它们指着蜂巢说：“放心吧，前辈，我们还会把蜂房建成六面体的形状，可以在有限的空间中让房屋的容积最大！”

“说得对，你们真是小物理学家！”金环胡蜂保育员带着笑意称赞说。

遇到单只金环胡蜂在侦察时，蜜蜂们会一拥而上，利用腹部摩擦产生的热量将其闷死，防止其暴露蜂巢位置。

金环胡蜂能轻松地捕食蜜蜂，在整个膜翅目昆虫中战斗力最强。

## 为了幼虫成为凶猛的猎手

随着家族成员的不断增多，地下宫殿的规模越来越大。而此时，家族中的幼虫宝宝们已经无法满足于只食用花蜜和树汁了，它们开始用上颚破坏蜂房，吵闹着要吃饭！金环胡蜂保育员只能化身为凶猛的猎手去捕猎其他昆虫，再将猎物咬碎搓成“肉丸”，喂宝宝们。

蜜蜂是它们最爱的猎物，经验丰富的金环胡蜂保育员从不恋战，每次一发现蜜蜂的巢穴，就在上面做好标记，召集同伴们前来“屠城”，这招屡试不爽。

不过，还是会有意外发生。那天，金环胡蜂保育员有其他的任务，顶替它前去的侦察兵居然死在了弱小的蜜蜂手里。原来，经验缺乏又轻敌的侦察兵自认为能独自解决几只猎物，没想到蜜蜂们一拥而上，不断摩擦腹部，产生大量的热量，将这只侦察兵活活闷死了。

**法布尔爷爷的文学小天地**

当春回大地时，那座有三万居民的胡蜂城堡，最后只剩下了一捧灰土和几张灰色的破纸片。

# 家族的陨落

十一月过后，第一场寒潮袭来，严寒与食物的短缺让家族充满了危机。在地下巢穴的入口旁横七竖八地躺着金环胡蜂的尸体。为了不污染巢穴，一些垂死的金环胡蜂会自己跑到外面，或者被幸存者残忍地扔出去。

死亡的阴影笼罩着家族，成虫和幼虫都在饥饿中度日，有些饿得发晕的家族成员居然食用起了濒临死亡的幼虫。金环胡蜂保育员快要饿断气的时候发出了绝望的呼喊：“难道我们家族真的要全军覆没了吗？”

“不，只要我还活着，来年我依然能让家族再次兴旺起来。”此时，蜂后的回答让金环胡蜂保育员感到一丝宽慰，它终于安心地闭上了眼睛。

锹甲老师的知识小问答

小朋友们，你们知道金环胡蜂的巢穴建在哪里吗？

锹甲老师的冷知识补给站

**色彩妖娆的赤基色蟌（cōng）**

如果说兰花螳是螳螂界的美人，那么蜻蜓界的美人就是赤基色蟌了。捕捉蚊子的赤基色蟌作为益虫，穿着一身美丽的外衣，是摄影爱好者们喜欢的昆虫“模特”！

**会吹泡泡的新热带黄蜂**

这只调皮的新热带黄蜂居然会吹泡泡！据昆虫学家分析，新热带黄蜂吹泡泡并不是为了好玩，而是为了吸取巢穴中的水分再将其排出，以此来保持家园的坚固和干燥。

# 在沙中筑巢的丫脊斑沙蜂 膜翅目

七月，骄阳似火。眼前的这块不毛之地上，细沙被热风刮动着，形成了一个个小沙丘。此时，一只丫脊斑沙蜂妈妈正顶着烈日，用自己的后跗节飞快地刨着地上的沙粒，挂在腹部下面的一只已经死掉的苍蝇丝毫没有影响到丫脊斑沙蜂妈妈挖掘沙子的速度，飞速扬起的沙粒在它身后形成了一条源源不断的抛物线。

原来，丫脊斑沙蜂妈妈的家被沙子埋住了，它只有刨开，才能把这顿苍蝇大餐带给它的宝宝。就在它挖通巢穴的瞬间，它瞥见不远处的一只寄蝇——令人讨厌的家伙。它头也不回地带着猎物消失在了沙粒中，而那只寄蝇一动不动地在丫脊斑沙蜂妈妈的家附近蹲点监视着。

看来又有同伴被寄蝇盯上了。
锹甲老师的童谣广播站
不毛之地太阳毒，丫脊斑沙蜂不惧。
细沙流动易挖掘，建好巢穴捕猎物。
每次只捕捉一只，不厌其烦把家顾。
猎物带回命已绝，寄蝇产卵将其污。
母性本能影响深，养大天敌犯糊涂。
谁料有天巢穴塌，一场悲剧落帷幕。
牛虻
百岁兰
喝点儿花蜜补充下体力再去捕猎。
沙拐枣
蛇
仙人掌

## 最爱在有沙子的地面建巢

随着丫脊斑沙蜂妈妈不断深入，洞口的沙子在它身后塌方，就好像一扇自动落下的安全门。丫脊斑沙蜂妈妈进入了一条泥质“巷道”，相比较入口处，这里并不容易坍塌。“巷道”的尽头躺着它的幼虫宝宝，丫脊斑沙蜂妈妈刚把猎物放下，幼虫宝宝便立刻凑上前大口地吃起来。

看着宝宝如此有食欲，丫脊斑沙蜂妈妈准备再出门捕食。像这样的进出，丫脊斑沙蜂妈妈一天得来回好几次，而这些流动的沙粒就好像一扇自动门，既能保证巢穴的安全，又省下了它堵住洞口的时间，所以丫脊斑沙蜂妈妈最爱在有沙子的地面挖掘巢穴。

丫脊斑沙蜂幼虫从孵化到结茧，最多可吃掉八十只左右的苍蝇。

丫脊斑沙蜂每次外出捕猎都要把巢穴堵上，这是为了防止不速之客进入巢穴伤害幼虫。

## 把猎物杀死而不是麻醉

丫脊斑沙蜂妈妈来到了一处阴凉的灌木丛中。几只野山羊正在这里悠闲地嚼着绿草，一只只牛虻趴在它们身上的伤口处贪婪地吸食着血液。

丫脊斑沙蜂妈妈迅速地接近一只“小吸血鬼”，这只只顾着满足口腹之欲的牛虻连敌人是谁都没有看清，就一命呜呼了。

丫脊斑沙蜂妈妈之所以没有麻醉牛虻将它们存储起来，而是直接置它们于死地，是因为牛虻体内的水分很少，就算能将其麻醉，没多久它们也会因脱水而死，随着时间的流逝而腐烂。

所以，为了宝宝能够吃上新鲜的食物，丫脊斑沙蜂妈妈只能不厌其烦地一只一只地将它们捉回去。

高速飞行的丫脊斑沙蜂会在和猎物接触的一瞬间用螫针和大力的撕扯杀死猎物。

丫脊斑沙蜂的口器为管状。

## 再好的猎手也有天敌

抱着猎物回到家门口时，已经接近傍晚了，然而这一次，丫脊斑沙蜂妈妈并没有贸然前去“开门”，因为它发现那只让它讨厌的寄蝇又出现了。愤怒的丫脊斑沙蜂妈妈对它发出警告，但对方丝毫不理会，竟然尾随而来。

丫脊斑沙蜂妈妈被寄蝇骚扰得心烦意乱，但它要赶紧去给宝宝送新鲜的食物，所以它顾不上别的，像平时一样奋力地挖掘回家的通道。

就在这时，这只寄蝇飞快地接近丫脊斑沙蜂妈妈，仅用了几秒钟的时间，便把自己的卵产在了被丫脊斑沙蜂妈妈抱着的那只死去的牛虻身上，然后迅速离去。而只顾刨沙的丫脊斑沙蜂妈妈根本没发现，一颗悲剧的种子就这样被埋下了。

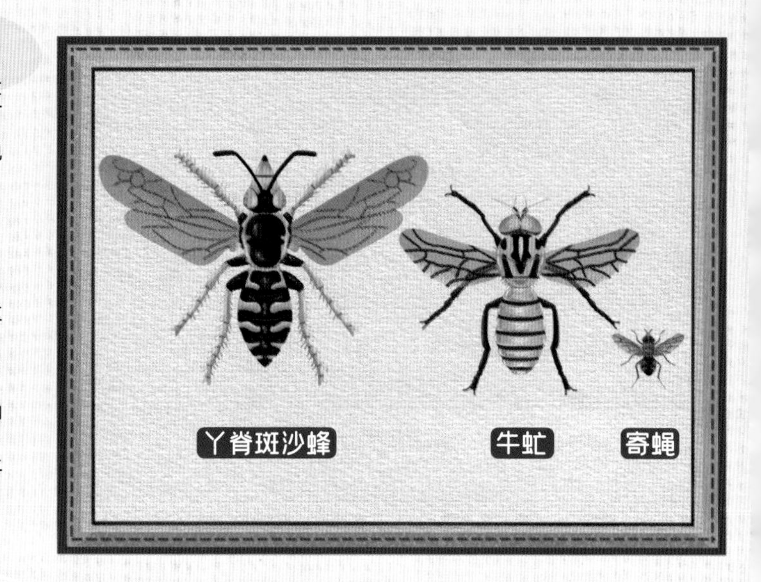

**法布尔爷爷的文学小天地**

幼虫用沾过水的沙子建造成的这些茧，仿佛是用闻所未闻的妙法做成的首饰，是撒在藏青色布上、准备镶嵌在项链上的大珍珠。

## 仁慈的悲剧

几天后，寄蝇的后代——蛆宝宝孵化了，它和丫脊斑沙蜂的幼虫宝宝挤在同一间屋子里，一起享用着丫脊斑沙蜂妈妈每天带给它们的食物。仁慈的丫脊斑沙蜂妈妈既没有杀死它，也没有把它拖出巢穴，直到有一天，悲剧降临了。

一个顽皮的孩童在玩沙子时铲掉了丫脊斑沙蜂妈妈每天进出巢穴必经的“巷道”，觅食回来的丫脊斑沙蜂妈妈因为找不到巢穴入口十分焦急，抱着猎物在原地团团转，而它的幼虫宝宝此时已经裸露在太阳下，被太阳晒得十分痛苦。

丫脊斑沙蜂妈妈焦急地想再次打出一条回家的通道，不仅对自己的幼虫宝宝视而不见，甚至糊涂地把它当成障碍物踢开了。

两个小时后，丫脊斑沙蜂幼虫宝宝被太阳活活晒死，沦为蛆宝宝的食物。而丫脊斑沙蜂妈妈还在不停地挖掘，它固执地想找到那条实际上早已消失的回家之路……

锹甲老师的冷知识补给站

**肉眼看不清的最小微缨小蜂**

最小微缨小蜂是目前世界上已知最小的昆虫，其雄成虫体长只有0.139mm，用显微镜才能看清它的身体。不要认为这种昆虫一无是处，它可以消灭害虫的卵，是庄稼的救星！

**头上长着“大剪刀”的巨齿蛉**

巨齿蛉成虫虽然看似凶猛，但并不是擅长捕猎的昆虫，它平时一般只喝树汁，其幼虫捕食小型无脊椎动物。由于它对水质的要求非常高，因此也被专家视为水质指标昆虫。

如果巢穴没有被寄蝇侵占，丫脊斑沙蜂幼虫便可以成功结茧。茧的形状像鱼篓，外表布满沙粒，十分坚固。

锹甲老师的知识小问答

小朋友们，你们知道丫脊斑沙蜂每次捕捉几只猎物吗？

# 爱在孔洞中安家的壁蜂 膜翅目

某天，叉壁蜂妈妈和红腹壁蜂妈妈结伴而行，一起寻找安家之所。它俩哼着歌谣一起飞进了一家农家小院，初来乍到的它们很快就爱上了这里，因为院子里不仅有能为它们提供食物的各种花朵，还有适合建造巢穴的地方。

一个用芦竹管编织成的方形篮筐被废弃在院子里，叉壁蜂妈妈立刻飞上前去勘察了一番："这些芦竹管的直径和长度都没话说，用来建巢穴再合适不过了！"

"恭喜你，不过，我也找到合适的家了！"只见红腹壁蜂妈妈抱住地上的一只空蜗牛壳高兴地说。

一起大吃一顿吧！
我是红腹壁蜂，我最喜欢在蜗牛壳中安家了。
蜗牛壳
虽然这里也有空心管，但雨水会灌进去，无法筑巢。
锹甲老师的童谣广播站
我是一只小壁蜂，平时最爱钻窟窿。
芦竹管内建巢穴，蜗牛壳里搭窝棚。
为了宝宝把花采，小小蜜饼爱意浓。
宝宝性别考虑周，分配食物大不同。

红腹壁蜂会充分地利用蜗牛壳里的空间建造育婴房，直到将其堆满。

红腹壁蜂用来隔开育婴房的材料是咬碎的树叶。

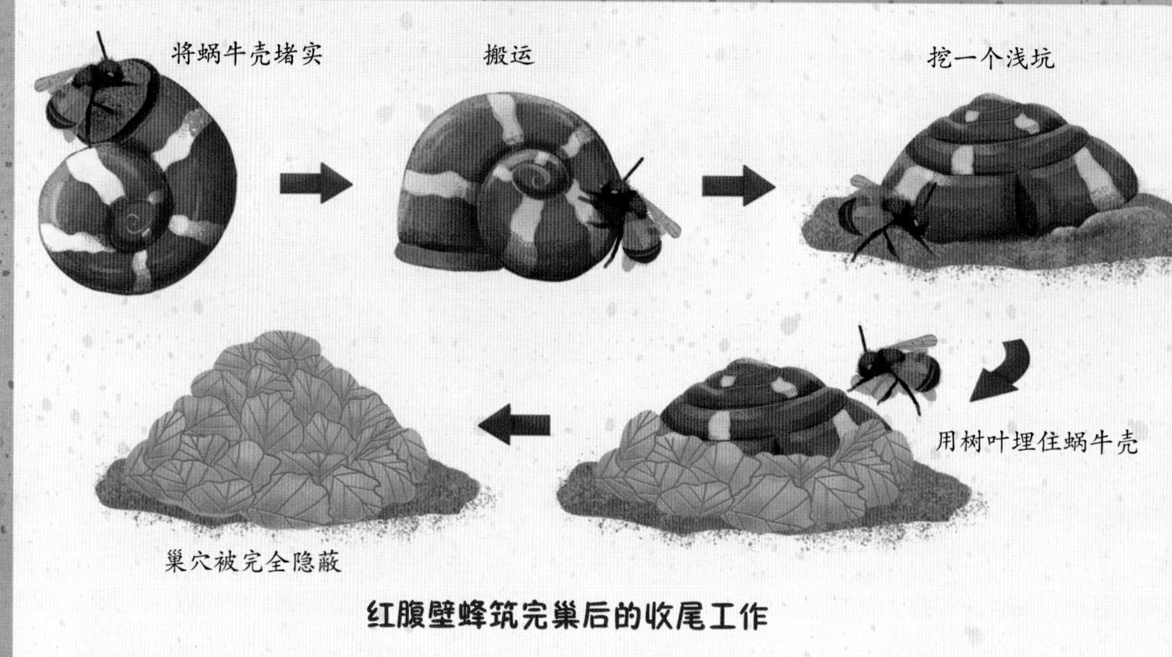


红腹壁蜂筑完巢后的收尾工作

## 以蜗牛壳为家的红腹壁蜂

找到新家后，红腹壁蜂妈妈干劲十足。它把采来的花粉酿成蜜后堆在蜗牛壳的深处，并在蜜堆上产下了一枚卵，再用嚼碎的叶子做成一面墙形成隔断，一间独立的育婴房就完成了。

“还剩下这么多的空间，可不能浪费。”红腹壁蜂妈妈不停地重复着之前的工作，直到整个蜗牛壳被一间间育婴房填满。

然后，它又用泥土和碎石粒把蜗牛壳的开口堵严实，紧接着刨开地面上的泥土，用前足搬动蜗牛壳使它的开口略微向下，巧妙地将其埋进刚挖好的浅坑里。

红腹壁蜂妈妈不厌其烦地搬来草和叶子盖在上面，直到看不见蜗牛壳为止。为了宝宝们的安全，红腹壁蜂妈妈真可谓费尽了心思。

卵

泥土　蜂蜜

**法布尔爷爷的文学小天地**

活动期只有一个月的壁蜂，两天之内便拥有了对它的小村庄的牢固记忆。它在这里出生，在这里恋爱，它还要回到这里，巩固自己美好的回忆。

# 以芦竹管为家的叉壁蜂

看见红腹壁蜂妈妈如此卖力，叉壁蜂妈妈也不甘落后地开始改造起自己的家园。与红腹壁蜂妈妈不同的是，叉壁蜂妈妈用来隔开育婴房的材料不是叶子，而是泥巴。

红腹壁蜂妈妈对叉壁蜂妈妈的育婴房很好奇，它不明白为什么这些育婴房的空间大小不一，越接近开口处空间就越小。

叉壁蜂妈妈解释道："我要根据宝宝们的性别来分配食物和空间，雌宝宝的体型大，需要的空间大、食物多，而雄宝宝则相反，难道你不是这样安排的吗？"

"不，我的宝宝们雌性和雄性的大小都差不多，因此不用考虑房间的大小问题。"红腹壁蜂妈妈回答道。

经过几天的劳作，两位壁蜂妈妈在相继完成了自己的育儿大业后，又结伴去寻找各自的爱情啦！

锹甲老师的冷知识补给站

**模仿黄蜂的异胸角蝉**

异胸角蝉的动作和外形像极了有毒的大黄蜂。有了这层伪装，它可以在天敌蝈蝈的眼皮子底下走来走去。蝈蝈十分纳闷，这家伙到底是食物还是猎手呢？

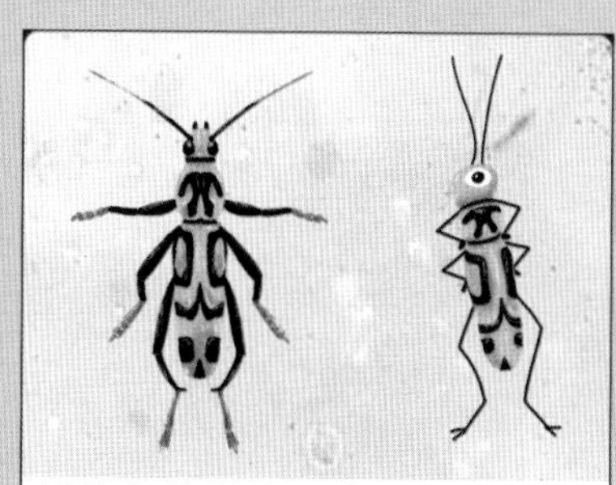

**模仿胡蜂的蜂形虎天牛**

你能想到这只看上去像胡蜂的家伙是天牛吗？当它感受到危险时，会发出蜂鸣般的"嗡嗡"声，让猎手不敢轻易靠近。要是它去参加胡蜂模仿秀，绝对名列前茅！

来，看重点！

1. 叉壁蜂用来隔开每个育婴房的材料是泥土，不是树叶。
2. 每间育婴房的空间大小不一样，越接近开口处，空间越小。
3. 大房间中的卵出生后为雌性幼虫，小房间中的是雄性幼虫。

叉壁蜂在求偶时，会向对方展示自己锋利的上颚。

锹甲老师的知识小问答

小朋友们，你们知道叉壁蜂的幼虫宝宝是雌性的体型大还是雄性的体型大吗？

# 给宝宝编织襁褓的凹顶黄斑蜂 膜翅目

池塘边，一只抱着泥巴团的肾形盾蜾蠃妈妈和一只捧着绒球的凹顶黄斑蜂妈妈在飞行的途中相遇了。

“你要这些泥巴团干什么？”凹顶黄斑蜂妈妈询问肾形盾蜾蠃妈妈。

“用来装修房子呀！你呢？你抱着一团棉花干什么？”

“真巧，和你一样，我也是用来装修房子的。今早我发现了一个没有住户的人工鸟巢，而搭建鸟巢的芦竹管正好可以作为巢穴，我来找点儿装修材料为孩子们制作舒适的蜂房。不过我手里的可不是棉花，这是我从花朵的茎秆上刮下来的绒毛。”凹顶黄斑蜂妈妈说完便离开了。

这些芦竹管用来做巢穴真完美！
蝴蝶
肾形盾蜾蠃
我和我的宝宝都是和平主义者，不吃肉，只吃蜜。
青蛙
锹甲老师的童谣广播站
一只凹顶黄斑蜂，采集绒毛往巢送。
编织棉囊做蜂房，酿出花蜜喂幼虫。
幼虫宝宝爱干净，清理粪便有他用。
结茧化蛹当材料，心灵手巧真慧聪！

# 芦竹管内织襁褓

回到芦竹管中的凹顶黄斑蜂妈妈用前足和上颚将绒毛一点点地铺在芦竹管中，但是一个绒球还不够，它需要更多的绒球才能为即将出生的卵织一个柔软的“襁褓”，于是它不停地往返于花朵和芦竹管之间，直到一个令人赞叹的棉囊编织成功。

“有了它，卵宝宝就能住得温暖、舒适了。”

不过，光有温暖的襁褓还不够，贴心的凹顶黄斑蜂妈妈还给孩子准备了蜜汁。它把蜜汁吐在棉囊上，再把卵产在上面，这样孵化的幼虫宝宝就能立刻吃到食物啦！

经过凹顶黄斑蜂妈妈的一番努力，每一间棉囊蜂房中都备齐了食物，并且凹顶黄斑蜂妈妈在每间棉囊蜂房中都产下了卵。

凹顶黄斑蜂编织好棉囊后，在里面酿出蜂蜜，再把一枚卵产在蜜堆上。

**法布尔爷爷的文学小天地**

分工是一切艺术之母，使劳动者能够出色地完成各自的任务。

# 废物巧用织成茧

“靠寄生而活的褶翅小蜂最恶毒了，我一定要把防御工事做好！”想到这里，凹顶黄斑蜂妈妈赶紧找来沙粒、土块和碎叶，将它们混合后堵在芦竹管的通道口。为了保险起见，它又找来粗糙的绒毛堵在洞口。

然而，就在它忙着堵洞时，一只褶翅小蜂偷偷将它的尾针透过芦竹的缝隙刺了进去。好在凹顶黄斑蜂妈妈及时发现并赶跑了它，卵宝宝们才幸免于难。

没多久，卵宝宝孵化了。一只刚孵化的幼虫宝宝一看见蜜汁马上吃了起来。美餐后的它想要排泄，可是要排到什么地方呢？它可不想吃混合了排泄物的食物，于是，它用身体把排泄物拱到蜂房边沿，并从口中吐出丝来把排泄物系上，用这些丝和排泄物来织茧。最终，它用吐出的丝和排泄物织出了既漂亮又舒适的茧，并在茧的顶端留了一个透气口。真是心思细腻啊！



**锹甲老师的冷知识补给站**

**爱咬着植物睡觉的盾斑蜂**

这只可爱的盾斑蜂不仅有漂亮的外表，睡姿也很独特。它睡觉时会用自己的上颚咬住植物的根茎，乖巧地收起翅和足，一直等到太阳升起，才会从睡梦中醒来去寻找花蜜。

**会用香味吸引雌性的兰花蜂**

兰花蜂生活在巴拿马的热带雨林中。雄性兰花蜂不仅十分美丽，还喜欢从兰花上收集香味物质，以此来吸引配偶。

**锹甲老师的知识小问答**

小朋友们，你们知道凹顶黄斑蜂的幼虫会用什么材料来织茧吗？

# 用树脂筑巢的黄缘壮黄斑蜂 膜翅目

夏日的午后，黄缘壮黄斑蜂妈妈飞到了公园，它东瞅瞅，西望望，突然间快速地降落在了一堆石块中，像是发现了什么好东西。仔细一看，原来吸引它的是一个蜗牛壳，黄缘壮黄斑蜂妈妈先是用触角敲了敲蜗牛壳，确定它是空的之后，便一头钻了进去。

“嘿嘿，我终于找到能产卵的地方啦！”喜出望外的它从蜗牛壳中探出小脑袋，接着飞到了不远处的刺桧（guì）树上收集树脂，准备建造隔间。

锹甲老师的童谣广播站
一只蜂儿飞树梢，收集树脂带回巢。
巢穴是个蜗牛壳，建造隔间生宝宝。
宝宝是雌还是雄，产卵之前就知道。
它的巢穴常被扰，红腹壁蜂爱改造。
两种蜂儿共一室，堵在壳中真糟糕。
鸟
我来采集树脂啦！
刺桧树
松鼠
原来你喜欢在别人的家里筑巢啊！
我是拉氏腋齿黄斑蜂，我建巢穴时用的树脂是最多的。
蚯蚓
拉氏腋齿黄斑蜂卵

# 卵的性别不同，蜂房的大小不同

找到新家的黄缘壮黄斑蜂妈妈十分开心，它迫不及待地开始了产卵。由于螺旋形的蜗牛壳通道越往深处越狭窄，黄缘壮黄斑蜂妈妈便把一枚雌性的卵产在巢穴深处，再用刚刚采集来的树脂把房间隔开。

接着，黄缘壮黄斑蜂妈妈把一枚雄性的卵产在了蜗牛壳中间的位置，因为这里比较宽敞，要知道，雄性黄缘壮黄斑蜂在羽化后体型比雌性的要大。黄缘壮黄斑蜂妈妈会如此安排也是经过了深思熟虑的。它在两间蜂房里都给宝宝留下了足够的花蜜当食物，接着便去寻找下一处产卵地了。

此时的蜗牛壳内除了建好的两间蜂房，离出口处还有不少空间。

黄缘壮黄斑蜂妈妈自豪地说：“这个前厅既宽敞又漂亮，宝宝们应该也很喜欢吧。”殊不知，它的小聪明将会给后代带来一场灭顶之灾。

黄缘壮黄斑蜂通常会在蜗牛壳中产下一雄一雌两枚卵，并用树脂隔开房间。

**法布尔爷爷的文学小天地**

是功能造就了器官，还是器官造就了功能？在这两个选项中，昆虫毅然地选择了第一个，昆虫以它们的方式告诉我们：“功能对器官起决定作用。”

# 难以预测的悲剧

时间一天天过去，蜗牛壳中的两只黄缘壮黄斑蜂宝宝已经孵化成了幼虫，它们边吃花蜜边成长，直到某天，家中迎来了不速之客——一只红腹壁蜂。

“这间蜗牛壳还剩下这么大的空间，真是浪费！不如让我来加以利用吧！”这只红腹壁蜂打着如意算盘，自顾自地把蜗牛壳中那间宽敞的前厅修葺成了养育自己后代的蜂房。

就这样，两种蜂的后代不得不共处一室。

来年七月，灾难降临了。已经羽化的两只黄缘壮黄斑蜂发现，出口早已被红腹壁蜂用坚硬的泥块和石头粒堵死了，它们根本没有办法突破这层障碍，只能在蜗牛壳中慢慢饿死。

可怜的黄缘壮黄斑蜂妈妈对这场悲剧浑然不知，如果它知道这一结果，会不会为自己当初的小聪明感到后悔呢？

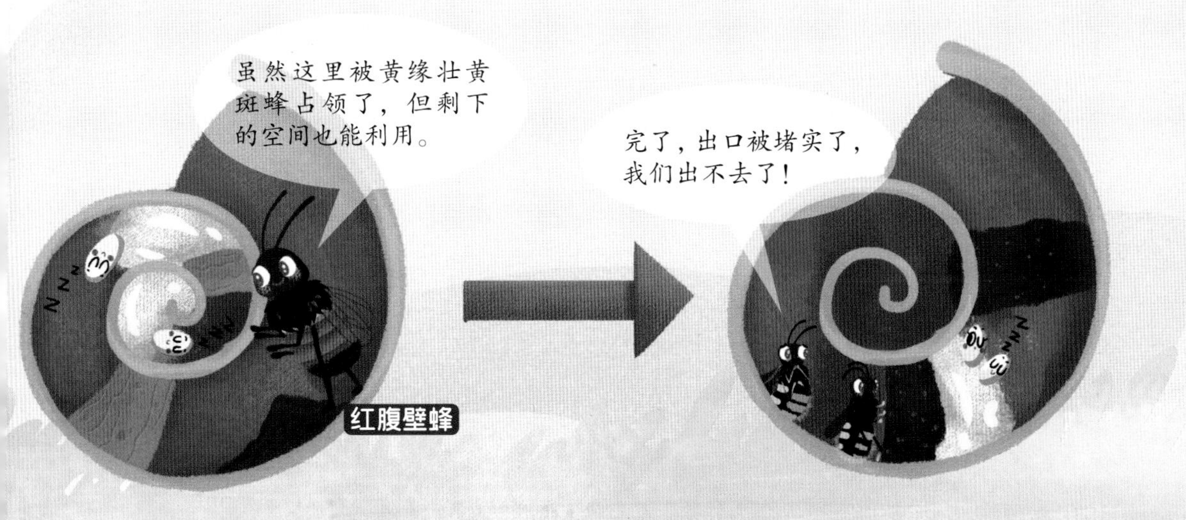


锹甲老师的冷知识补给站

**只吃腐肉的秃鹫蜂**

这只肮脏的秃鹫蜂既不吃花蜜，也不吃昆虫，而是吃腐烂的肉。它们会像苍蝇般聚集在腐肉上。它们的后足上有跟蜜蜂一样的凹窝，但里面装的并不是花粉，而是自己的卵。

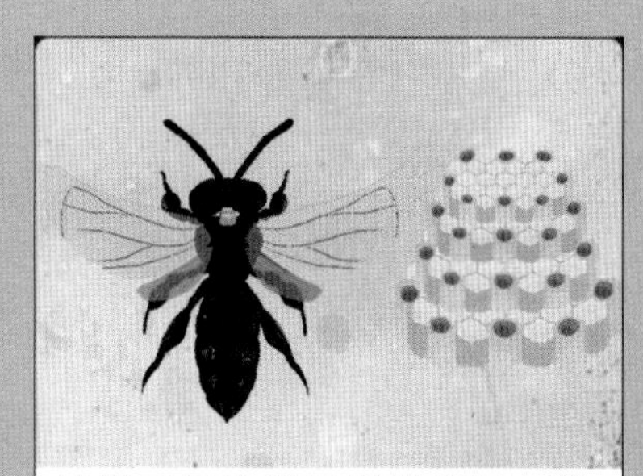

**蜂巢呈螺旋塔的黑类四无刺蜂**

这种蜂在蜂类中是顶尖的建筑高手，它们的蜂巢呈螺旋状，层叠起来像一朵盛开的花，非常具有美感。这种筑巢方式能促进每层巢穴之间的空气循环，更有利于卵的成长。

锹甲老师的知识小问答

小朋友们，你们知道黄缘壮黄斑蜂通常会在蜗牛壳中产下几枚卵吗？

# 敢和高手过招的捷小唇泥蜂 膜翅目

捷小唇泥蜂家族中有两姐妹：姐姐欧捷小唇泥蜂喜欢独居，擅长捕捉蝗虫；妹妹皱腹快足小唇泥蜂喜欢群居，擅长捕捉螳螂。这天，欧捷小唇泥蜂费尽辛苦，终于把一只蝗虫拖到了家门口。有洁癖的它先打扫了门前，之后把蝗虫晾在一边独自钻进了洞，等它把窝里清理干净出洞查看自己的猎物时，蝗虫早被鸟叼走了。

倒霉的不止它一个！瞧，就在皱腹快足小唇泥蜂抱着刚捉到的螳螂往家里飞时，一株能分泌出黏液的植物粘住了螳螂的腹部。皱腹快足小唇泥蜂用尽全力试图将螳螂拉出来，但无济于事，在折腾了二十分钟后，它终于放弃了。其实，它只要去拉螳螂的腹部，而不是去拉颈部就能解决难题，但它根本想不到这一点。

锹甲老师的童谣广播站
捷小唇泥蜂胆大，身怀绝技闯天涯，
捕猎时是麻醉师，造屋时成建筑家，
蝗虫蟋蟀皆可猎，遇到螳螂也不怕，
一生勤劳为后代，它的基因真强大。
我的猎物去哪儿了？它明明被我蜇晕不能动了！
加油！哈哈，又能捡到一顿美餐了！
可恶！我怎么能败给一棵植物！
茅膏菜
螳螂

# 与枯叶大刀螳的赌命大战

几天前，皱腹快足小唇泥蜂捉走了一只猎物，它是枯叶大刀螳的孩子，这可惹恼了这个女杀手。

冤家路窄，一天，两位武林高手刚一碰面就展开了大战！枯叶大刀螳紧盯着面前不停飞舞的猎手，转动着自己的三角脑袋，无比警惕。而皱腹快足小唇泥蜂只是在不急不躁地转圈飞舞着，不一会儿，枯叶大刀螳就被它绕晕了。

说时迟，那时快，皱腹快足小唇泥蜂迅速降落在枯叶大刀螳的背上，用有力的上颚钳住它细细的颈部，再用几只足紧箍住它瘦小的上半身，将腹部末端的螯针精准地刺进了枯叶大刀螳的前足窝。枯叶大刀螳瞬间像触电般缴械投降，任其麻醉自己。

皱腹快足小唇泥蜂看了看在自己面前微微颤动的枯叶大刀螳，跳了一支庆祝胜利的舞蹈后，抱着猎物得意地飞走了。

皱腹快足小唇泥蜂的第一针一定是刺向螳螂的前足窝，这样就能解除螳螂的武装，确保自身安全。

**法布尔爷爷的文学小天地**

欧捷小唇泥蜂喜欢捕捉蝗虫，这种爱好具有排他性，代代相传，时间也改变不了这种忠诚。

# 建造自己的小世界

捷小唇泥蜂姐妹俩的捕猎行为都是为了给宝宝留下充足的食物，当幼虫宝宝吃完所有猎物后，便会在巢穴中织起茧来。

它们会先在身体中间织上一圈丝带，让自己与蜂房四周的墙壁连在一起，再把巢穴中的沙粒铺在这圈丝带上，方便自己随时取用。这些沙粒和从口器里吐出来的丝就是它的建筑材料。它们用丝和沙粒一圈一圈地往上盖，在织完自己面前的一半蛹室后，会转过身来，以同样的方式在另一侧再织。

皱腹快足小唇泥蜂会将卵寄生在螳螂体内。当卵孵化后，幼虫会咬破螳螂的身体钻出来，再吃掉它。

“我来给大家表演一下什么叫‘作茧自缚’。”一只调皮的捷小唇泥蜂宝宝说。它像是一个建造环形阶梯的砌石工，始终占据着中心位置，不断地向面前放置建筑材料，给自己的身体套上一层层的“砖石”。大约三十六个小时后，幼虫宝宝身体前后的两瓣茧壳完美地合在了一起，一间坚固的“小屋”便造好了。

锹甲老师的知识小问答

小朋友们，你们知道皱腹快足小唇泥蜂的猎物是什么吗？

锹甲老师的冷知识补给站

**生命非常短暂的蜉蝣**

见过“六月飞雪”这种奇景吗？造成这种现象的是蜉蝣。它们有时会大量聚集在一起飞舞，遮挡人们的视线，落在地上后堆起厚厚的一层，有时还能引发交通事故。

**像蜂又像螳螂的螳蛉**

螳蛉长着蜻蜓的翅、胡蜂的身体、豆娘的脑袋以及螳螂的大前足，可谓昆虫界的“四不像”。喜欢模仿凶猛昆虫的螳蛉其实战斗力并不强，平时只是捕捉苍蝇食用。

# 让蜜蜂胆寒的山斑大头泥蜂 膜翅目

在美丽的油菜花地中，一位养蜂人正在放蜂群出去采蜜，蜜蜂们开心地飞舞着，不过这看似祥和的情景下却隐藏着危机。只见一只山斑大头泥蜂妈妈悄悄地趴在了蜂箱上，它不怀好意地打量着身边的几只蜜蜂，似乎在挑选着猎物。

友好的蜜蜂们对这位不速之客并不反感，有一只还上前去用触角和它打招呼。然而，就在两只蜂快要碰到一起时，山斑大头泥蜂妈妈突然跳到了这只蜜蜂身上，一番搏斗后，蜜蜂渐渐处于下风，山斑大头泥蜂妈妈把蜜蜂压在身下，迅速又准确地将腹部末端的螯针刺进了蜜蜂的颈部，可怜的蜜蜂不一会儿就丧命了。

“天哪！这家伙太残暴了！”旁边的几只蜜蜂知道自己根本不是山斑大头泥蜂妈妈的对手，吓得赶紧逃开了。

锹甲老师的童谣广播站
山斑大头泥蜂凶，心狠手辣剑法高。
既捕猎来又吃蜜，蜜蜂遇它把命交。
挤干嗉囊享美味，抱起猎物回穴巢。
幼虫视蜜为毒药，残忍只是为宝宝。
要不要上去帮忙赶跑它？
我们根本不是它的对手，去了也是送死。
蜜蜂
原来它是专杀蜜蜂的山斑大头泥蜂，大家快逃！
你我无冤无仇，为何痛下死手？

# 残忍贪婪的捕食者

山斑大头泥蜂妈妈看着这些纷纷逃走的蜜蜂笑了，心想："它们真是笨极了！明明和我一样，有着致命武器——螫针，剑法却一点儿也不精准。不过，我才不会告诉这些蜜蜂，我的绝招是刺中它们的颈部神经结！"

这会儿，山斑大头泥蜂妈妈已经开始用自己的身体狠狠地去挤压那只已经死去的蜜蜂的身体了，被它残忍挤压的蜜蜂此时口中流出了蜂蜜，山斑大头泥蜂妈妈吮吸着这些流淌出来的美味蜂蜜，之后又继续挤压蜜蜂，直到把它嗉囊里的蜂蜜挤得一滴不剩才善罢甘休。

处理完这只蜜蜂，山斑大头泥蜂妈妈又开始去捕捉另一只。

在蜂箱周围这个大猎场里，山斑大头泥蜂妈妈像是吃起了不限量的自助餐，要不是傍晚到来，养蜂人把蜂箱回收，还会有更多的蜜蜂死在它的"剑"下，真是太凶残了！

为了能一击毙命，山斑大头泥蜂会将螯针刺向蜜蜂的颈部神经结，但蜜蜂的螯针无法刺进山斑大头泥蜂光滑又坚硬的腹部末端。

**法布尔爷爷的文学小天地**

尽管蜜蜂也愤怒地挥舞它的长剑，想要反抗猎手，山斑大头泥蜂仍然可以利用精准的剑法完成致命的攻击。这自下而上刺入猎物颈部的可怕一击，山斑大头泥蜂是从哪家剑馆里学到的呢？

# 为后代着想的称职妈妈

不仅如此，山斑大头泥蜂妈妈连蜜蜂的尸体也没有放过，将它们一只只地运回到了窝里，喂给宝宝吃。

糟糕，可能是它记错了，有一只蜜蜂体内的蜂蜜没有被它挤干净，于是，不幸的事情发生了！一只食用了这只蜜蜂的山斑大头泥蜂幼虫再也不愿继续食用了。

山斑大头泥蜂的幼虫不爱吃嗉囊中残留有花蜜的蜜蜂。

原来，山斑大头泥蜂的幼虫宝宝和妈妈不同，它们极度讨厌蜂蜜，宁愿被饿死也不愿意去碰沾有蜂蜜的食物。所以，山斑大头泥蜂妈妈才会把蜂蜜完全从蜜蜂的身体里挤出。原来，它会如此残忍地对待蜜蜂，并不是为了自己，而是为了自己的宝宝啊！

锹甲老师的冷知识补给站

**性格凶悍的道森蜜蜂**

道森蜜蜂生活在澳大利亚，是世界上体型最大、最凶悍的蜜蜂。雄蜂们会强行把雌蜂从地洞中拖出来，再和其他雄蜂争夺交配权。可怜的雌蜂很可能会被它们误伤后丧命。

**外形酷炫的机甲大土蜂**

这种来自南亚的机甲大土蜂是世界上最大的土蜂，张开翅后可达8cm宽，很像机甲战士。要知道，它们小时候吃的可是南洋大锹甲这种超级大甲虫的幼虫，因此注定出身不凡。

锹甲老师的知识小问答

小朋友们，你们知道山斑大头泥蜂为什么要把蜜蜂体内的蜂蜜全部挤出来吗？

山斑大头泥蜂会把卵产在死去的蜜蜂胸口上。

**图书在版编目（CIP）数据**

这才是孩子爱读的昆虫记：全15册 / (法) 法布尔著；陆杨等改编、绘. -- 北京：北京理工大学出版社，2023.6

ISBN 978-7-5763-1998-9

Ⅰ. ①这… Ⅱ. ①法… ②陆… Ⅲ. ①昆虫—儿童读物 Ⅳ. ①Q96-49

中国国家版本馆CIP数据核字(2023)第003936号

出版发行 / 北京理工大学出版社有限责任公司
社　　址 / 北京市海淀区中关村南大街 5 号
邮　　编 / 100081
电　　话 / （010）68914775（总编室）
（010）82562903（教材售后服务热线）
（010）68944723（其他图书服务热线）
网　　址 / http: //www.bitpress.com.cn
经　　销 / 全国各地新华书店
印　　刷 / 三河市九洲财鑫印刷有限公司
开　　本 / 787 毫米 × 1092 毫米　1/12
印　　张 / 43.5
字　　数 / 870千字
版　　次 / 2023 年 6 月第 1 版　2023 年 6 月第 1 次印刷
定　　价 / 299.00元（全 15 册）

责任编辑 / 申玉琴
文案编辑 / 申玉琴
责任校对 / 刘亚男
责任印制 / 施胜娟

图书出现印装质量问题，请拨打售后服务热线，本社负责调换

根据　法布尔《昆虫记》改编

# 这才是孩子爱读的昆虫记

[法]法布尔 著　陆杨 改编　蓝山 绘

北京理工大学出版社
BEIJING INSTITUTE OF TECHNOLOGY PRESS

北京昆虫学会　中国昆虫学专家 审订

（排名不分先后）

彩万志教授　　张志勇教授

李姝博士　　徐庆宣博士

# 目录

contents

# 不爱动脑筋的耙掌泥蜂 膜翅目

一户农家小院里，葡萄树的枝叶撑起了一片阴凉。一只已有身孕的耙掌泥蜂妈妈飞到了一片葡萄叶上晒太阳，正当它惬意地翻身时，发现一只雌性鞍背距螽正在树下唱歌。

“太好了，这可是送给宝宝们最好的食物了！”在享受完日光浴后，耙掌泥蜂妈妈悄悄地锁定了猎物。接下来，一场不可思议的捕猎就要开始了！

这里的土质松软，适合筑巢。
我最喜欢晒太阳了。
怎么是只雄性鞍背距螽？暂且放过你吧。
你是来捉我的吗？
我捕猎是为了给我的宝宝吃，我平时只喝花蜜。
雄性鞍背距螽
锹甲老师的童谣广播站
耙掌泥蜂足生刺，用其挖掘清理巢。
雌虫上颚锋又利，猎物遇它逃不掉。
雌性距螽它最爱，麻醉后就近建巢。
无视猎物体型巨，运送回家有妙招。
依照本能自由活，低智行为真糟糕。

## 形势一边倒的战斗

别看雌性鞍背距螽的体型比耙掌泥蜂大得多，但在耙掌泥蜂妈妈的眼里，它是一只待宰的羔羊。

耙掌泥蜂妈妈飞快地降落在雌性鞍背距螽身旁，从侧面用自己的上颚紧紧地钳住对方的颈部，鞍背距螽不停地转圈挣扎，但始终无法挣脱，也无法伤害到耙掌泥蜂妈妈，慢慢地，它耗光了力气。

眼见时机成熟，耙掌泥蜂妈妈将螯针从侧面刺进了鞍背距螽的胸部，向其体内注入了毒液。

在毒液的作用下，鞍背距螽慢慢放弃了抵抗，但它的头部还能轻微地活动，它晃动着触角，锋利的口器一张一合，似乎想用最后的力气对猎手进行报复。

# 让猎物彻底放弃抵抗

制服了鞍背距螽后，耙掌泥蜂妈妈骑在猎物的头上，用上颚咬住它的触角，把猎物夹在自己的六只足之间，一边拖着它移动，一边在周围寻找适合挖巢穴的地方。然而，鞍背距螽并不打算坐以待毙，在遇到杂乱的荆棘时，它抱着仅存的一丝希望抓住了障碍物，想要挣脱。

不过，耙掌泥蜂妈妈自有妙招。只见它像摆弄玩具一般用力掀起鞍背距螽的颈部，让它那控制大脑的神经器官露了出来，这个部位非常脆弱，稍微不注意就会杀死猎物。为了保证食物的新鲜，不让它死去，耙掌泥蜂妈妈小心翼翼地把自己的头当作工具，用适当的力度去压迫这个位置的神经器官，一瞬间，猎物就完全放弃了抵抗。耙掌泥蜂妈妈终于不用担心鞍背距螽的顽抗和反击了。

在让猎物彻底瘫痪后，耙掌泥蜂会用这种姿势来搬运它。

# 绝不轻易放弃猎物

耙掌泥蜂妈妈费了好大的力气，终于把鞍背距螽拖到了墙角。在搬运猎物的途中，勇敢的它吓退了企图拦路抢劫的枯叶大刀螳，保住了自己的猎物。

院子里的地面太坚硬，不适合挖洞建巢，用泥土修葺的茅草屋倒是很松软，它很轻松就能在泥中掏出一个洞来。于是，耙掌泥蜂妈妈准备把巢穴建在屋顶上。

它咬着鞍背距螽往墙壁上爬，速度竟然一点儿也不慢，它那带有小钩刺的足能紧紧地抓住墙壁的缝隙，不让自己和猎物一起摔下来。在挖洞时，猎物曾滚落到地面上好几次，但耙掌泥蜂妈妈一点儿也没有沮丧，它不厌其烦地把猎物重新拖上来。

建好巢穴后，耙掌泥蜂妈妈咬着鞍背距螽的触角把它拖进了巢穴里，开始了自己的产卵大业。

**法布尔爷爷的文学小天地**

在正常与非正常的条件下，昆虫的表现要么无比杰出，要么蠢得惊人，但这都是它的本能表现。

# 昆虫特有的本能行为

耙掌泥蜂妈妈不偏不倚地将卵产在了鞍背距螽被螯针刺过的胸部，等卵孵化后，幼虫宝宝就能一边食用鞍背距螽一边成长了。

有一次，捕猎成功的耙掌泥蜂妈妈刚建好巢穴，正准备把鞍背距螽往巢穴里拖时，发现鞍背距螽的触角断了。这下麻烦大了！如此一来，它的上颚就失去了着力点，无法钳住猎物往巢穴里拖了。在几次尝试钳住鞍背距螽的头部失败后，它放弃了这只猎物。

“真是只傻虫子，把猎物掉转方向，再钳住它的后足不就可以了嘛。”一只鸟儿捡了个便宜，叼走了鞍背距螽。它一边飞一边在心里嘲笑着耙掌泥蜂妈妈。

也许，耙掌泥蜂妈妈觉得，和动脑筋解决问题相比，在本能的指引下随性地生活更加重要吧。

**终身爱模仿凶猛昆虫的奇翅虫**

年幼时模仿蚂蚁，长大后模仿泥蜂，拥有如此实力派“演技”的竟然是一亿年前的小小昆虫，它名叫“奇翅虫”。它会根据自己不同的成长阶段模拟不同的昆虫，堪称远古时期的“老戏骨”。

**拥有完美伪装术的地衣螽斯**

如果你看见一团“海藻”或是“苔藓”长在树上，那你的眼睛一定是被这种地衣螽斯给欺骗了。作为螽斯家族的伪装高手，它能通过模仿地衣的颜色和纹理来达到让自己“隐身”的效果。

**锹甲老师的知识小问答**

小朋友们，你们知道耙掌泥蜂经常捕捉的猎物是什么吗？

## 个大胆小的红带泥蜂 膜翅目

八月，骄阳似火，一群爱群居的红带泥蜂在享受完蓟草美味的花蜜后，来到一片空旷的泥地挖掘各自的巢穴。不一会儿，这里便形成一个热闹的村落。每一户的入口处都有一个用废料堆成的圆锥形泥土堆，像是领地的标志。

这时，一只狩猎归来的红带泥蜂哼着歌飞回村落，它怀中带回来的蟋蟀是幼虫宝宝的最爱。为了确保家中没有入侵者，它将猎物拖到洞口处，独自进洞检查。然而，当它出来时，发现被蜇晕的蟋蟀竟然不见了！这到底是怎么一回事？别着急，我们一起往下看。

锹甲老师的童谣广播站
红带泥蜂爱结伴，集体工作真勤劳。
个头大却胆子小，遇到强盗拔腿跑。
捉起蟋蟀不手软，又用针来又摔跤。
把卵产在猎物胸，幼虫孵化吃个饱。
我们喜欢群居，热闹的村落就快建成啦！
大蓟草

# 厚脸皮强盗和胆小鬼主人

原来，洞外的蟋蟀被一只混进村落的显带捷小唇泥蜂偷走了。虽然它个头很小，但它的胆子出奇地大。只见它拖着那只四脚朝天的蟋蟀大摇大摆地走向了另一只红带泥蜂的洞口。显带捷小唇泥蜂放下猎物后，理直气壮地钻了进去，就好像这个

红带泥蜂的体型比显带捷小唇泥蜂大很多。

巢穴是属于它的一样。它的行为让巢穴真正的主人犯起了迷糊。

为了确认是不是自己弄错了，红带泥蜂也跟着钻进了洞里，在看到洞里刚抓回来的几只蟋蟀后，它确定了，这里就是自己的家！原来，显带捷小唇泥蜂是个不折不扣的厚脸皮强盗！但可悲的是，红带泥蜂并没有赶跑它，明明它的个头比对方大，真要打起来，显带捷小唇泥蜂不可能是它的对手，但它只是在一旁干着急，完全不行动。哎，它可真是个胆小鬼！

## 身上藏针的摔跤高手

被显带捷小唇泥蜂抢走了巢穴，红带泥蜂只能自认倒霉，费劲地重新挖了一个洞。挖好洞之后，它又不辞辛苦地去给宝宝捉蟋蟀了。蟋蟀虽然弹跳力惊人，但红带泥蜂更加敏捷。只见两个摔跤手紧紧地抱在一起，搅得地面上尘土飞扬，不一会儿，蟋蟀就被红带泥蜂摁在了地上。

猎手用上颚咬住蟋蟀的腹部后端，两只后足用力地踩住蟋蟀的头，并将自己的腹部蜷成近 90 度，这样蟋蟀就无法咬到自己了。在摁住猎物后，红带泥蜂的螫针像匕首一样准确地刺入了蟋蟀头部和胸部的连接处，紧接着是腹中部和腹部末端。

三针之后，被麻醉的蟋蟀投降了，它颤抖着身体被红带泥蜂带回了家。从制服猎物采用的姿势到刺向猎物身体的几处部位来看，红带泥蜂都经过了精密的计算，真是个名副其实的捕猎高手！

# 大快朵颐的幼虫宝宝

捉到猎物后，红带泥蜂便将其带回了家。它将一枚卵产在了蟋蟀的前胸，之后又出去捉了几只蟋蟀回来。

三四天后，孵化出了幼虫宝宝，它蜷缩在蟋蟀的胸腔里，一点点地吃着蟋蟀。此时的蟋蟀并没有死去，但蜂毒让它无法动弹，只能任由自己的身体被幼虫宝宝慢慢掏空。

吃完第一只蟋蟀，幼虫宝宝钻出蟋蟀的身体，开始蜕皮。蜕完皮后，它便开始向第二只蟋蟀展开了进攻，这次它从肥美多汁的腹部开始吃。

就这样，一连消灭了四只蟋蟀，它再也吃不下了，一心只想上厕所。不过现在还不是时候，因为粪便还有其他作用。

**法布尔爷爷的文学小天地**

每个工蜂都哼着欢快的小曲，声音尖锐刺耳，时高时低，随着翅和胸腔的振动而抑扬顿挫。多么像一群快乐的小伙伴，在劳动中以有节奏的韵律互相激励啊！

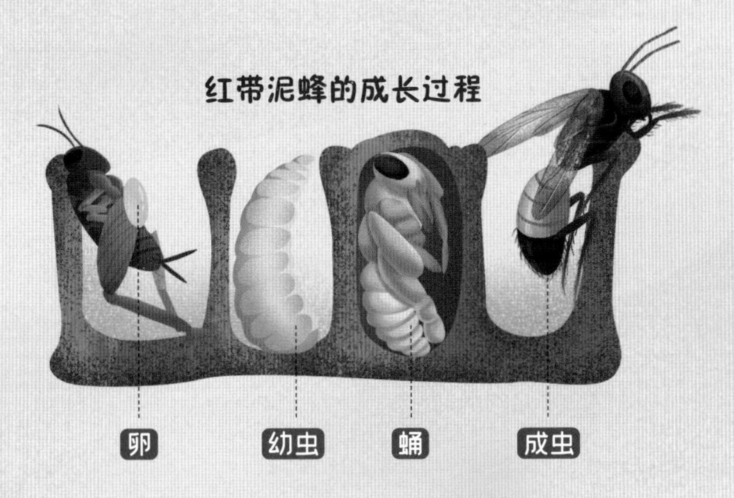


## 房间漏水？不存在！

吃饱后的幼虫宝宝忙着结茧化蛹。为了让自己在茧中的这十个月睡得舒服些，它开始了精心制作。快完工时，它用残余的粪液在茧的内壁涂上了一层紫色“清漆”用来防水，就算把茧泡在水里好几天，茧的内部也一点儿都不会受潮。这就是它的粪便的用处啦！

九个月后，幼虫宝宝开始羽化，从眼睛开始，它的身体颜色逐渐变深。经过了几周的成长，已经能透过茧壳看清它的身体开始变得和妈妈一样了。最后，它撕裂了束缚自己的外壳，用前足和上颚在泥土中打开一条通道，飞了出去，尽情地在阳光下享受余下的两个月生命！

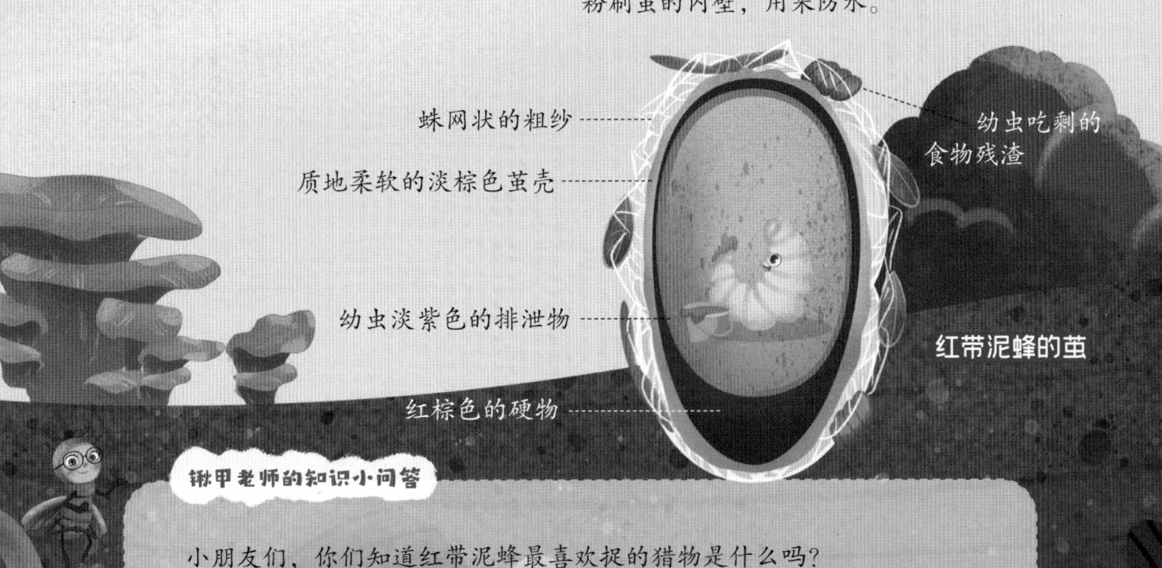


**锹甲老师的知识小问答**

小朋友们，你们知道红带泥蜂最喜欢捉的猎物是什么吗？

**锹甲老师的冷知识补给站**

**穿着金属外衣的蓝玻璃泥蜂**

常见的细腰蜂颜色都是以黄黑色为主，但这只来自北美洲的细腰蜂则明显与众不同。它全身呈现出艳丽的蓝色，在阳光的照耀下就像一颗移动的蓝宝石。漂亮的它还是个捕蜘蛛的小能手哟！

**披着红色外套的棕长脚蜂**

棕长脚蜂全身棕红，就好像穿了一件很酷的棕红色皮大衣。要知道，在胡蜂家族中，它的体型最大，虽然它模样很凶，但不会主动攻击人。

# 专捉吉丁甲的节腹泥蜂 膜翅目

一只节腹泥蜂妈妈飞进了一处花园，它降落在泥地上左看看，右闻闻，像是在勘探着地下有没有埋着宝物。终于，它找到一处被太阳晒得无比坚硬的地面，开始在这里挖洞筑巢。为了能把比自己大的猎物吉丁甲拖进洞穴，它必须要把洞穴挖得比自己宽才行。然而，因为地面太过坚硬，挖洞的效率极低，它挖了很久很久。

对啊，你看，我的腹部是一节一节的，只不过我是一种专捉吉丁甲的节腹泥蜂。
鸟
你是节腹泥蜂家族的吗？
蛾
我是爱吃蛆的腐阎甲，你是来捉我的吗？
我才不捉你呢，你又脏又臭，快离我远一点儿！
丝光绿蝇
腐阎甲
反吐丽蝇
锹甲老师的童谣广播站
节腹泥蜂本领强，油菜花中采蜜忙。
辛苦挖洞建巢穴，为了宝宝把食藏。
摇身一变成猎手，火眼金睛闪光芒。
未雨绸缪有远见，捕捉吉丁甲在行！

## 精巧的建筑结构

一只蝴蝶看到后十分不解：“为什么你不去挖松软的泥地呢？”

“因为只有这种坚硬的土质才能让巢穴既坚固又防水！”节腹泥蜂妈妈回答时不忘继续挖洞。此时，它已经在垂直于地面的洞穴下拐了个弯，换了方向挖掘。像这种拐弯的巷道，节腹泥蜂妈妈会挖出好几条，它把育婴房安排在巷道的尽头，然后在几间彼此隔开的独立蜂房中放上几只吉丁甲，这是幼虫宝宝的口粮。

它把卵产在吉丁甲身上后，就钻出洞口回到了地面。

它站在洞口，看着旁边被它挖出来的泥土堆，笑了笑，是时候用这些泥土从外面封住巢穴的入口了，这样一来，它的宝宝们就能彻底安全啦！

**法布尔爷爷的文学小天地**

直到今日，每当想起这件事时，我昏花的老眼中还会涌出那圣洁的饱含感激之情的泪水。啊，那些美好的、对未来充满想象和期盼的日子，顿时发生了翻天覆地的变化！

# 火眼金睛的吉丁甲杀手

节腹泥蜂妈妈非常喜欢干净，平常只食用花蜜的它为了自己的孩子不得不成为凶猛的猎手。值得惊叹的是，这位猎手火眼金睛，一眼就能认出那些形态各异的吉丁甲。它从不会去捕捉除了吉丁甲之外的昆虫。

在一次成功捕猎之后，一只被它麻痹的吉丁甲生气地问道：“鞘翅目昆虫有那么多种类，为什么你只捕捉我们呢？”

“因为你们的神经器官非常集中，我捕捉起来很轻松，只用一针就能完全麻醉。排除猎物的个头太大、居住环境肮脏等条件限制，在鞘翅目昆虫中，我能捕捉的就只剩下你们吉丁甲了。”

“原来如此……”得到答案的吉丁甲闭上眼睛昏睡了过去。

节腹泥蜂妈妈把它带回了巢穴，又钻出地洞开始了新一轮的捕猎。

锹甲老师的冷知识补给站

眼神不好的二色硕黄吉丁甲

二色硕黄吉丁甲只存在于菲律宾的巴拉望岛上，它虽然漂亮，但眼神并不好。雄性吉丁甲有时会向颜色鲜艳的玻璃瓶求爱，这是因为它将其当成了雌性吉丁甲。

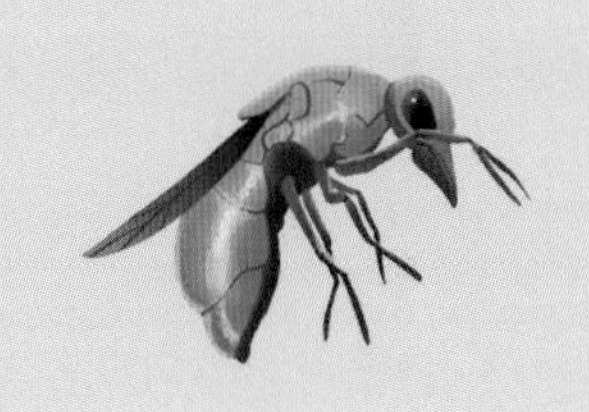

关爱弟弟妹妹的叶齿金绿泥蜂

在蜂类大家族中，照顾后代通常是蜂妈妈一个人的任务，但这种叶齿金绿泥蜂会和妈妈一起照顾自己的弟弟妹妹。蓝绿相间的颜色赋予了它们美丽的外表，温暖懂事的行为也展示出它们那颗温柔的心。

吉丁甲的胸部神经元集中，因此是节腹泥蜂最先攻击的地方。

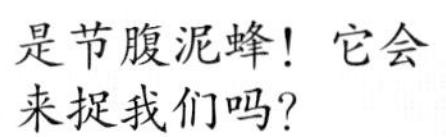


蜣螂

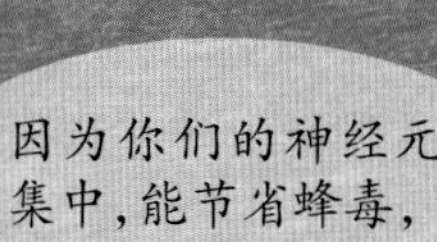


花园里有那么多虫，你们为什么只捉我们吉丁甲？

锹甲老师的知识小问答

小朋友，你们知道节腹泥蜂最喜欢的猎物是什么吗？

# 捕猎手段高明的瘤节腹泥蜂 膜翅目

瘤节腹泥蜂姑娘体型大、力气大，性格豪爽又能干，它身边总是不乏追求者。当然，只有体格最强壮的雄性瘤节腹泥蜂才能得到它的芳心。这不，收获爱情的它没多久就升级为妈妈了。不过，它没有和伴侣一起居住，而是在乡间的土路上，随便找了一个被其他昆虫废弃的巢穴，过起了安心养胎的单身生活。

它按照自己的想法把破烂不堪的废弃巢穴好好地修整了一番，并将卵宝宝产在巢穴最深处的育婴房中。之后，它便不断地离开巢穴去给宝宝捕食。

不了，我喜欢的猎物是甜菜棱喙象甲。

要和我一起去捉吉丁甲吗？

奶牛

瘤节腹泥蜂

节腹泥蜂

加油，谁胜出，我就嫁给谁！

捕捉象甲的瘤节腹泥蜂比捕捉吉丁甲的节腹泥蜂体型要大。

这里有现成的巢穴，稍微整改装修一下就能用啦！

成虫的我们只吃花蜜，只有在幼虫时期才吃肉。

鸭子

锹甲老师的童谣广播站
瘤节腹泥蜂体型大，改造巢穴技巧高。
雄蜂争爱打破头，雌蜂择偶眼光高。
最爱捕捉是象甲，麻醉猎物有绝招。
哺育后代不嫌累，备足食物为宝宝。
你不是我的对手，快认输吧！
休想！除非你战胜我。
蝗虫
青蛙

## 对捕捉象甲情有独钟

运气真好！一只甜菜棱喙象甲被瘤节腹泥蜂妈妈发现了，这是它最喜欢的猎物，因为这种象甲的个头最大。瘤节腹泥蜂妈妈捉了不少象甲，它不厌其烦地把捉来的象甲一只只地拖进巢穴堆放在育婴房里，直到足够宝宝吃。

在为卵宝宝布置好一切后，瘤节腹泥蜂妈妈来到巢穴的前厅乘凉。前厅的上方有一块由天然石块形成的屋檐。天气炎热时，这是它的遮阳棚；遇到雨天时，它又能为其挡住雨水，让巢穴保持干燥。看着自己为宝宝们营造的舒适小家，瘤节腹泥蜂妈妈满意地扇了扇翅，渐渐地睡着了。

**法布尔爷爷的文学小天地**

瘤节腹泥蜂需要的是一种既像死亡一样安静，又像有生命时那般新鲜的食物，面对这样的难题，拥有最广阔知识的人类也解决不了；但它的食橱告诉我们，这根本不算什么难事。

## 聪明的猎杀手段

今天是个阳光明媚、适合捕猎的好日子，得到了充分休息的瘤节腹泥蜂妈妈准备大展拳脚，好好捕猎。没想到刚准备出门，就发现一只糊涂的甜菜棱喙象甲爬到了它的家门口，简直是自投罗网！

面对送上门的食物，瘤节腹泥蜂妈妈立刻进入了战斗状态。眨眼间，它就扇动翅骑到了甜菜棱喙象甲坚硬的背上，用自己的上颚咬住它的头，用前足使劲按压它的颈部，直到甜菜棱喙象甲身体的后半部分离开地面翘了起来，露出自己脆弱的胸部。说时迟那时快，瘤节腹泥蜂姑娘立刻卷起尾巴，将螯针刺进了它的胸口，而且连续刺了三针。一瞬间，甜菜棱喙象甲就乖乖束手就擒了。真是个敏捷又聪明的象甲杀手啊！

锹甲老师的知识小问答

小朋友们，你们知道瘤节腹泥蜂姑娘最爱捕捉的猎物是什么吗？

锹甲老师的冷知识补给站

**长着“鸭嘴”的旌蛉**

这只美丽的昆虫有个好听的名字叫“旌蛉”，它那特殊造型的翅像精灵般充满了仙气。但仔细观察它的头部，你会发现它长着一张与翅完全不搭的“鸭嘴”，这能让它在吃花蜜时更有效率。

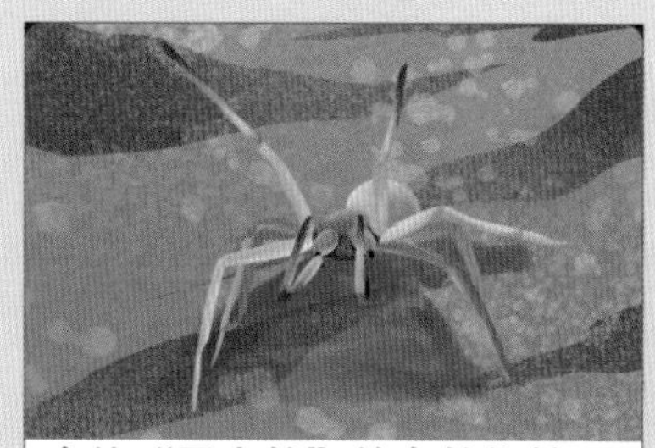

**会使“风火轮”的车轮蜘蛛**

在南非的纳米比亚沙漠，有一种会武功的车轮蜘蛛。遇到危险时，它每秒能旋转身体44圈，以时速3.6千米的速度向前翻滚，像极了飞速行驶的车轮，堪称逃跑界的“小能手”。再提醒一句，蜘蛛不是昆虫哟！

# 腰身纤细的多沙泥蜂 膜翅目

九月，昆虫健身馆迎来了一位明星教练，名叫多沙泥蜂。它有着纤细的腰身，在昆虫选美比赛中还拿过大奖。然而，它只在健身馆里教了一个月的课，就再没出现过。和它一起工作的表姐多毛长足泥蜂经过多方打听，终于找到了表妹，这才得知多沙泥蜂姑娘是因为怀了宝宝，所以才没去授课，表姐感到很惋惜。

在和表姐道别后，多沙泥蜂姑娘踏上了艰辛的哺育之路。

在旷野的一条小路边上，多沙泥蜂姑娘挖了一个深五厘米、像鹅毛管那么粗的简易巢穴，便立刻去捕猎了。

完了，我的小命难保了！
尺蠖
你离开家很远了，不会迷路吗？
放心，我的记忆力超级好，不会找不到家的。
嘿嘿，发现猎物！
蝴蝶
锹甲老师的童谣广播站
多沙泥蜂腰身细，身娇体弱披红衣。
垂直挖洞筑巢穴，捕捉猎物真卖力。
虽然身体有劣势，不气馁来不攀比。
瞄准猎物刺胸口，宝宝安全放第一。
这颗石子真碍事，我要把它扔远一些。
松鼠

# 柔弱但勤勉的好妈妈

在沙泥蜂家族中，多沙泥蜂姑娘是最瘦弱的，表姐多毛长足泥蜂经常会在它面前炫耀自己的强壮，说自己只需捕捉一只体型大的猎物就足够宝宝吃了，譬如夜蛾幼虫。对此，多沙泥蜂姑娘并不在意。虽然它力气小，只能捕捉像尺蠖这种细小的毛虫，但多跑几趟也无妨。

而它的表妹——银色沙泥蜂，每次外出捕猎时，都会用一块平滑的石头把巢穴盖住，并且回来时还能准确找到巢穴的位置。不过，多沙泥蜂姑娘并不想学银色沙泥蜂，因为它要在短时间内把三五只尺蠖拖进巢穴，它觉得为巢穴盖盖子会影响它的捕猎效率。

虽然跟其他沙泥蜂相比，多沙泥蜂姑娘有着一些不足，但它会用自己的勤劳来弥补。

多沙泥蜂会捕捉三至五只毛虫给幼虫当食物。

**法布尔爷爷的文学小天地**

在花朵上，在沉沉的暮色中，它会从花冠里吮吸一滴蜜汁，就像我们的矿工在漆黑的巷道里累得疲惫不堪时，要喝一瓶酒来补充体力一样。

## 细心·又周到的麻醉专家

不一会儿，多沙泥蜂姑娘就将几只被它麻醉过的尺蠖堆在了巢穴中。细心的多沙泥蜂姑娘咬了一口其中一只尺蠖的胸部，想看看猎物是否还有反应。如此谨慎是因为它知道，如果刺中的胸部没被麻醉好，尺蠖在被宝宝食用时，会因为受到疼痛的刺激，进行激烈的扭曲和反抗，这会对刚出生的幼虫宝宝造成巨大的伤害。

见尺蠖毫无反应，多沙泥蜂姑娘满意地点点头，晃动着细腰，小心翼翼地将一枚卵产在最上面那只尺蠖的胸口上，接着便封好巢穴离开了。

几天后，幼虫宝宝孵化了，一场饕餮盛宴开始了！

**锹甲老师的知识小问答**

小朋友们，你们知道多沙泥蜂经常捕捉的猎物是什么吗？

**锹甲老师的冷知识补给站**

**会自爆的桑氏平头蚁**

这种蚂蚁又叫“桑氏弓背蚁”，生活在东南亚的热带雨林。在和其他蚁群战斗时，它们会牺牲自己，让身体爆炸，用带有腐蚀性的体液震慑对方，堪称移动的“生化武器”。

**爱吸食汗水和眼泪的隧蜂**

别看这只隧蜂小巧可爱，但它是一种非常危险的虫子，甚至能让人类的眼睛失明。因为除了花蜜，隧蜂的营养列表中还需要盐分，于是，人类的皮肤和眼睛就成了它们的觅食场所。

# 精通全麻手术的多毛长足泥蜂 膜翅目

每年三四月份，当其他的沙泥蜂还在地下巢穴中熟睡时，多毛长足泥蜂姑娘就已经开始忙着为后代捕猎了。多毛长足泥蜂姑娘热爱自由，喜欢随遇而安。虽然平日里过着快乐的生活，但它也有烦心事。

这不，它刚捉到一只夜蛾幼虫，正忙着挖一处临时巢穴把给宝宝的食物藏起来时，一队蚂蚁赶来抢走了它的猎物。多毛长足泥蜂姑娘虽然生气，但也没办法，因为巢穴还没有挖完，而猎物身上已经爬满了蚂蚁，不能再给宝宝吃了，它只能眼睁睁地看着劳动果实被这群强盗掳走。然而，多毛长足泥蜂姑娘并没有灰心，为了能哺育后代，它强打起精神，再一次飞去捕猎了。

这些蚂蚁太可恶了，下次一定不会让它们得逞。
加油！快抬走！
像这种胖家伙只捉一只就够宝宝们吃了。
夜蛾幼虫
锹甲老师的童谣广播站
多毛长足泥蜂勤，每年春天捕猎早。
左晃晃，右敲敲，寻找猎物用触角。
夜蛾幼虫捉回窝，一只能喂后代饱。
要把猎物全身刺，麻醉技术真是高！

## 把猎物驱赶至地面

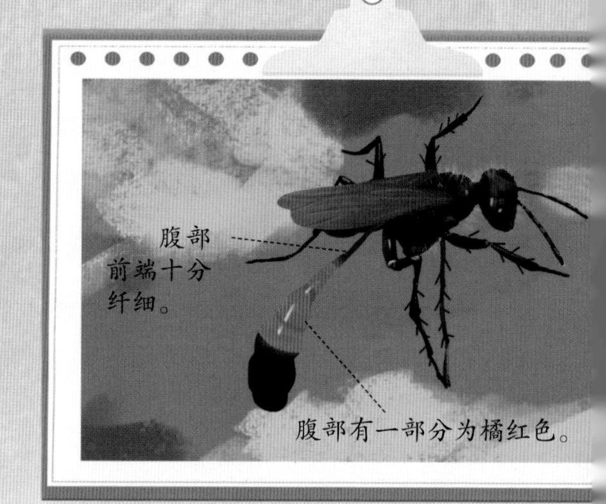


在寻找猎物方面，多毛长足泥蜂姑娘有自己的绝招。它钻进地洞中，左翻翻、右找找，一对触角像是探测仪般一边敲打泥土一边晃个不停。此时，地下的夜蛾幼虫好像感觉到了危险，被恐惧驱使的它怀着惴惴不安的心情逃到了地面。这可正中多毛长足泥蜂姑娘的下怀，它毫不犹豫地捕住了猎物。

在这次的成功捕猎后，多毛长足泥蜂姑娘多了个心眼，它把猎物拖到一个高高的小土堆上，又在猎物身下铺上几根细草，这样就能让那些蚂蚁强盗无法轻松地抬起猎物将它抢走了。真是个小机灵鬼啊！

在巢穴全部挖完后，这一次，多毛长足泥蜂姑娘终于顺利地把猎物带回了家。

**法布尔爷爷的文学小天地**

在我胡思乱想的时候，沙泥蜂却平静了下来，它捋捋翅，清清触角，又以迅雷不及掩耳之势冲向猎物，它那被我看作死亡预兆的痉挛动作，原来是捕猎胜利后的欢庆。

## 给猎物做一个全麻手术

和表妹多沙泥蜂不同，多毛长足泥蜂姑娘在捕猎时更加勇猛和细致。这一点，在刚才抓捕夜蛾幼虫时就能看得出来。猎物一在地面上现身，多毛长足泥蜂姑娘就会立刻扑到猎物的背上，紧紧地咬住它的后颈，用螫针将它每一环体节都仔细地刺一遍，像极了一名外科手术大夫。

被麻醉前，夜蛾幼虫还能用自己的上颚反抗，但在多毛长足泥蜂姑娘将它的颈部神经完全破坏后，它便彻底缴械投降了。于是，失去了威胁的夜蛾幼虫便作为新鲜的食材被多毛长足泥蜂姑娘带回了巢穴。

没过多久，在它胸口孵化的幼虫宝宝一边享受着美味，一边唱着对妈妈的赞歌，快乐极了。

夜蛾幼虫

在确保猎物被完全麻醉后，多毛长足泥蜂才将卵产在猎物身上，并将巢穴堵住。

**锹甲老师的知识小问答**

小朋友们，你们知道多毛长足泥蜂最讨厌哪种昆虫吗？

**美丽但有毒的红蜂灯蛾**

为了不让讨厌的捕食者来打扰自己，红蜂灯蛾不惜吃下有毒植物的果实来让自己的身体产生毒素，这使得猎手们对其敬而远之。

**大战蜘蛛的黄柄壁泥蜂**

如果你在家发现了一只蜂正在与蜘蛛大战，那么这只蜂很可能是黄柄壁泥蜂！它为什么要大战蜘蛛？原来，它是想将其带回巢穴喂幼虫。

图书在版编目（CIP）数据

这才是孩子爱读的昆虫记：全15册 / (法) 法布尔著；陆杨等改编、绘. -- 北京：北京理工大学出版社，2023.6

ISBN 978-7-5763-1998-9

Ⅰ. ①这… Ⅱ. ①法… ②陆… Ⅲ. ①昆虫－儿童读物 Ⅳ. ①Q96-49

中国国家版本馆CIP数据核字(2023)第003936号

出版发行 / 北京理工大学出版社有限责任公司
社　　址 / 北京市海淀区中关村南大街 5 号
邮　　编 / 100081
电　　话 /（010）68914775（总编室）
（010）82562903（教材售后服务热线）
（010）68944723（其他图书服务热线）
网　　址 / http: //www.bitpress.com.cn
经　　销 / 全国各地新华书店
印　　刷 / 三河市九洲财鑫印刷有限公司
开　　本 / 787 毫米 × 1092 毫米　1/12
印　　张 / 43.5
字　　数 / 870千字
版　　次 / 2023 年 6 月第 1 版　2023 年 6 月第 1 次印刷
定　　价 / 299.00元（全 15 册）

责任编辑 / 申玉琴
文案编辑 / 申玉琴
责任校对 / 刘亚男
责任印制 / 施胜娟

图书出现印装质量问题，请拨打售后服务热线，本社负责调换

北京理工大学出版社
BEIJING INSTITUTE OF TECHNOLOGY PRESS

北京昆虫学会　中国昆虫学专家　审订

（排名不分先后）

彩万志教授　　张志勇教授

李姝博士　　徐庆宣博士

# 目录

contents

# 团结一致的棕毒蛾齿腿长尾小蜂

膜翅目

秋末的阳光下，一只棕毒蛾齿腿长尾小蜂妈妈正在焦急地为自己肚中的宝宝们寻找安全的住所。突然，一个红胸切叶蜂的蜂巢映入了它的眼帘，它高兴极了，迫不及待地钻了进去。它在蜂巢里看见了一只暗蜂的茧，暗蜂和棕毒蛾齿腿长尾小蜂一样，也是一种寄生蜂。它突然间明白了，原来这个红胸切叶蜂的蜂巢已经被暗蜂的幼虫占领了。

棕毒蛾齿腿长尾小蜂妈妈并没有失望，因为大部分蜂类的幼虫都可以作为它的后代的食物。不过，暗蜂茧中的猎物个头不大，它应该在里面产多少枚卵才不会造成食物紧张呢？

这只猎物太小了，宝宝太多的话不够吃，就产十枚卵吧。
我比其他寄生蜂产卵的数量都要多！
暗蜂的茧
红胸切叶蜂的巢穴
我对产卵的地方从不挑剔，只要是蜂巢都行。
锹甲老师的童谣广播站
长尾小蜂棕褐色，眼睛通红体单薄。
聪明胆大又心细，找到猎物不放过。
尾部竖起“迅捷剑”，产卵数量真是多。
幼虫宝宝真贪婪，集体猎食把巢夺。
雌多雄少挖洞忙，变身成虫飞出窝。

## 集体享用的盛宴

棕毒蛾齿腿长尾小蜂妈妈记得上次遇到胖嘟嘟的粗条蜂幼虫时，自己产下了五十枚卵，为了让宝宝们出生后不争抢食物，那么，这次就只产十枚左右的卵吧！只见它将腹部末端向前蜷曲，再将六只足固定在暗蜂的茧上，把产卵器贴在茧上搜索着，尝试着在薄弱的位置钻探。在经历过几次的失败后，它终于钻探成功了，开心地产下了卵。

不久，孵化的幼虫宝宝在茧中密密麻麻地挤在一起，白胖的身体像梭子般，并分成几节。

“开饭啦！”不知道哪只幼虫宝宝大喊了一声，所有的幼虫宝宝立刻集体向暗蜂的蛹发起了冲锋，它们用两个上颚把自己固定在猎物身上，再用吸盘似的口器贪婪地吮吸暗蜂蛹内的汁液。

“真是太美味了！”幼虫宝宝对这顿丰盛的肉汁大餐赞不绝口。

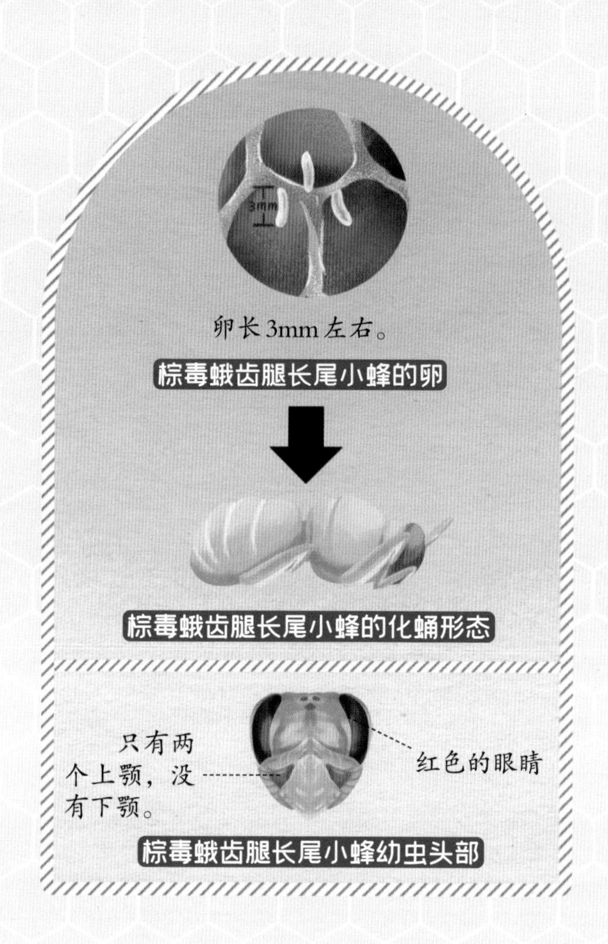

棕毒蛾齿腿长尾小蜂的卵

棕毒蛾齿腿长尾小蜂的化蛹形态

棕毒蛾齿腿长尾小蜂幼虫头部

## 齐心协力的合作

来年初夏，棕毒蛾齿腿长尾小蜂已经长出了翅，它们最大的心愿便是能钻出坚硬的蜂巢，看一看外面美丽的世界。可蜂巢是被堵死的，这该怎么办呢？

“看我的！”只见一只棕毒蛾齿腿长尾小蜂自告奋勇地用上颚一点点地破坏着巢穴的墙壁，不过，没多久，它就累坏了，

法布尔爷爷的文学小天地

二三十只饥饿的幼虫把各自的口器全都贴在胖胖的猎物身上，它们疯狂地吮吸着肉汁，这使得猎物一天天衰竭下去。然而，直到缩成一张干枯的皮囊之前，猎物竟然还能一直保持着新鲜。

想退到伙伴中歇息，然而狭窄的通道让它无法转身，它只能倒退着回去，最靠近它的同伴则主动顶替它，接替了它的工作。就这样，棕毒蛾齿腿长尾小蜂一个接着一个地轮番挖洞。没轮到的伙伴就在一旁等待着，它们有时舔舐触角，有时用后足蹭蹭翅，一边为同伴喊着“加油”，一边准备着随时上阵。

## 失调的雌雄比例

功夫不负有心人，红胸切叶蜂的巢穴终于被打通了。在欢呼的蜂群中，有一只棕毒蛾齿腿长尾小蜂显得格外瘦弱。原来，只有它是雄性宝宝，而它的同伴都是雌性宝宝。

“再见，大家多多保重。”这群蜂儿在相互道别之后，便离开巢穴，飞往不同的地方去完成繁衍后代的使命了。

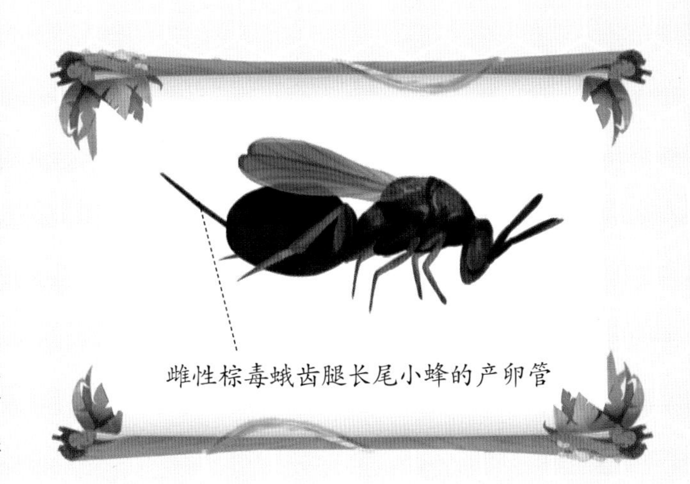


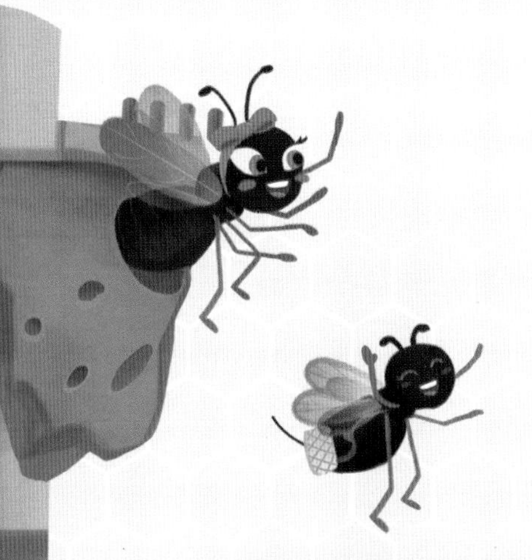

雄性棕毒蛾齿腿长尾小蜂体型较小，腹部末端没有产卵管。

雌性棕毒蛾齿腿长尾小蜂

锹甲老师的冷知识补给站

**长得像蚂蚁的蚁蜂**

这只鲜艳的蜂叫蚁蜂，没有翅的它外形像极了蚂蚁，但个头比一般的蚂蚁大很多。它们会相互模仿同类身体的颜色，覆盖着全身的鲜红色绒毛像是在对掠食者发出警告。

**能酿出高营养蜂蜜的酸蜂**

酸蜂的体型只有普通蜜蜂的十分之一大小，它酿造的蜂蜜甜中带酸，它也因此得名。这种蜂蜜具有极高的营养价值，产量也仅有普通蜜蜂的百分之一，因此极其珍贵。

锹甲老师的知识小问答

小朋友们，你们知道棕毒蛾齿腿长尾小蜂的卵是雄性多还是雌性多吗？

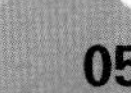

# 不惧强敌的环带蛛蜂

膜翅目

花园里住进了一只虫见虫怕的恶霸，小昆虫们一听到它的名字就瑟瑟发抖，甚至连麻雀和鼹鼠也不例外，它就是蛛形纲的节肢动物——狼蛛。狼蛛整天在花园里作威作福，抓到谁就吃谁，昆虫们都寝食难安，便聚在一起商讨对策。一只蜜蜂提议：“我的表姐环带蛛蜂号称‘蜘蛛杀手’，不如我去请它来除掉这个大坏蛋吧！”

“真的有能打败狼蛛的蜂类吗？你是不是在吹牛？”螳螂有些不太相信。

“我当然没有吹牛！我这就带着礼物去找它，它肯定不会拒绝的。”蜜蜂说完就出发了。

连我都害怕狼蛛，
它的胆子可真大！
鸟
我们蛛蜂家族一直习惯
独来独往，很少结伴。
蝴蝶
瓢虫
竟然是天敌环带蛛
蜂，我可得小心了！
狼蛛
锹甲老师的童谣广播站
环带蛛蜂真仗义，最爱食物是花蜜。
武艺超群且勇猛，不惧对手体型巨。
捕捉蜘蛛有绝招，绝杀螫针刺口器。
为了宝宝甘冒险，“蜘蛛杀手”名不虚。

## 丝毫不惧危险强敌

果不其然，看在花蜜的分儿上，环带蛛蜂姑娘答应了，它和蜜蜂一起来到了狼蛛的巢穴前。这时，其他的昆虫也都聚在了一起，它们想知道是否真的有谁能制服洞中那个可怕的家伙。

没想到，狼蛛在洞前看到环带蛛蜂姑娘时，竟像老鼠见了猫一样，头也不回地逃回了洞中。环带蛛蜂姑娘见状，紧跟着钻进了狼蛛的巢穴，没想到狼蛛又像丧家犬一样逃了出来。它等在洞口，象征性地对钻出洞追它的环带蛛蜂姑娘发动了一下攻击，之后又逃回了洞中。

这样来回折腾了好几次，因为有洞这个避难所作掩护，它俩都没有伤害到对方，战斗也停息了。不过经此一役，狼蛛的颜面扫地，昆虫们都没想到这个恶霸竟也有如此狼狈的一面，纷纷对环带蛛蜂姑娘表示敬佩。

环带蛛蜂的翅边缘有一圈明显的深色。

蝉

竟然弃巢而逃，你还有没有尊严？

死去的蜜蜂

**法布尔爷爷的文学小天地**

我得承认，这只昆虫知道的比我们多。它知道一种准备工作可以确保捕猎行动成功，而对此无论是你们还是我都无法想到。啊！动物的本领是多么奇特啊！

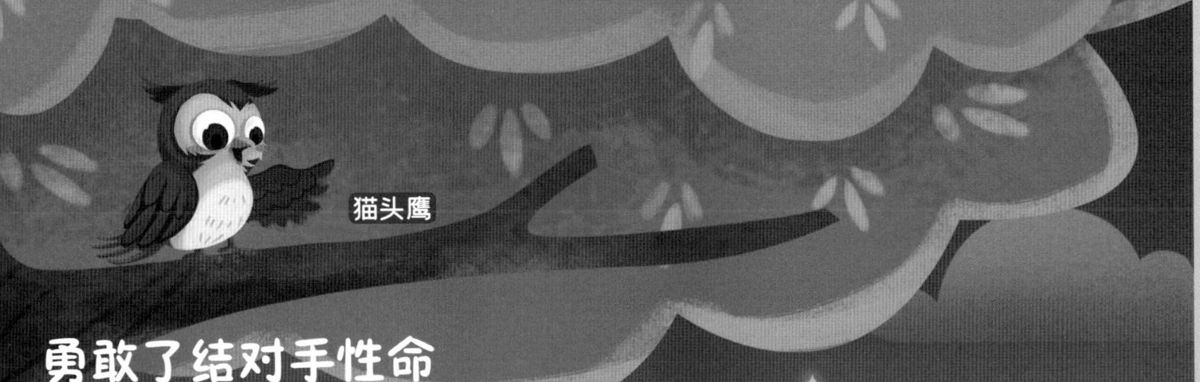


## 勇敢了结对手性命

环带蛛蜂姑娘在小昆虫们的邀请下搬进了花园，有了它的制约，狼蛛再也不能像以前一样肆无忌惮地捕猎了。

一天晚上，准备搬家的狼蛛遇见了早已在路上等候多时的环带蛛蜂姑娘。仇人见面，分外眼红，它们立刻缠斗在了一起，一个用毒牙，一个用螯针，都想用自己的致命武器制服对方。几个回合后，环带蛛蜂姑娘勇猛地将螯针刺进了狼蛛的口器中，狼蛛的螯肢被蜂毒麻痹后无法咬合，它失去了战斗力，只能任对手宰割。紧接着，环带蛛蜂姑娘将第二针刺入了狼蛛的胸部，几秒钟前还生龙活虎的强敌此时竟乖乖束手就擒了。

得胜后的环带蛛蜂姑娘一边将奄奄一息的狼蛛拖回巢穴，一边喃喃自语："这下我的幼虫宝宝有粮食吃了。"看来，再凶猛的动物都有天敌，"蜘蛛杀手"的称号果然名不虚传啊！

为了让狼蛛丧失战斗力，环带蛛蜂的第一针会刺进它的口器里。

还不乖乖束手就擒！

完了，我不是它的对手！

会用蚂蚁来筑窝的蚁墙蜂

这种智勇双全的蛛蜂名为"蚁墙蜂"。它会用许多只蚂蚁的尸体来为巢穴封口，这些蚂蚁尸体释放出的化学物质能掩盖幼虫的气味，让它们免遭捕食者的攻击。

螯针非常厉害的沙漠蛛蜂

沙漠蛛蜂在整个蛛蜂家族中体型最大，它那橙色的翅像是在向其他生物发出警告。这可不是在虚张声势，要是谁不小心被它那发达的螯针蜇一下，那种感觉完全可以用"痛不欲生"来形容。

青蛙

锹甲老师的知识小问答

小朋友们，你们知道环带蛛蜂的第一针会刺向狼蛛身体的哪个部位吗？

鱼

# 爱练“瑜伽”的褶翅小蜂 膜翅目

院子里飞来了一只怀孕的褶翅小蜂，只见它一会儿飞到屋檐下，一会儿又趴到树干上，好像在寻找着什么。不一会儿，它在屋顶的瓦片间找到了一处红胸切叶蜂的巢穴，在用触角勘探一番后，它准备在这间巢穴里产卵，不管里面有没有给宝宝的食物，先碰碰运气再说。

正在这时，红胸切叶蜂妈妈回来了，它急忙冲过来想把侵略者赶跑，但褶翅小蜂妈妈用自己那强壮的后足把它踹得远远的。红胸切叶蜂妈妈可怜兮兮地站在远处，只能眼睁睁地看着自己的后代沦为牺牲品。没办法，弱肉强食是自然界的法则，它力不从心，改变不了。

运气真好，找到了
树蜂的巢穴。
它的后足很强壮，
我会被它踢晕的。
这下面有切叶
蜂的巢穴，我要
把它据为己有。
切叶蜂
锹甲老师的童谣广播站
褶翅小蜂尾部圆，黄黑外衣身上披。
后足粗壮力量足，产卵器官尖又细。
钻探蜂巢有绝招，瑜伽姿势真神奇。
幼虫竞争意识强，手足相残争领地。
吸干猎物成皮囊，结茧羽化把家离。

## 高难度的产卵动作

赶走了红胸切叶蜂妈妈，褶翅小蜂妈妈准备开始产卵。虽然红胸切叶蜂的蜂巢很坚固，但褶翅小蜂妈妈信心十足。只见它活动了活动筋骨，便开始像练瑜伽一般，先让整个尾巴脱离身体，只靠一层薄膜连接着。它将产卵管顶在了蜂巢最薄弱的地方，再像气泵一样不断地收缩尾巴，产卵管在压力的作用下一点点地刺穿泥巴。当它的整个腹部从“脱臼”状态恢复到正常时，产卵管也顺利地刺进了蜂巢。

褶翅小蜂妈妈产下一枚卵后飞走了。没多久，它又飞了回来，原来它忘记自己已经在这间红胸切叶蜂的巢穴中产过卵了，现在它又在这个蜂巢里产下了一枚卵。可蜂巢中的食物仅够喂养一只幼虫宝宝，这可如何是好？

## 极具竞争意识的幼虫宝宝

虽然都是同一个妈妈所生，但蜂巢中的两个卵宝宝相互敌对。因为它们知道，一旦对方先孵化成幼虫，自己就再也没有活路了。没多久，蜂巢内就上演了一场手足相残的惨剧。其中一只幼虫宝宝率先孵化，它做的第一件事

雌性褶翅小蜂有时会在一间蜂巢里产下多枚卵。

褶翅小蜂产卵时的姿势很奇特。

褶翅小蜂的卵端带有钩子，可以在切叶蜂的茧上。

**法布尔爷爷的文学小天地**

这只小虫子装备精良，刚从卵里出来就会作战了，它好像一个职业杀手，专门来消灭同胞。当它完成任务后，摇身一变，就成了平静的食客。

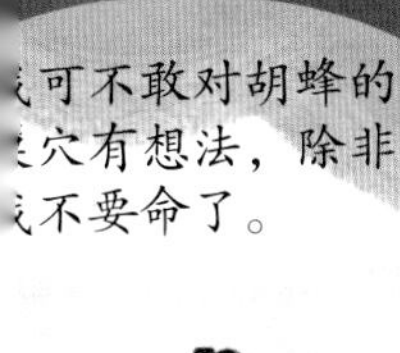

便是仔细地检查蜂巢中的每一个角落。在发现其他的蜂卵后，它对其进行了破坏，让卵无法正常孵化，因为只有这样，才能让粮食危机得以解决。

“弟弟，你千万不要怪我，如果不这样做，我们都会被饿死。”在除掉潜在的对手后，褶翅小蜂幼虫宝宝便安心地趴在红胸切叶蜂的蛹上，用两根针状的口器把它的体液一点点地吸干。

吃饱后的褶翅小蜂幼虫宝宝开始结茧羽化，最终，它用上颚咬破巢穴，迎接新生。未来，它也会像它的妈妈一样，选择性格比较温和的木蜂或切叶蜂的蜂巢来产卵，当一个为宝宝着想的好妈妈！

**长得像苍蝇的赤眼蜂**

你见过长得像苍蝇的蜂吗？这种眼睛通红的寄生蜂名叫“赤眼蜂”，但它的身体比苍蝇小很多。它经常寄生在鳞翅目昆虫的虫卵内，所以农民伯伯常请它来解决虫害难题。

**长有巨型毒刺的寄生蜂**

这只来自亚马孙的寄生蜂专门和蜘蛛家族过不去。仗着自己那根巨大的毒刺，它似乎觉得只有大个头的蜘蛛才配成为它的猎物；而它的幼虫会把被寄生的猎物连同它的卵全部吃掉，真是太无情了！

切叶蜂的蛹会被褶翅小蜂幼虫吸食，最后变成一块褐色的皮囊。

对不起，弟弟，这里的食物不够我们一起吃。

本是同根生，相煎何太急。

为了争抢食物，孵化后的褶翅小蜂幼虫会将巢穴中其他的蜂卵破坏掉。

锹甲老师的知识小问答

小朋友们，你们知道褶翅小蜂主要会选择哪些蜂的蜂巢产卵吗？

# 一种精通几何学的切叶蜂 膜翅目

午后，花园里飞来了一只切叶蜂，它四处打听哪里有废弃的巢穴。这时，一只天牛从树洞里钻出来，切叶蜂姑娘立刻迎上去问：“天牛大哥，你这是要出门呀？”

“是啊，我准备离开巢穴去寻找我的虫生目标。我看你在寻找废弃的巢穴，如果你不嫌弃，我的巢穴就送给你吧！”

切叶蜂姑娘一听，喜不自胜，连连向天牛道谢：“太谢谢你了，你也知道我们切叶蜂不擅长挖掘，所以只能找些其他昆虫废弃的巢穴做自己的家，不过你放心，我绝对会好好装修这个巢穴的！”

鸟
又大又柔软的叶子最适合铺垫巢穴了。
谢谢你！我会把它装饰得很漂亮的！
这个巢穴我用不着了，就送给你吧。
天牛
锹甲老师的童谣广播站
切叶蜂，本领高，裁剪叶子做穴巢。
收集花粉沾满身，腹部覆盖金色毛。
平日要把花蜜采，工作认真又勤劳。
几何知识懂得多，心又灵来手又巧！

## 细致的装修工作

天牛刚走，切叶蜂姑娘就迫不及待地去寻找装修用的材料。它往返于巢穴和树丛，衔来一张又一张不规则的大叶片。只见它口足并用，将大叶片铺在巢穴的最底层。切叶蜂姑娘想：“有了这种宽大的叶子铺底，就不怕潮湿了。”

巢穴的“硬装”准备好后，该考虑“软装”了。因为巢穴是为即将出生的卵宝宝打造的，它们十分娇嫩，必须让巢穴很柔软才行。于是，它又不辞辛苦地飞到附近的槐树上，用上颚裁切了许多椭圆形的叶片，铺在大叶片上，作为地毯和墙纸。

“你们切叶蜂太厉害了！这么繁琐的工作，一点儿都不会出错，而且裁切的叶子和巢穴契合得很好，不愧是蜂类中的‘小裁缝’！”一只蜗牛看到切叶蜂姑娘的装修过程，不禁赞叹道。

切叶蜂会将咬下的树叶卷起来，这样便于携带。

法布尔爷爷的文学小天地

我很愿意赠予它最好的颂歌，这是辛勤的劳动者应得的；我还要颂扬它封闭蜜坛的本领。

# 天生的裁剪技巧

切叶蜂姑娘听了蜗牛的赞美心里乐开了花，但它忙着繁衍后代，无暇与蜗牛聊天，只能道谢后又飞到花丛中为孩子准备食物去了。切叶蜂姑娘把酿好的蜂蜜和身上沾着的花粉混到一起堆在巢穴中，并在上面产下一枚卵。

孩子的到来冲散了切叶蜂姑娘的疲惫，它又飞到玫瑰花叶上，凭借着奇迹般的本能裁剪出了大小合适的圆形叶子作为盖子，再在盖子上面堆上泥土或木屑，就这样，一个完美舒适的蜂房就做好了。

做好一个蜂房的切叶蜂姑娘并没有停下来休息，而是投入了下一个蜂房的建造中。接下来，它会在这间蜂房的上方再建造一间，让每只卵宝宝都拥有属于自己的独立蜂房。等到来年春天，一只只心灵手巧的“小裁缝”便能来到这个美丽的世界了！

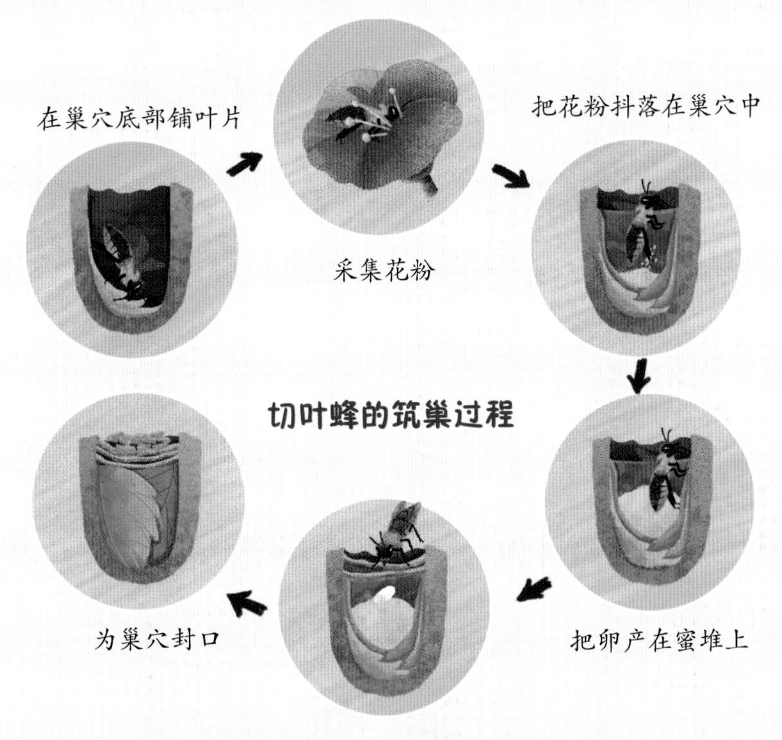


切叶蜂的筑巢过程

锹甲老师的冷知识补给站

长得像独角仙的冥王切叶蜂

雌性冥王切叶蜂的翅展开后可达6.5cm，粗壮的上颚和宽大的体型让它看起来就像是一只披毛带甲的独角仙。别看它模样凶猛，但性格温顺，是一种极为罕见的蜂。

“老态龙钟”的苜蓿切叶蜂

苜蓿切叶蜂的身上长满了白色的绒毛，看起来就像是切叶蜂中的“老年人”。它在给苜蓿授粉方面无可替代。虽然它外表看起来老态龙钟的，但工作起来活力十足！

在一个巢穴中，切叶蜂能打造出多间蜂房，在每间蜂房中只产一枚卵。

锹甲老师的知识小问答

小朋友们，你们知道切叶蜂会把叶子裁成什么形状来当巢穴的盖子吗？

# 命途多舛的两种切叶蜂

膜翅目

骄阳炙烤着这块早已荒漠化的土地，在干旱的侵蚀下，已经废弃的守林人的小木屋破落不堪。虽然这里人迹罕至，但一些切叶蜂非常喜欢在这里安家。你瞧，一只暗黑切叶蜂妈妈和一只红胸切叶蜂妈妈正在这里为建造自己的家园忙碌着。暗黑切叶蜂妈妈选择把家安在地面上，而红胸切叶蜂妈妈则选择在树上筑巢。它们在采集建筑材料时于河道边相遇了。

相互寒暄了一会儿后，两位切叶蜂妈妈便彼此道别去筑巢了。

我喜欢把巢穴建在树上。
你的巢穴好像挂在树上的蜂窝煤。
毛毛虫
除了树枝，屋檐下也是建造巢穴的好地方。
蝎子
蛇
锹甲老师的童谣广播站
两种切叶蜂筑巢，手艺堪比泥瓦匠。
采集泥粒作材料，制造灰浆超在行。
储备食物为宝宝，花朵丛中采蜜忙。
性格温和易被欺，寄生蜂们把家抢。
它们一生多苦难，努力繁衍家族旺。

# 不参与筑巢的雄性切叶蜂

暗黑切叶蜂妈妈回到家后，遇到了暗黑切叶蜂先生。面对它的主动示好，单身的暗黑切叶蜂妈妈冷淡地拒绝了，转而开始自顾自地筑起巢来。

和暗黑切叶蜂妈妈一样，红胸切叶蜂妈妈也是辛苦地独自筑巢。此时，一只红胸切叶蜂先生正围绕着它翩翩起舞，想引起红胸切叶蜂妈妈的注意。但它不明白，已经累坏的红胸切叶蜂妈妈此刻需要的是筑巢帮手，在它的认知里，筑巢这种行为与自己毫不相干。看着只顾梳理翅的红胸切叶蜂先生，红胸切叶蜂妈妈根本不为所动，一门心思地继续筑起巢来。

雌性红胸切叶蜂和雄性红胸切叶蜂的外形并没有明显差异。

## 手艺高超的泥瓦匠

两位切叶蜂妈妈顾不上天气的炎热，一趟又一趟地飞到附近的河道边和路边去寻找建造巢穴的原材料——一种干燥的泥粒。

暗黑切叶蜂妈妈用唾液将采来的泥粒搅拌成砂浆，再把砂浆衔到地面上，铺成了一圈圆形的泥垫，接着又不断在圆垫的四周浇上砂浆，垒成墙壁，最终建成了一个烟囱般的巢穴。

红胸切叶蜂妈妈的巢穴就没有那么复杂啦，它建好的巢穴像一颗挂在树枝上的椭圆形的泥蛋，上面布满了窟窿，每一个窟窿都是一间独立的蜂房。

“宝宝们终于有住所了！”完工后的两位切叶蜂妈妈擦了擦额头上的汗水，开心极了。

## 为宝宝储备食物

两位切叶蜂妈妈的新巢穴建好了，引来了一些蜂类观摩，其中不乏一些居心叵测之徒，比如喜欢强占巢穴的壁蜂和觊觎切叶蜂幼虫的寄生蜂们。然而，开心的切叶蜂妈妈并没有多想，因为它们要忙着给腹中的宝宝储备食物。

暗黑切叶蜂妈妈和红胸切叶蜂妈妈兴高采烈地飞到了花丛中，让腹部和足都沾满了花粉。满载而归的它们先把头伸进蜂房中，吐出酿好的蜂蜜，接着倒转身体，从蜂房里出来后再退回去，这样一来，身上的花粉就被刮了下来。经过几次运输后，蜂房中的食物越来越多。最后，它们用上颚把蜜浆和花粉搅拌均匀，整个流程轻车熟路。

## 沦为寄生蜂类的牺牲品

蜂房中的粮食储备足够了，接下来就是产卵了。说干就干！红胸切叶蜂妈妈在蜜浆表面产完卵后，便将这个蜂房封上。接着，它以同样的方式在其他的几间蜂房中各产下一枚卵，然后封死。随着时间的推移，红胸切叶蜂家族的成员越来越多，

暗黑切叶蜂在巢穴内吐完蜜后，再将黏附在身上的花粉刮落。

如果把暗黑切叶蜂的巢穴移到不足一米远的地方，它就认不出自己的家了。

在作为建筑工地的农场和作为砂浆搅拌场的公路之间，这两种切叶蜂发出“嗡嗡”的叫声，不停地来来往往，仿佛一阵风似的在空中快速地飞来飞去。

但危险也随之而来，褶翅小蜂和火青蜂等寄生蜂盯上了红胸切叶蜂的巢穴。在它们的攻击下，只有极少数的红胸切叶蜂宝宝能存活下来，而其他蜂房中的红胸切叶蜂幼虫最终都沦为了侵略者后代的食物。

“没办法，我们的天敌实在太多了，只有多多产卵才能让种族繁衍下去。”看见难过的红胸切叶蜂妈妈，暗黑切叶蜂妈妈不停地安慰着它，但它心里明白，自己的巢穴迟早也会被寄生蜂盯上。

“我们切叶蜂家族真是多灾多难啊！”红胸切叶蜂妈妈难过地说。

锹甲老师的冷知识补给站

**外表和性格反差很大的猫蛛**

千万别被这只猫蛛那张貌似可爱的脸给骗了，虽然它看起来一副人畜无害的样子，但从不结网的它在捕猎时异常凶猛。对了，小朋友们要记住，所有的蜘蛛都不属于昆虫哦！

**携带“官印”的里氏盘腹蛛**

里氏盘腹蛛的腹部末端像被截掉了一半，横截面上还印着铜钱般的花纹。它平时会用腹部末端堵住巢穴的入口，形成一个活门陷阱来捕食猎物。虽然模样怪异，但它很胆小。

锹甲老师的知识小问答

小朋友们，你们知道雌性的暗黑切叶蜂是什么颜色吗？

# 为了后代甘当门卫的淡带隧蜂 膜翅目

每年春天，总能在沙泥地上看到一群蜂儿从地洞里飞进飞出，淡带隧蜂妈妈便是其中的一员。只见它时不时地把泥粒从地洞中刨出来，大量的泥粒堆在洞口后形成了一个“火山口”。这里早已被它和同伴们视为自己的领地，不允许其他蜂类染指。

五月，一间间地下巢穴在淡带隧蜂妈妈和同伴们的辛苦劳动下建成了，规模大到形成一个村落。淡带隧蜂妈妈站在高处看着完成的浩大工程，自豪感油然而生，它满意地大笑着，从自己家的“火山口”钻了进去。

## 锹甲老师的童谣广播站

淡带隧蜂爱群居，打口“深井”当穴巢。
育婴房间像酒瓶，上下横放排列好。
隧蜂妈妈采蜜忙，制作“面包”喂宝宝。
最恨天敌是寄蝇，祸害后代真是糟。
女儿恋家把巢回，妈妈摇身变姥姥。
化身门卫拒危险，一生劳苦功绩高。

# 数量众多的育婴房

钻入地洞后，淡带隧蜂妈妈首先通过了一口“井”，这口“井”是淡带隧蜂妈妈工作时的必经通道，“井”壁的两侧布满了一间间彼此独立的育婴房。淡带隧蜂妈妈给每一间育婴房都补充好食物，等它来到最下面的房间时，眼前突然一亮：“啊，有一只宝宝已经开始化蛹了！它现在需要一个安静的生长环境。”开心的淡带隧蜂妈妈放下手中的食物，立刻变成了泥瓦匠，用沙粒把已经化蛹的育婴房一点点地封死。

正在这时，外面下起了小雨。一只幼虫宝宝惊慌地问道：“妈妈，要是雨水渗进房间里该怎么办啊？”

“放心吧，你们的房间都被我用上颚打磨过，还用唾液抛过光，既光滑又能防水。”淡带隧蜂妈妈温柔地说。

“太好了，这下便不用担心了，妈妈晚安。”幼虫宝宝们说完便安心地睡觉了。

正在进食的淡带隧蜂幼虫。

每间育婴房的内壁都被淡带隧蜂妈妈打磨抛光过。

幼虫的食物是淡带隧蜂妈妈制作的花蜜“面包”。

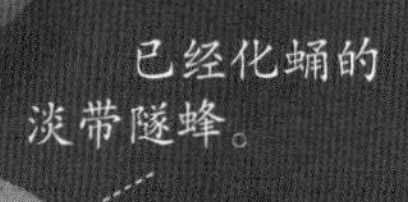

已经化蛹的淡带隧蜂。

淡带隧蜂妈妈会将已经开始化蛹的育婴房堵实。

腹部末端有一道沟槽是淡带隧蜂家族的特有标志。

淡带隧蜂腹部的条纹以黄色居多，但也有白色的。

## 精心制作的花蜜“面包”

雨停后，淡带隧蜂妈妈出去采蜜了。

家里的孩子很多，所以淡带隧蜂妈妈在制作食物时不遗余力。它先是把一部分干燥的花粉搓成团，再把嗉囊中酿好的蜜吐出来，与其余的花粉一起揉成“面包皮”，包裹住之前搓好的花粉团。不一会儿，一个外软里硬的花蜜面包就做好了。幼虫宝宝孵化出来后吃的第一口食物又软又甜，等它稍微长大一点儿后，就能吃得动干硬的“面包芯”了。

淡带隧蜂妈妈每天都会去各个育婴房里探望宝宝，为它们补充食物，非常顾家。但它不知道，一场灾难正在悄悄逼近，一只看起来十分不起眼的寄蝇盯上了它。之前，淡带隧蜂妈妈外出为宝宝们采蜜时，这只寄蝇一路尾随它到了家门口。

雌性淡带隧蜂为幼虫准备的食物，外部是蜂蜜和花粉的混合物，内部是花粉。柔软的混合物适合刚孵化的幼虫，幼虫长大后便能啃动干硬的花粉。

我们是雌性，养育后代是天性。

妈妈的厨艺真好。

我以后也要学习这门手艺吗？

每年隧蜂会繁殖两代，春季繁殖的只有雌蜂，夏季繁殖的有雌蜂和雄蜂。

## 家庭被狡猾的天敌寄蝇破坏

这天，那只寄蝇鬼鬼祟祟地飞到了淡带隧蜂妈妈的家门口，趁淡带隧蜂妈妈外出给孩子找食物的间隙，钻进了巢穴，把卵产在了那些还没有孵化出隧蜂幼虫的育婴房里，因为只有在这些房间里，它的后代才有竞争优势。狡猾的寄蝇计算好时间，在淡带隧蜂妈妈回家前离开了。

一段时间后，寄蝇的孩子蛆宝宝率先孵化了，食量巨大的蛆宝宝像饿狼般将蜂蜜一扫而光，不但如此，它甚至连淡带隧蜂的卵宝宝也一并吃了。吃饱喝足，蛆宝宝飞快地顺着“井”壁爬离了淡带隧蜂的巢穴，因为它知道，如果不及时溜走，自己会被淡带隧蜂妈妈封死在育婴房里。而巢穴的主人此刻还不知道，在羽化的季节到来时，它的女儿们只有少数几只可以存活下来。

**法布尔爷爷的文学小天地**

尽管隧蜂小镇中的洞穴样子都差不多，而且数量众多，但它们还是能认出自己家的大门，因为这里曾是它们出生的摇篮和无比舒适的安乐窝。

## 劳苦功高的一生

七月，淡带隧蜂妈妈幸存的女儿们陆续回到了自己出生时的家，虽然之前被寄蝇寄生后，只有它们存活了下来，但这个温暖的家依然存在。女儿们继承了淡带隧蜂妈妈先前挖好的育婴房，在里面哺育后代。此时的淡带隧蜂妈妈已经失去了产卵能力，身份也从妈妈变成了姥姥，但它并没有偷懒，而是成为这个家族中最伟大、最可靠的看门人。

平时，它用身体堵住巢穴的入口，只让自己的女儿们通过，那些想要偷蜂蜜的蚂蚁、想捡现成巢穴的切叶蜂，还有被寄蝇害死了后代、妄想抢走看门人这份工作的其他流浪隧蜂，全都被它赶跑了。为了给来回进出巢穴的女儿们让路，“井”壁的摩擦让它的毛掉光了，就连翅也残破不堪。直到被蜥蜴的舌头卷进肚里的那一刻，它还坚守在自己的岗位上，一步也没逃离，这种伟大的精神真是值得所有的蜂妈妈们学习！

锹甲老师的知识小问答

小朋友们，你们知道淡带隧蜂的天敌是谁吗？

锹甲老师的冷知识补给站

**能让螳螂绝后的螳小蜂**

说起螳螂的天敌，或许你能想到小鸟，不过这种专门寄生螳螂的螳小蜂却能让它的整个家族绝后！它擅长把卵产在螳螂的卵鞘内，当它的幼虫孵化后便会把螳螂卵吃得干干净净。

**头上长“鹿角”的圣体黄蜂**

这种头上长角的圣体黄蜂来自菲律宾。它会在植物上产卵，孵化后的幼虫会附着在路过的蚂蚁或蚂蚁的猎物身上。幼虫被带进巢穴后，它便可以对蚁卵们大开杀戒了！

与洞穴内壁不停摩擦会损伤淡带隧蜂门卫的身体。

图书在版编目（CIP）数据

这才是孩子爱读的昆虫记 : 全15册 / (法) 法布尔著 ; 陆杨等改编、绘. -- 北京 : 北京理工大学出版社, 2023.6

ISBN 978-7-5763-1998-9

Ⅰ. ①这… Ⅱ. ①法… ②陆… Ⅲ. ①昆虫－儿童读物 Ⅳ. ①Q96-49

中国国家版本馆CIP数据核字(2023)第003936号

出版发行 / 北京理工大学出版社有限责任公司
社　　址 / 北京市海淀区中关村南大街 5 号
邮　　编 / 100081
电　　话 / （010）68914775（总编室）
（010）82562903（教材售后服务热线）
（010）68944723（其他图书服务热线）
网　　址 / http: //www.bitpress.com.cn
经　　销 / 全国各地新华书店
印　　刷 / 三河市九洲财鑫印刷有限公司
开　　本 / 787 毫米 × 1092 毫米　1/12
印　　张 / 43.5
字　　数 / 870千字
版　　次 / 2023 年 6 月第 1 版　2023 年 6 月第 1 次印刷
定　　价 / 299.00元（全 15 册）

责任编辑 / 申玉琴
文案编辑 / 申玉琴
责任校对 / 刘亚男
责任印制 / 施胜娟

图书出现印装质量问题，请拨打售后服务热线，本社负责调换

根据　法布尔《昆虫记》改编

# 这才是孩子爱读的昆虫记

15

[法]法布尔 著　陆杨 改编　蓝山 绘

北京理工大学出版社
BEIJING INSTITUTE OF TECHNOLOGY PRESS

北京昆虫学会　中国昆虫学专家　审订

（排名不分先后）

彩万志教授　　张志勇教授

李姝博士　　徐庆宣博士

# 目录

contents

# 在地下捕猎和安家的土蜂 膜翅目

午后，阳光炙烤着大地，一群土蜂小伙子正围着一个夹杂着枯叶的天然肥料堆飞舞着。它们相互打量着彼此，眼神中充满了敌意，原来它们都在寻求配偶。

正在这时，一只土蜂姑娘从肥料堆中探出了头，它的出现让土蜂小伙子们瞬间精神百倍。面对这些争先恐后的追求者，土蜂姑娘笑着说："不如来场比武招亲吧，谁赢了我就跟谁走。"土蜂姑娘的提议让小伙子们的矛盾瞬间激化。不一会儿，那只体型最大的土蜂小伙子就打败了其他对手，牵着土蜂姑娘飞走了。好在肥料堆里还有其他的土蜂姑娘，剩下的勇士们为了得到爱情，又开始了新一轮的争夺。

这些土蜂的个头很大，你不担心吗？
不用担心，它们行动迟缓，只捉金龟甲的幼虫。
蝴蝶
姐姐真有魅力。
我小时候吃肉，长大后就改吃花蜜啦！
锹甲老师的童谣广播站
腰缠两根黄丝带，它是蜂中大块头。
行动笨拙速度慢，性格孤僻但温柔。
土蜂小伙为求爱，比武招亲争破头。
捕猎金龟甲幼虫，麻醉无视皮壳厚。
一只能顶后代饱，宝宝啃噬肥肉肉。
幼虫吃饱造蛹室，胃液当漆不嫌臭。

## 只选金龟甲幼虫作为猎物

甜蜜的婚姻生活很短暂，土蜂姑娘怀孕后，告别了丈夫，回到了花园中，独自承担起了哺育宝宝的重任。首先，它要为宝宝们寻找食物。它默默地钻进自己挖的地洞中寻找心心念念的猎物——花金龟甲的幼虫。这种白白胖胖的大肉虫全身都是脂肪，营养充足，只需要一只，就能让宝宝顺利长大，而且花金龟甲幼虫在泥土中无处可逃，是最适合土蜂姑娘的猎物。

土蜂姑娘并不像其他的蜂类一样喜欢建巢，对它来说，哪里有猎物，哪里就是宝宝的巢穴。每次土蜂姑娘在猎物身上产下一枚卵后，就钻出地面吃点儿花蜜补充能量，然后再去挖土寻找下一只猎物。这种繁衍方式还真是与众不同！

土蜂的第一针会刺在猎物的前颈处，这里神经集中，能让猎物彻底放弃抵抗。

土蜂会将卵产在猎物的胸口处，在这个部位进食的幼虫不会受到伤害。

## 危险的捕猎过程

虽然泥土中的猎物无法逃脱，但土蜂姑娘捕猎的过程依然充满危险。在黑暗的地下，它只能依靠直觉和经验行动。周围不断坍塌的泥粒让花金龟甲幼虫感受到了危险，它用力地蜷缩身体保护自己脆弱的腹部。如果土蜂姑娘一不小心被猎物用身体夹住，那力道足以将其勒成两半！

此外，花金龟甲幼虫那一对锋利的上颚对土蜂姑娘来说也是一种威胁。这时，土蜂姑娘不偏不倚地将螫针刺在猎物的前颈处，被麻醉的花金龟甲幼虫慢慢躺平了身体，放松了上颚。此时的它完全没有了威胁，只能眼睁睁地看着土蜂姑娘将一枚卵产在自己的胸部。

几天后，一场为土蜂幼虫宝宝准备的盛大宴席就要开始了。

## 吃饭时必须小心翼翼

没过多久，孵化出的土蜂幼虫宝宝小心翼翼地咬开了猎物胸部的皮囊，一头钻了进去。幼虫宝宝的头在脂肪的海洋里探索着，身体的后半部分还留在外面。它一点点地从内部噬咬着花金龟甲幼虫的肉，但避开了那些重要的器官和神经："只要我小心一点儿，猎物直到被吃光都不会死去，这样就能一直保持肉的新鲜。"

由于幼虫宝宝的头部一直挤在猎物的身体里，所以变得尖尖的。

"我的小尖头能让我探索到猎物的哪个部位不能先吃。如果猎物被我不小心弄死了，它那腐烂的肉汁会把我毒死的！"幼虫宝宝的话并非危言耸听，吃饭对土蜂幼虫宝宝们来说，可是一件性命攸关的大事呢！

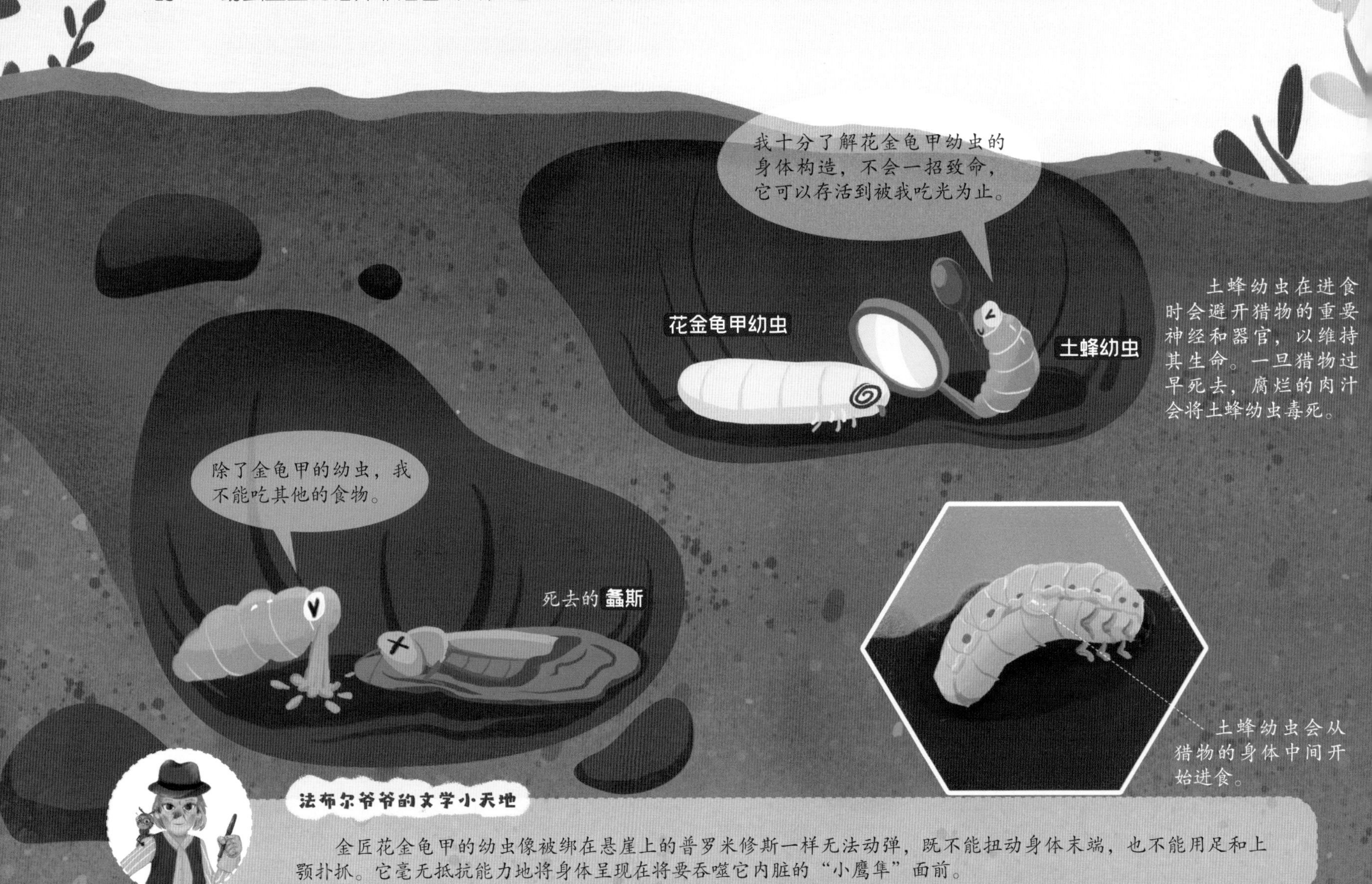


**法布尔爷爷的文学小天地**

金匠花金龟甲的幼虫像被绑在悬崖上的普罗米修斯一样无法动弹，既不能扭动身体末端，也不能用足和上颚扑抓。它毫无抵抗能力地将身体呈现在将要吞噬它内脏的"小鹰隼"面前。

# 会改变颜色的茧

大概用了十二天，幼虫宝宝顺利地把花金龟甲幼虫吃完了，接下来它便马不停蹄地开始织茧。它先是从口器里吐出血红色的丝线，想将自己的身体与巢穴的四壁连接起来，但是意外发生了！巢穴的天花板有点高，它吐出的丝搭不上去，这可怎么办？情况紧急，这些丝卡在幼虫的气门处已经很久了，再过一会儿它很可能会噎死。好在聪明的它努力地贴着墙壁让身体直立起来，这才让吐出的丝粘在了天花板上，摆脱了困境。

一天后，茧快织完了。幼虫宝宝用褐栗色的胃液把茧的内壁涂了一遍，这也让茧从火红色转变成了褐栗色。神奇的是，它在茧的顶端留下了一圈环状的裂缝，让茧宛如一个可掰开的胶囊。建筑技艺高超的土蜂幼虫宝宝自豪地说："等我羽化后，只需轻轻地往上一顶，就能顶开活盖，破茧而出啦！"

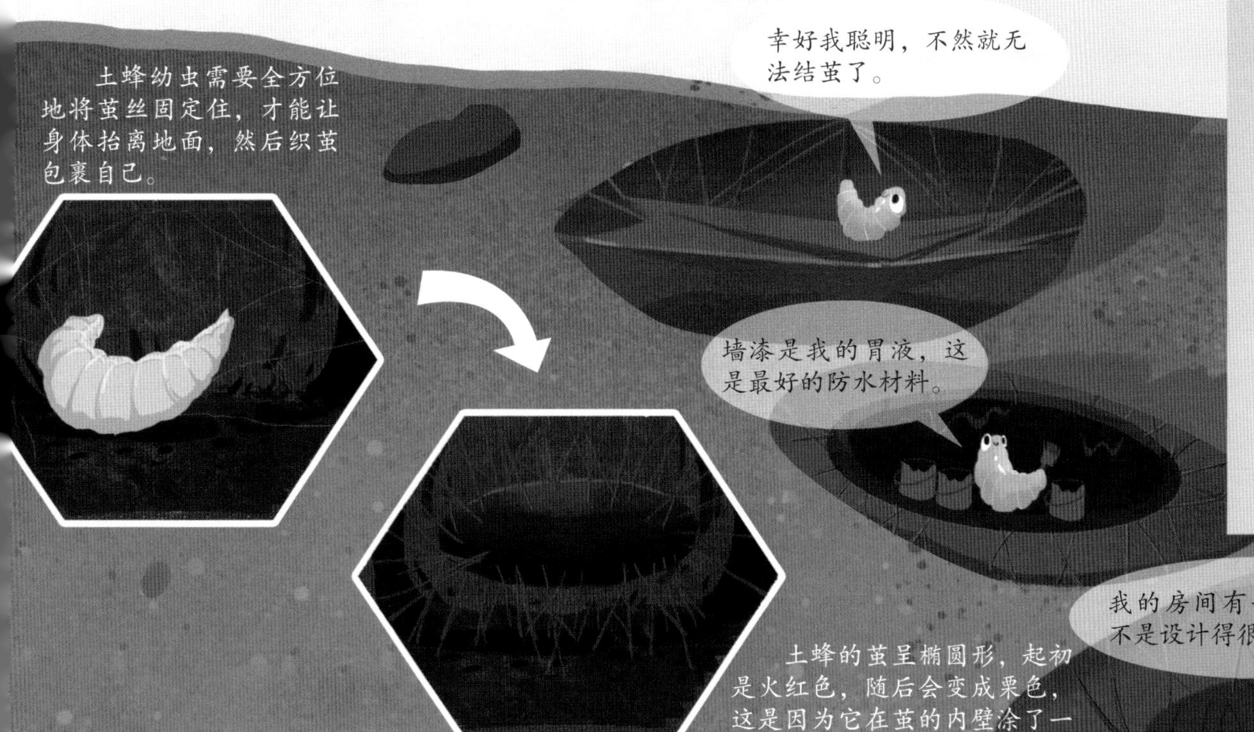


锹甲老师的冷知识补给站

**狐假虎威的巴拿马螽斯**

光看外表，这似乎是一只凶猛的蛛蜂。再定睛一看，它便被自己那对高高架起的后足和粗壮的产卵管出卖了，这可是螽斯家族的明显标志。这只螽斯来自巴拿马，狐假虎威的它在装蜂时可是认真的！

**"崇拜"土蜂的拟蜂毛足灯蛾**

土蜂的个头很大，看起来很凶猛，所以也就有了崇拜者。这不，这只拟蜂毛足灯蛾就像模像样地模仿起了土蜂。与其说它像土蜂，倒不如说它像胡蜂，因为它身上的花纹看起来和胡蜂比较相似。

锹甲老师的知识小问答

小朋友们，你们知道土蜂最爱的猎物是什么吗？

# 贪恋高温的长腹细蜂 膜翅目

小村庄里炊烟袅袅，此时正是午饭时间。一只寻找筑巢地点的长腹细蜂妈妈飞到了这里，它需要在高温的地方筑巢，因为高温利于卵的孵化和幼虫的成长，于是它在村庄里寻找烟囱最黑的人家。

“找到了！以后这里就是宝宝们的家了！”长腹细蜂妈妈悄悄穿过那户人家的窗户，来到房中，它看到了跳跃着红色火焰的壁炉。它不顾火烧烟熏的危险，将从小河边衔来的泥巴糊在了壁炉内侧上方的墙壁上。就这样，这只小小的泥瓦匠一点点地开始实施它那庞大的建筑和哺育工程了。

虽然窗帘上也能筑巢，但不太牢固。
这户人家烟火真旺，飞到屋里看看吧。
我是一个泥瓦匠，建巢本领强。
我的建筑材料是从河边采来的湿泥巴。
家隅蛛
锹甲老师的童谣广播站
长腹细蜂喜高温，寻进人类小屋里。
搓团湿泥糊上墙，壁炉里面建宅邸。
杀死蜘蛛塞进巢，排序猎物心真细。
幼虫生长周期短，一年三代真给力。
依赖本能不变通，谜之行为超怪异。
老鼠

## 筑巢的环境离不开高温

筑巢的工作量很大，长腹细蜂妈妈已经持续建造了好几周。随着泥巴越衔越多，蜂巢逐渐成形了！一间间长面包形的蜂房从上到下地排列在壁炉内的墙壁上，像极了排箫。

累极了的长腹细蜂妈妈看到自己建造的蜂房达到一定数量后，失去了耐心，开始把一些烂泥巴糊在所有的蜂房上，使它们连接在一起。看着完工后的蜂巢，长腹细蜂妈妈不太满意，这可真是难看极了，就像墙壁上一大团没有被抹平的泥疙瘩。不过无所谓啦，建成这个样子，人类和它的天敌就很难发现这里是它宝宝的家了！

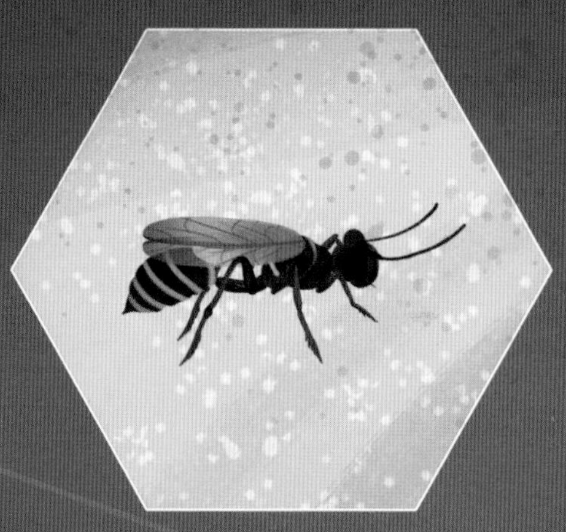

长腹细蜂又叫舍腰蜂或泥水匠蜂，在人类的家中很常见。

建好的单个蜂房呈筒形。

# 杀死猎物毫不留情

长腹细蜂的蜂巢刚建造好，一只冠冕圆网蛛闯进了屋内。长腹细蜂妈妈并没有捉它，而是跟着它找到了老巢。这里有许多蜘蛛若虫，它们大小适中，是最适合的猎物，长腹细蜂妈妈一出手就是杀招，整个捕猎过程一气呵成，一点儿都不拖泥带水。

“为了宝宝能长得快，我得多准备点儿食物。”长腹细蜂妈妈不停地在蜂巢和蜘蛛巢之间来回穿梭，直到把蜂房用猎物填满。可问题也随之而来，死去的蜘蛛会逐渐腐烂，如何才能让幼虫宝宝在猎物腐烂前把它们吃掉呢？

别担心，长腹细蜂妈妈自有妙招。它把卵产在蜂巢最深处那只最先捉到的蜘蛛身上，这样，幼虫宝宝第一个吃掉的就是那只最不新鲜的蜘蛛，接着再按照顺序一只只地吃，那么，在最后一只蜘蛛腐烂之前，幼虫宝宝就能把所有的蜘蛛消灭干净啦！

长腹细蜂最喜欢的猎物是腹部肥大的冠冕圆网蛛。

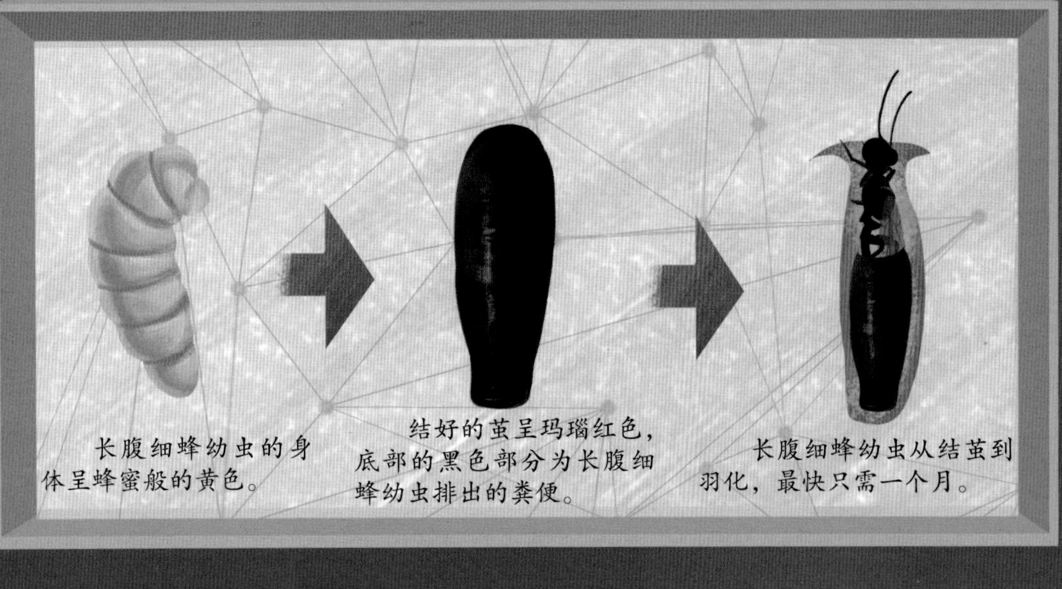


长腹细蜂幼虫会把蜘蛛全部吃完后再开始结茧。

## 幼虫的成长周期很短

在壁炉内高温的催化下，长腹细蜂幼虫宝宝很快就从卵中孵化了出来。八天后，它吃完了所有的食物，要开始织茧造蛹室啦！它先是吐出大量的丝把自己缠绕起来，接着将排出来的粪球堆在茧的底部，再吐出一种清漆般的透明液体刷在茧的内壁上。

等一切都安排妥当后，幼虫宝宝便开始安心化蛹了。一个月后，幼虫宝宝长出了翅，钻出蜂巢，开始了自己的新生活。而此时的长腹细蜂妈妈在另一处人家中为了培育它的第二代宝宝不懈地奋斗着。

**法布尔爷爷的文学小天地**

人们不会先竖起一座卢浮宫，然后再用抹刀往廊柱上抹污秽，然而，我们切莫固执己见，对蜂儿而言，只要能给幼虫提供一个安乐窝，蜂巢的美观与否又有何意义呢？

## 不会变通的机械本能

然而这一次，长腹细蜂妈妈很不走运，它定居的家中有一个调皮的小男孩。当长腹细蜂妈妈把第一只蜘蛛塞进蜂巢并在它身上产下卵后，小男孩用镊子把蜘蛛和卵一起夹了出来。可怜的长腹细蜂妈妈还在不停地往蜂巢里运蜘蛛，但它每运来一只，小男孩就夹走一只。长腹细蜂妈妈快累得不行了，但蜂巢中依然空空如也。终于，长腹细蜂妈妈不再捕猎，开始为蜂巢封口了。要知道，如果蜂巢中没有宝宝，它辛苦建巢和捕猎就失去了意义。

后来又发生了一件更过分的事，小男孩铲掉了长腹细蜂妈妈还没有建造完的新蜂房，但是长腹细蜂妈妈依然在往那个新蜂巢的位置上糊泥巴，进行建巢的收尾工作。

“哈哈哈！真是只傻虫子！”小男孩嘲笑道。

不过长腹细蜂妈妈并没有被影响，它依然遵循自己的本能做出让人不解的行为，或许，它还没有聪明到学会及时止损吧。

在未完工的蜂巢被清除后，长腹细蜂依然会在原先的地点糊泥，进行无意义的收尾工作。

可我必须把剩下的工作全部完成。

锹甲老师的知识小问答

小朋友们，你们知道长腹细蜂最喜欢把蜂巢建在哪里吗？

锹甲老师的冷知识补给站

把卵寄生在植物上的瘿蜂

瘿蜂可是会给植物打针的哟！被它打了针的地方不久便会长出一颗形状像肿瘤的“瘿”，瘿蜂会把卵产在“瘿”中。有了这套像果实般的天然伪装，它们的幼虫就安全啦！

与榕树共生的传粉榕小蜂

传粉榕小蜂总是成对地生长在榕树的瘿花和榕果中，雄蜂天生没有眼睛和翅，它的生存意义只是为爱人凿开出口，把自由当成礼物送给雌蜂，自己则像无名英雄般默默地在瘿花中死去。

# 具有艺术天分的方蜾蠃 膜翅目

在整个细腰蜂家族中，方蜾蠃妈妈生性孤僻，很少与同伴往来，它一生追求艺术，拥有着非比寻常的建筑才华。它建造的每一间房屋都极具美感，让同类无比佩服。不信你瞧，在一块被太阳炙烤得发烫的大岩石上，它搭建了一座用泥灰和晶莹的石子凝结成的半球形拱屋，拱屋的顶端还有一个形状像瓶颈般的出口。

刚刚建好巢穴的方蜾蠃妈妈从出口钻了出来，生性挑剔的它用触角敲了敲巢穴的外壁，似乎在检查巢穴的质量。

方蜾蠃，腰身细，当完工人当监理。
喜爱晶莹小石子，装扮巢穴真美丽。
捉回毛虫喂宝宝，选择猎物真挑剔。
未卜先知有绝招，知卵性别太神奇。
宝宝悬在天花板，聪明机智它第一。

小心，它们是专捉我们后代的方蜾蠃！

这只黑乎乎的家伙是谁？

蝴蝶

毛虫是捉来喂宝宝的，不是我自己吃的。

我最喜欢用这种晶莹的小石子来装饰巢穴了！

完美的巢穴需要调配好唾液、泥粉和石子的比例。

方蜾蠃用蜗牛壳和石英粒把巢穴外面装饰得很漂亮。

## 细致周到的超级妈妈

“你做的这些壶形巢穴真好看，外面还镶嵌了漂亮的蜗牛壳。”听见蜻蜓的赞美后，方蜾蠃妈妈开心地笑了。

此时的它虽然很累，但为了哺育肚中的宝宝，还是马不停蹄地捕猎去了。刚开始，它只捉幼虫宝宝最爱吃的蝴蝶幼虫，但在猎物匮乏之时，偶尔也会捉一两只尺蠖。

方蜾蠃妈妈习惯先在育婴室里贮存好食物之后再产卵。神奇的是，当卵还未产下时，它就知道自己将产下的是雄宝宝还是雌宝宝了。它会根据宝宝的性别来分配食物。雄宝宝个头小，吃得少；雌宝宝个头大，吃得多。它就是按照这个原则，把不同数量的猎物在巢穴中码放好的，真是细心周到！

方蜾蠃会根据卵的性别，在巢穴中放置不同数量的食物。

**法布尔爷爷的文学小天地**

喜欢光亮的石子和空蜗牛壳的方蜾蠃知道把实用与美观结合起来，它用收藏品来建造自己那既是碉堡又是博物馆的窝，这能让建筑物看起来更加美丽。

# 聪明绝顶的幼虫宝宝

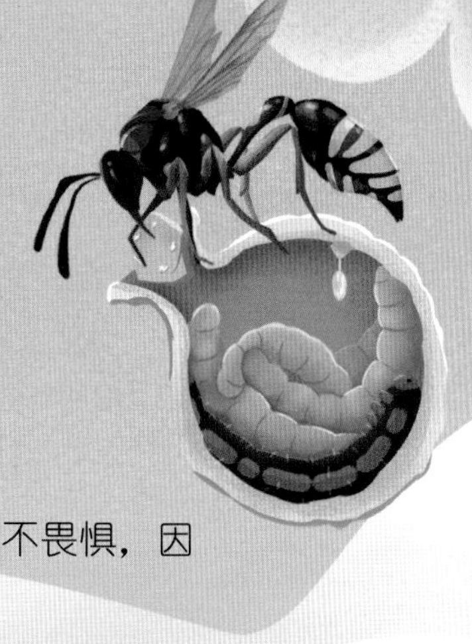


“终于完成育婴任务了！”方蜾蠃妈妈伸了个大大的懒腰。在为宝宝们准备好一切后，它从外面把巢穴的入口用一粒镶嵌着晶莹石粒的泥丸封死了。

被妈妈用丝线吊在房间天花板上的卵宝宝，看了看妈妈为它准备的食物，发现毛虫们虽然被妈妈注入了毒素，但并未死去，受到刺激后仍会激烈地蠕动。不过面对比自己大很多的毛虫，它毫不畏惧，因为下面的毛虫根本无法碰触到被吊起来的它。

两天后，卵宝宝孵化了，此时的毛虫们也由于饥饿和毒素的作用奄奄一息了。只见方蜾蠃幼虫宝宝一点点地拉长丝线，保持着头向下尾向上的姿势，准备吃下面堆起来的毛虫大餐。一旦发现毛虫还有反抗的力气，它就立刻沿着丝线缩回到卵壳内，真是太机智了！

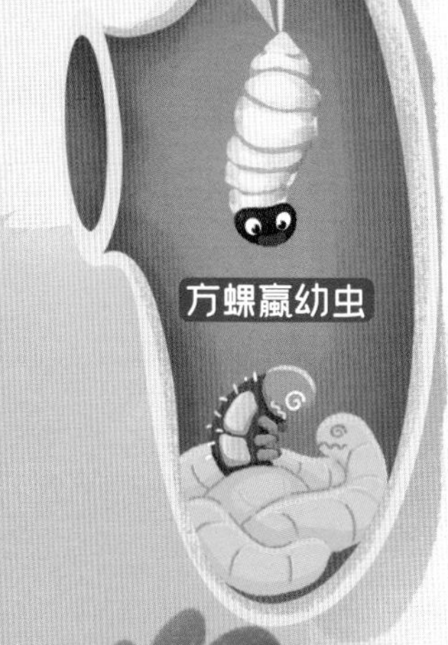

锹甲老师的知识小问答

小朋友们，你们知道方蜾蠃的幼虫宝宝最爱吃哪种昆虫的幼虫吗？

锹甲老师的冷知识补给站

巢穴形状怪异的变侧异腹胡蜂

变侧异腹胡蜂又叫“牛舌蜂”，通体橘红色，它们巢穴的形状像牛舌，颜色和材质则像蛇皮，十分有辨识度。如果你发现了它们的蜂巢，一定要远离，因为护卫巢穴时的它们充满攻击性。

让别人替自己养娃的青蜂

青蜂的身体有着蓝绿色的金属光泽，在受到惊吓时会蜷成球形，既漂亮又可爱。不过，别被它的外表蒙蔽了，青蜂会像杜鹃一样，把卵产在其他蜂的巢穴内，因此也得名“杜鹃蜂”。

# 会造“烟囱”的肾形盾蜾蠃 膜翅目

“求求你，放了我吧！”天空中，一只毛虫一边扭动着身体，一边向抓住它的肾形盾蜾蠃妈妈接连求饶。

“你不要再挣扎了，我是不会放了你的。你是我为孩子们准备的口粮，好不容易抓到你，怎么可能放你走？而且你被我的螫针刺中，虽然不会立刻死去，但活着的日子也不长了，乖乖就范吧！”

听了肾形盾蜾蠃妈妈的话，绝望的毛虫终于死心了，它只能任凭自己被带到一处朝阳的土坡上。此时，蜂毒的作用开始让它的意识逐渐模糊了。

哇，前面有不少食物呢！
鸟
螟蛉妈妈，你怎么了？
我发现我的宝宝被蜾蠃捉走了！
苍蝇
螟蛉属于鳞翅目昆虫。
我喜欢把巢穴建在炎热的地方。
肾形盾蜾蠃的巢穴
锹甲老师的童谣广播站
有只肾形盾蜾蠃，搭个烟囱做蜂巢。
捉来毛虫填满窝，蜇伤猎物逃不了。
幼虫吊在天花板，从里到外吃个饱。
巧妙解决大难题，它的技巧真是高！

## 肾形盾蜾蠃的家

这块土坡可谓是风水宝地，阳光充足，靠近水源，因此肾形盾蜾蠃妈妈才把巢穴建在这里。看，土坡上那个有着“烟囱”标志的地方便是它的家了。肾形盾蜾蠃妈妈从“烟囱口”将毛虫拖到了巢穴底部的一间蜂房里，接着又继续去找毛虫了。而此时的蜂房里除了小毛虫之外，离它不远处的“天花板”上还用丝悬挂着一枚卵。

毛虫看着这枚卵，知道等它孵化后，自己会成为它的美餐，想要挣扎着逃离这里，但它根本无法动弹。不仅因为它被肾形盾蜾蠃刺伤，也因为蜂房对它来说太过狭窄，它完全无法伸展身体，只能蜷缩着，无计可施的毛虫只能作罢。这时，肾形盾蜾蠃妈妈又捉来一只毛虫。随着肾形盾蜾蠃妈妈的进进出出，狭窄的蜂房很快就被毛虫塞满了。

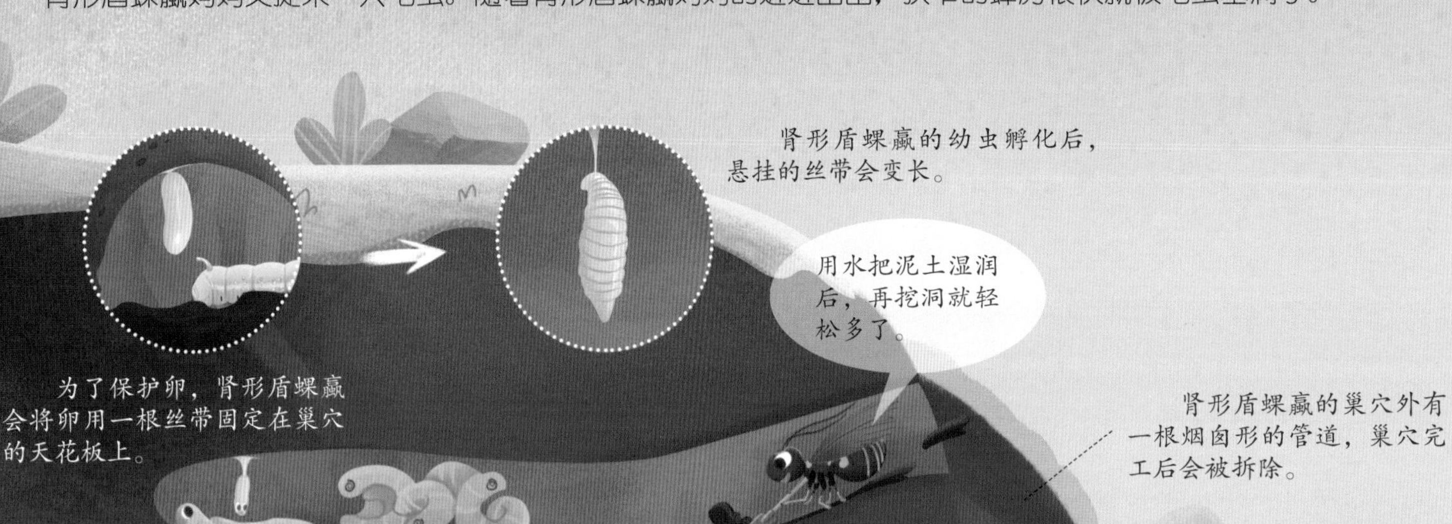


**法布尔爷爷的文学小天地**

肾形盾蜾蠃巧妙地解决了一系列的困难，终于能够让后代安全地活下去。如果我们迟钝的视觉能够看到它那卓绝的预见性行为，那会是多么了不起啊！

肾形盾蜾蠃用强壮的上颚来挖掘洞穴。

肾形盾蜾蠃的腰身纤细，黑色的身体上有黄色的纹路。

## 考虑周全的妈妈

把宝宝的口粮准备好后，肾形盾蜾蠃妈妈便用沙土将这个蜂房盖上。之后，它又在通道的侧边挖掘新的蜂房产卵，为新生的宝宝寻找食物。大半天过去了，肾形盾蜾蠃妈妈建完了几间蜂房，开心地唱起歌来，一边唱一边把洞口处的“烟囱”泥管拆掉，再将这些建筑废料衔到通道内，将通道堵上。最后一道安全防线筑好后，它安心地离开了。

两天后，卵宝宝们孵化了，它们在悬挂自己的“救生绳”的保护下，吃掉了第一只毛虫，之后它们摆脱了卵衣和“救生绳”，一路吃向通道，吃向光明。

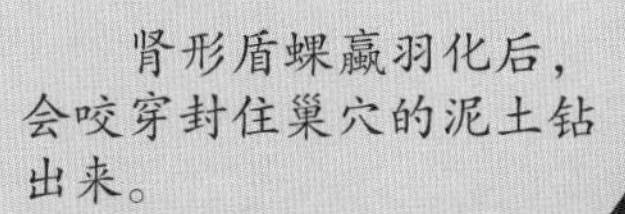

肾形盾蜾蠃羽化后，会咬穿封住巢穴的泥土钻出来。

**锹甲老师的知识小问答**

小朋友们，你们知道肾形盾蜾蠃最喜欢捉哪种猎物来喂食幼虫吗？

**锹甲老师的冷知识补给站**

**长得像蜻蜓的蝶角蛉**

这种昆虫长得十分像蜻蜓。它的锤状触角长度超过前翅的一半，有点儿像蝶类，末端膨大呈球棒状。当遇到鸟类等天敌时，它们会放出大量的化学气体来吓退敌人。

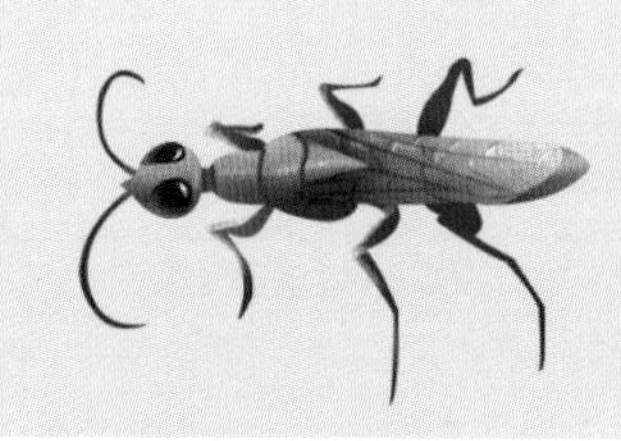

**能控制蟑螂的扁头泥蜂**

这种拥有金属绿色身体的扁头泥蜂被称为自然界的“摄魂怪”。它虽然体型微小，但能轻而易举地控制蟑螂的思想。被扁头泥蜂吸去“魂魄”后，蟑螂能为它“慷慨赴死”。

# 有着小资情怀的黄缘蜾蠃 膜翅目

阳光炽热的野外，一只黄缘蜾蠃妈妈遇见了它的表姐肾形盾蜾蠃。不会挖洞的它看见表姐建造的精美的烟囱形巢穴，不由得心生羡慕。然而，羡慕归羡慕，黄缘蜾蠃妈妈并没有灰心，因为它也有自己独特的筑巢方法。为了找到一处适合当巢穴的地方，它不停地飞呀飞。

不一会儿，它看到一间鸡棚，高兴极了，要知道，人类搭建这间鸡棚用的是芦竹。芦竹管干燥又空心，最适合用来安家了！风水宝地谁都喜爱！黄缘蜾蠃妈妈发现，在它来之前就已经有别的黄缘蜾蠃在这里居住了。幸运的是，没有被同伴们占据的芦竹管还剩很多。

时不我待！为了能给宝宝一个温暖的家，黄缘蜾蠃妈妈立刻圈下自己的地盘，忙碌起新家的装修和改造。

锹甲老师的童谣广播站
黄缘蜾蠃不砌墙，钻进芦竹管建房。
改造独立育婴房，隔间安全又敞亮。
叶甲幼虫它最爱，麻醉猎物堆满当。
装修本领尽施展，家族名气排上榜！
我的宝宝们最喜欢吃杨树叶甲幼虫了。
欢迎新同伴的加入！
从今天起，这根芦竹管就是我的家了！
可恶，又来了只黄缘蜾蠃，我的宝宝们有危险了！
杨树叶甲
啄木鸟
母鸡

## 既是泥瓦匠，又是小木工

黄缘蜾蠃妈妈对自己找到的这个新家甚是满意。为了让空间更大，它用上颚咬开了竹节之间的薄膜，随后将自己在外面搓好的泥团一颗颗地衔进芦竹管中，粘在一起垒成墙壁，以此把竹节内部一节节隔开，形成许多独立的房间。不仅如此，它还在每面墙壁中间开了一个小窗。

一切准备就绪，黄缘蜾蠃妈妈开始穿过小窗，在每一个房间里产下一枚卵。

为了保证宝宝的安全，黄缘蜾蠃妈妈可谓费尽了心思。当它把所有的工作做完之后，又用上颚咬碎芦竹丝，将芦竹丝的纤维和泥土拌在一起，为新家建造了一个又牢固又防水的大门，以防外敌入侵。当然，这只是建巢最后的收尾工作，接下来更要紧的是为宝宝准备食物。

**法布尔爷爷的文学小天地**

我家门口有一块地，长着茂盛的东方茴香，在它们美丽的伞形花序上，伏着大群的胡蜂、蜜蜂和各种飞虫，我拿着网兜上前一瞧，真是宾客满座！

## 最爱享用的下午茶

改造好了新家，黄缘蜾蠃妈妈马不停蹄地去杨树上捕猎宝宝最爱的食物。一只杨树叶甲幼虫发现了猎手，立刻喷射出带有苦杏仁味的乳白色液体来保命。这种液体散发出的难闻气味可以吓退其他猎手，但对黄缘蜾蠃妈妈来说，这种气味香气扑鼻。将杨树叶甲幼虫麻醉之后，黄缘蜾蠃妈妈不厌其烦地把猎物一只只地往回带，直到塞满整个巢穴。

“给宝宝的食物准备齐了，我也给自己做一些下午茶吧！”此时，嘴馋的黄缘蜾蠃妈妈并没有用螯针刺向猎物的胸部，而是改刺它的尾部，再一口咬下去。顿时，杨树叶甲幼虫体内带有特殊气味的液体流了出来。黄缘蜾蠃妈妈开心地享受着自己的下午茶。那些用来喂宝宝的杨树叶甲幼虫能存活很久，因为它们只是被麻醉，但这只就惨了，它的尾部被咬破，流干了体液，不一会儿就一命呜呼了。

黄缘蜾蠃的猎物不仅用来喂养后代，有时自己也会吸猎物的体液。

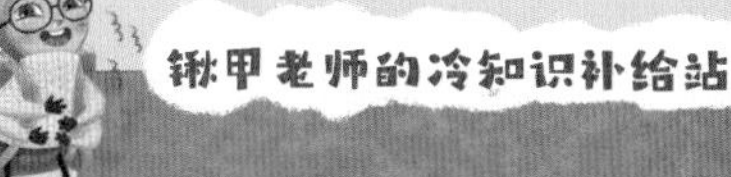

**把细腰藏起来的中华异喙蜾蠃**

中华异喙蜾蠃没有腰吗？不，它有的，只不过它的腰身很短，几乎看不见。它身体上也没有蜾蠃家族特有的黄色。所以，为了不让自己在家族成员中显得格格不入，中华异喙蜾蠃平时可是很低调的哟！

**和黄缘蜾蠃抢地盘的竹蜂**

这只竹蜂全身黝黑发亮，发出金属光泽，猛地一看还以为是只大苍蝇。竹蜂经常在竹子的茎干中筑巢，在遇到争抢巢穴的蜂类时，不会捕猎的竹蜂很可能会落败而逃。

**锹甲老师的知识小问答**

小朋友，你们知道黄缘蜾蠃最喜欢在哪里安家吗？

# 我行我素的松树蜂 膜翅目

一天，几只不同种类的蜂聚在一起，展开了一场有关害虫和益虫的大讨论。黄缘蜾蠃率先发言：“我平时捕捉的螟蛉幼虫是害虫，因此我是益虫。”

“那我也是益虫，因为我的猎物金龟甲幼虫会破坏庄稼，”土蜂说，“但谁又是害虫呢？”

“当然是那些喜欢伤害植物的家伙。”黄缘蜾蠃瞟了切叶蜂一眼后说。

切叶蜂立刻羞红了脸，大声争辩道：“我只是裁剪了几片叶子，有一种蜂能把整个树干都掏空，危害比我大多了！”

此时，一只松树蜂妈妈从树洞中探出了头。

“我说的就是它！”切叶蜂像是抓到了救命稻草，及时地转移了大伙儿的注意力。

“害虫快走开！”几只蜂义正词严地批评起了松树蜂妈妈。为了缓解尴尬，松树蜂妈妈决定远离这是非之地。

姬蜂
这下面有松树蜂的幼虫，我要在它身上产卵。
你这家伙想干什么？
锹甲老师的童谣广播站
谁是蜂类大害虫？矛头直指松树蜂。
身体里面带真菌，产卵毁树罪过重。
它的幼虫视力弱，凭着直觉钻窟窿。
挖掘通道呈弧形，蛀食木质气势汹。
接近树皮建蛹室，羽化钻出更轻松。
松树蜂幼虫
啄木鸟
我喜欢把卵产在松树或银杏树这样的针叶树中。
这只松树蜂为什么死了？
松树蜂
飞蛾
它的产卵器拔不出来了，所以会饿死或被天敌吃掉。
蜻蜓

# 给科学家带来灵感的产卵工具

松树蜂妈妈飞到了一棵银杏树上，它把卵宝宝和身体内携带的一种真菌一同注入到树身中。这种真菌能腐蚀木头纤维，让它们变得松软，等卵宝宝孵化成幼虫之后，就能很轻松地在树身中打洞了。

就在松树蜂卵宝宝被产下不久后，旁边又传来了其他蜂类对松树蜂的声讨。

松树蜂会将身体内携带的真菌和卵一起注入树干。

松树蜂卵宝宝有些不安，它羞愧地自问道："难道我们真的是彻头彻尾的害虫吗？"

"当然不是！"一个来自隔壁树洞的声音回答了它。

原来，回答它的是一只早它一步孵化的松树蜂幼虫，那只幼虫继续说："所谓益虫或害虫只是它们单方面定下的标准，不用去理会，而且人类的科学家还以我们的产卵管为灵感，发明了用来给大脑做手术的探针，从某种意义上说，我们还算是益虫呢。"

听了同伴的安慰，松树蜂卵宝宝终于开心了起来。

**法布尔爷爷的文学小天地**

松树蜂幼虫是如何摆脱桎梏、找到出口的？这个黑暗中的隐士知道通过最短的路线找到光明，它的向导是与生俱来的自由空间感知力，这是我认为的答案。

## 用不懈地钻探来掉转方向

几天后，松树蜂幼虫宝宝孵化了出来，此时，它的头部是向上垂直的，无法掉转方向，想要钻出树干不是件容易的事。然而，幼虫宝宝自有办法，只见它不断地向斜上方钻探，逐渐咬出了一条半弧形的通道，这样一来，它就能把头部的方向调整为与地面平行了。

幼虫宝宝在吃了一顿木纤维大餐后开始化蛹。为了能让羽化后的自己在树身中自由地掉头，它用厉害的上颚开辟出了一间宽大的椭圆形蛹室。

一段时间后，羽化后的松树蜂轻松地打通了近在咫尺的出口。

"看，是害虫松树蜂！"

面对其他蜂类的指指点点，此时的松树蜂毫不介意，它的自信来自同伴给它的鼓励。

这里挤死了！

给准备化蛹的自己造个大房间。

在幼虫的周围，被真菌侵蚀的木头纤维会成为它的食物。

松树蜂幼虫一边啃咬树身，一边向斜上方前进，通道会形成一道半弧形。

蛹

幼虫会在接近树皮处的位置建造蛹室。松树蜂羽化为成虫后，很轻松就能咬破树皮，钻出树干。

锹甲老师的冷知识补给站

**长得像茧蜂的拟蜂螳**

这只来自亚马孙河流域的拟蜂螳没有"大刀"似的前足，但披着一身橙红色的外衣。也许只有把自己伪装成不好惹的茧蜂，体型娇小的它才会有更多的安全感吧。

**长得像舍腰蜂的无斑柄角蚜蝇**

舍腰蜂是会捕猎的凶猛昆虫。这只无斑柄角蚜蝇为了让自己看起来很强大，不惜放弃蝇类的身份而模仿起舍腰蜂来。谁能想到看似不好惹的它其实毫无战斗力呢？

锹甲老师的知识小问答

小朋友们，你们知道松树蜂幼虫的食物是什么吗？

图书在版编目（CIP）数据

这才是孩子爱读的昆虫记：全15册 / (法) 法布尔著；陆杨等改编、绘. -- 北京：北京理工大学出版社，2023.6

ISBN 978-7-5763-1998-9

Ⅰ. ①这… Ⅱ. ①法… ②陆… Ⅲ. ①昆虫－儿童读物 Ⅳ. ①Q96-49

中国国家版本馆CIP数据核字(2023)第003936号

出版发行 / 北京理工大学出版社有限责任公司
社　　址 / 北京市海淀区中关村南大街 5 号
邮　　编 / 100081
电　　话 / （010）68914775（总编室）
（010）82562903（教材售后服务热线）
（010）68944723（其他图书服务热线）
网　　址 / http: //www.bitpress.com.cn
经　　销 / 全国各地新华书店
印　　刷 / 三河市九洲财鑫印刷有限公司
开　　本 / 787 毫米 × 1092 毫米　1/12
印　　张 / 43.5
字　　数 / 870千字
版　　次 / 2023 年 6 月第 1 版　2023 年 6 月第 1 次印刷
定　　价 / 299.00元（全 15 册）

责任编辑 / 申玉琴
文案编辑 / 申玉琴
责任校对 / 刘亚男
责任印制 / 施胜娟

图书出现印装质量问题，请拨打售后服务热线，本社负责调换